科学是永无止境的，它是一个永恒之谜。

——爱因斯坦

"中国制造2025"
出版工程

国家出版基金项目
NATIONAL PUBLICATION FOUNDATION

"十三五"国家重点出版物
出版规划项目

"中国制造2025"
出版工程

复合材料激光增材制造技术及应用

李嘉宁　巩水利　著

化学工业出版社

·北京·

复合材料激光增材制造技术有广阔的应用前景,具有非常显著的经济及社会效益。本书针对近年来广受人们关注的复合材料的激光增材制造问题,对其制造原理、工艺特性、成形机理及微观组织等做了系统阐述,并给出了相关的应用示例,可指导相关理论研究及实际工业生产。本书内容反映了近年来复合材料激光增材制造技术的发展趋势,对推动复合材料激光增材制造的应用具有重要意义。

本书可供从事材料开发及激光增材制造领域的相关工程技术人员使用,也可供高等院校相关专业师生阅读参考。

图书在版编目(CIP)数据

复合材料激光增材制造技术及应用/李嘉宁,巩水利著. —北京:化学工业出版社,2019.9
"中国制造2025"出版工程
ISBN 978-7-122-34729-9

Ⅰ.①复… Ⅱ.①李…②巩… Ⅲ.①激光技术-应用-复合材料-制造 Ⅳ.①TB33

中国版本图书馆 CIP 数据核字(2019)第 122839 号

责任编辑:曾 越 装帧设计:尹琳琳
责任校对:王 静

出版发行:化学工业出版社(北京市东城区青年湖南街 13 号 邮政编码 100011)
印 装:三河市延风印装有限公司
710mm×1000mm 1/16 印张 18¾ 字数 353 千字 2019 年 10 月北京第 1 版第 1 次印刷

购书咨询:010-64518888 售后服务:010-64518899
网 址:http://www.cip.com.cn
凡购买本书,如有缺损质量问题,本社销售中心负责调换。

定 价:89.00 元

序

　　制造业是国民经济的主体，是立国之本、兴国之器、强国之基。近十年来，我国制造业持续快速发展，综合实力不断增强，国际地位得到大幅提升，已成为世界制造业规模最大的国家。但我国仍处于工业化进程中，大而不强的问题突出，与先进国家相比还有较大差距。为解决制造业大而不强、自主创新能力弱、关键核心技术与高端装备对外依存度高等制约我国发展的问题，国务院于 2015 年 5 月 8 日发布了"中国制造 2025"国家规划。随后，工信部发布了"中国制造 2025"规划，提出了我国制造业"三步走"的强国发展战略及 2025 年的奋斗目标、指导方针和战略路线，制定了九大战略任务、十大重点发展领域。2016 年 8 月 19 日，工信部、国家发展改革委、科技部、财政部四部委联合发布了"中国制造 2025"制造业创新中心、工业强基、绿色制造、智能制造和高端装备创新五大工程实施指南。

　　为了响应党中央、国务院做出的建设制造强国的重大战略部署，各地政府、企业、科研部门都在进行积极的探索和部署。加快推动新一代信息技术与制造技术融合发展，推动我国制造模式从"中国制造"向"中国智造"转变，加快实现我国制造业由大变强，正成为我们新的历史使命。当前，信息革命进程持续快速演进，物联网、云计算、大数据、人工智能等技术广泛渗透于经济社会各个领域，信息经济繁荣程度成为国家实力的重要标志。增材制造（3D 打印）、机器人与智能制造、控制和信息技术、人工智能等领域技术不断取得重大突破，推动传统工业体系分化变革，并将重塑制造业国际分工格局。制造技术与互联网等信息技术融合发展，成为新一轮科技革命和产业变革的重大趋势和主要特征。在这种中国制造业大发展、大变革背景之下，化学工业出版社主动顺应技术和产业发展趋势，组织出版《"中国制造 2025"出版工程》丛书可谓勇于引领、恰逢其时。

　　《"中国制造 2025"出版工程》丛书是紧紧围绕国务院发布的实施制造强国战略的第一个十年的行动纲领——"中国制造 2025"的一套高水平、原创性强的学术专著。丛书立足智能制造及装备、控制及信息技术两大领域，涵盖了物联网、大数据、3D打印、机器人、智能装备、工业网络安全、知识自动化、人工智能等一系列核心技术。丛书的选题策划紧密结合"中国制造2025"规划及11个配套实施指南、行动计划或专项规划，每个分册针对各个领域的一些核心技术组织内容，集中体现了国内制造业领域的技术发展成果，旨在加强先进技术的研发、推广和应用，为"中国制造2025"行动纲领的落地生根提供了有针对性的方向引导和系统性的技术参考。

这套书集中体现以下几大特点：

首先，丛书内容都力求原创，以网络化、智能化技术为核心，汇集了许多前沿科技，反映了国内外最新的一些技术成果，尤其使国内的相关原创性科技成果得到了体现。这些图书中，包含了获得国家与省部级诸多科技奖励的许多新技术，因此，图书的出版对新技术的推广应用很有帮助！这些内容不仅为技术人员解决实际问题，也为研究提供新方向、拓展新思路。

其次，丛书各分册在介绍相应专业领域的新技术、新理论和新方法的同时，优先介绍有应用前景的新技术及其推广应用的范例，以促进优秀科研成果向产业的转化。

丛书由我国控制工程专家孙优贤院士牵头并担任编委会主任，吴澄、王天然、郑南宁等多位院士参与策划组织工作，众多长江学者、杰青、优青等中青年学者参与具体的编写工作，具有较高的学术水平与编写质量。

相信本套丛书的出版对推动"中国制造2025"国家重要战略规划的实施具有积极的意义，可以有效促进我国智能制造技术的研发和创新，推动装备制造业的技术转型和升级，提高产品的设计能力和技术水平，从而多角度地提升中国制造业的核心竞争力。

中国工程院院士 潘云鹤

前言

先进复合材料的研究开发是多学科交叉融合的结果，激光增材制造融合计算机辅助设计、高能束流加工及材料快速成形等技术，以数字化模型为基础，通过软件与数控系统将特制材料逐层堆积固化制造出实体产品。激光增材制造先进复合材料因具有优异的综合性能而成为设计、制造高技术装备所不可缺少的材料，主要应用于高性能舰船、航空航天、核工业、电子、能源等工业领域。

激光增材制造先进复合材料的研发是发展高新技术的重要基础，该类复合材料性能稳定性问题是工业生产中经常遇到的，有时会延缓甚至阻碍整个生产进展。为适应现代化制造工业的发展需要，实现激光增材制造材料微观组织与性能一体化精准调控，进一步改进激光增材制造复合材料的质量已非常重要。

本书注重先进性、新颖性与实用性，对复合材料激光增材制造技术的发展及应用进行介绍，全书共 7 章：第 1 章介绍激光加工与增材制造技术的基本原理与发展情况；第 2 章介绍激光增材制造工艺与装备；第 3 章介绍复合材料激光熔覆层微观 - 宏观界面的结构、演变机理、结合机制及性能；第 4~ 6 章针对近年来广受人们关注的先进材料，如金属基/陶瓷复合材料、非晶 - 纳米化复合材料、金属元素改性复合材料等的激光制造问题进行介绍；第 7 章给出一些激光增材复合材料的应用示例，用于指导相关理论研究及实际工业生产。本书力求突出先进性、新颖性与实用性等特色，为解决复合材料激光增材制造过程中的疑难问题及保证产品质量提供重要的技术资料和参考数据。

本书可供从事材料开发及激光增材制造领域的相关工程技术人员使用，也可供高等院校相关专业师生阅读参考。

　　本书由李嘉宁、巩水利撰写，在书稿写作过程中戚文军、马群双、田杰、单飞虎提供了帮助，在此表示感谢。

　　由于笔者水平有限，书中不足之处在所难免，敬请读者批评指正。

著　者

目录

1 第1章 激光加工与增材制造技术

1.1 激光加工的原理与特点 / 2
 1.1.1 激光加工原理 / 2
 1.1.2 激光加工特点 / 3
 1.1.3 激光加工工艺 / 4
1.2 增材制造技术概述 / 10
 1.2.1 增材制造技术基本概念 / 10
 1.2.2 增材制造技术发展现状 / 11
 1.2.3 增材制造技术发展趋势 / 13
参考文献 / 14

15 第2章 激光增材制造工艺及装备

2.1 增材制造工艺 / 16
2.2 材料的添加方式 / 20
 2.2.1 预置送粉 / 20
 2.2.2 同步送粉 / 21
 2.2.3 丝材送给 / 29
2.3 激光的物理特性 / 31
 2.3.1 激光的特点 / 31
 2.3.2 激光产生原理 / 32
 2.3.3 激光光束质量 / 35
 2.3.4 激光光束形状 / 38
2.4 激光器 / 39
 2.4.1 激光器的基本组成 / 39
 2.4.2 CO_2 气体激光器 / 42
 2.4.3 YAG 固体激光器 / 48
 2.4.4 光纤激光器 / 51
2.5 数控激光加工平台及机器人 / 55

2.6 激光选区熔化设备及工艺 / 62

  2.6.1 激光选区熔化设备 / 62

  2.6.2 激光选区熔化工艺 / 63

  2.6.3 激光选区熔化材料 / 67

2.7 模具钢激光选区熔化成形 / 69

  2.7.1 SLM 孔隙形成原因 / 69

  2.7.2 SLM 成形 18Ni300 合金制备件 / 73

  2.7.3 SLM 成形 H13 合金制备件 / 77

参考文献 / 81

83 第 3 章 复合材料激光熔覆层微观-宏观界面

3.1 陶瓷相/γ-Ni 熔覆层微观界面结构及演变机理 / 84

  3.1.1 带核共晶组织微观界面结构 / 84

  3.1.2 激光能量密度对带核共晶组织微观界面的影响 / 86

  3.1.3 带核共晶组织微观界面演变机理 / 92

3.2 Q550 钢/镍基熔覆层宏观界面结合机制 / 94

  3.2.1 宏观界面显微组织及元素分布 / 94

  3.2.2 熔覆层/基体界面结构演变机理 / 96

3.3 Q550 钢/宽束熔覆层宏观界面剪切强度及断裂特征 / 98

  3.3.1 宽束熔覆层界面剪切试验 / 99

  3.3.2 宽束激光工艺参数对熔覆层剪切强度的影响 / 102

  3.3.3 宽束熔覆层剪切断口形貌及断裂机制 / 104

参考文献 / 112

114 第 4 章 激光熔覆金属基/陶瓷复合材料

4.1 激光熔覆材料 / 115

  4.1.1 激光熔覆材料的分类 / 115

  4.1.2 激光熔覆用粉末 / 120

  4.1.3 激光熔覆用丝材 / 131

4.2 Ti-Al/陶瓷复合材料的设计 / 135

  4.2.1 组织特征 / 136

  4.2.2 温度场分布 / 141

  4.2.3 工艺参数的影响 / 143

  4.2.4 氮气环境中 Ti-Al/陶瓷的组织性能 / 148

4.2.5　稀土氧化物对 Ti-Al/陶瓷的影响　/ 153

  4.3　Fe₃Al/陶瓷复合材料的设计　/ 156

    4.3.1　组织特征　/ 156

    4.3.2　微观分析　/ 160

    4.3.3　耐磨性评价　/ 165

  参考文献　/ 167

169 第5章　激光熔覆非晶-纳米化复合材料

  5.1　非晶化材料　/ 170

    5.1.1　非晶化原理　/ 171

    5.1.2　材料及工艺影响　/ 173

    5.1.3　非晶化材料发展方向　/ 177

  5.2　纳米晶化材料　/ 179

    5.2.1　纳米晶化原理　/ 180

    5.2.2　陶瓷与稀土氧化物的影响　/ 181

    5.2.3　纳米晶化材料缺陷　/ 184

  5.3　非晶-纳米晶相相互作用　/ 187

    5.3.1　相互作用机理　/ 187

    5.3.2　磨损形态　/ 189

  5.4　非晶-纳米化复合材料的设计　/ 193

    5.4.1　非晶包覆纳米晶　/ 193

    5.4.2　碳纳米管的使用　/ 196

    5.4.3　多物相混合作用分析　/ 200

  参考文献　/ 205

207 第6章　金属元素激光改性复合材料

  6.1　Cu 改性复合材料　/ 208

    6.1.1　Cu 对复合材料晶体生长形态的影响　/ 208

    6.1.2　Cu 对复合材料相组成的影响　/ 211

    6.1.3　Y₂O₃ 对 Cu 改性复合涂层组织结构的影响　/ 214

    6.1.4　Cu 对复合材料纳米晶的催生　/ 218

    6.1.5　Cu 改性复合材料的非晶化　/ 220

    6.1.6　Cu 改性复合材料的组织性能　/ 222

  6.2　Zn 改性复合材料　/ 225

  6.3　Sb 改性复合材料　/ 227

6.3.1 Sb 改性纯 Co 基复合材料　/ 228

6.3.2 Sb 改性 Co 基冰化复合材料　/ 234

6.3.3 含 Ta 陶瓷改性复合材料　/ 238

参考文献　/ 246

248 第 7 章　激光熔覆及增材制造技术的应用

7.1 模具激光熔覆增材　/ 249

7.2 航空结构件激光增材制造　/ 258

7.3 镁合金的激光熔覆　/ 263

7.4 镍基高温合金的激光熔覆　/ 267

7.5 钢轧辊的激光熔覆增材　/ 272

7.6 汽车覆盖件的激光熔覆　/ 277

7.7 数控刀具的激光熔覆　/ 284

参考文献　/ 286

287 索引

第1章

激光加工与
增材制造技术

激光（Laser）是英文 light amplification by stimulated emission of radiation 的缩写，意为"通过受激辐射实现光的放大"。作为 20 世纪科学技术发展的重要标志和现代信息社会光电子技术的支柱之一，激光技术及相关产业发展受到世界先进国家的高度重视。激光加工是激光应用最有发展前景的领域，特别是激光焊接、激光切割和激光熔覆技术，近年来更是发展迅速，产生了巨大的经济效益和社会效益。

1.1 激光加工的原理与特点

激光加工技术是利用激光束与物质相互作用的特性对材料（包括金属与非金属）进行切割、焊接、表面处理、打孔、微加工等的技术。激光加工作为先进制造技术已广泛应用于汽车、电子、电器、航空、冶金、机械制造等工业领域，其优点是提高产品质量和劳动生产率、自动化、无污染、减少材料消耗等。

1.1.1 激光加工原理

激光加工是以聚焦的激光束作为热源轰击工件，对金属或非金属工件进行熔化形成小孔、切口从而进行连接、熔覆等的加工方法。激光加工实质上是激光与非透明物质相互作用的过程，微观上是一个量子过程，宏观上则表现为反射、吸收、加热、熔化、气化等现象。在不同功率密度的激光束的照射下，材料表面区域发生各种不同的变化，包括表面温度升高、熔化、气化、形成小孔以及产生光致等离子体等。

当激光功率密度小于 $10^4\,W/cm^2$ 数量级时，金属吸收激光能量只引起材料表层温度的升高，但维持固相不变，主要用于零件的表面热处理、相变硬化处理或钎焊等。

当激光功率密度在 $10^4 \sim 10^6\,W/cm^2$ 数量级范围时，产生热传导型加热，材料表层将发生熔化，主要用于金属的表面重熔、合金化、熔覆和热传导型焊接（如薄板高速焊及精密点焊等）。

当激光功率密度达到 $10^6\,W/cm^2$ 数量级时，材料表面在激光束辐射作用下，激光热源中心加热温度达到金属沸点，形成等离子蒸气而强烈气化，在气化膨胀压力作用下，液态表面向下凹陷形成深熔小孔；与此同时，金属蒸气在激光束的作用下电离产生光致等离子体。这一阶段主要用于激光深熔焊接、切割和打孔等[1]。

当激光功率密度大于 $10^7 \, W/cm^2$ 数量级时，光致等离子体将逆着激光束入射方向传播，形成等离子体云团，出现等离子体对激光的屏蔽现象。这一阶段一般只适用于采用脉冲激光进行打孔、冲击硬化等加工。

早期的激光加工由于功率较小，大多用于打小孔和微型焊接；到 20 世纪 70 年代，随着大功率 CO_2 激光器、高重复频率钇铝石榴石（YAG）激光器的出现，以及对激光加工机理和工艺的深入研究，激光加工技术有了很大进展，使用范围随之扩大。数千瓦的激光加工设备已用于各种材料的高速切割、深熔焊接和材料表面处理等方面；各种专用的激光加工设备竞相出现，并与光电跟踪、计算机数字控制、工业机器人等技术相结合，极大提高了激光加工的自动化水平，扩大了使用范围。

激光加工设备可解释成将电能、化学能、热能、光能或核能等原始能源转换成某些特定光频（紫外光、可见光或红外光）的电磁辐射束的一种设备。转换形态在某些固态、液态或气态介质中很容易进行。当这些介质以原子或分子形态被激发，便产生相位几乎相同且近乎单一波长的光束——激光。由于激光具有同相位及单一波长，差异角非常小，在被高度聚集以提供焊接、切割和熔覆等功能前可传送的距离相当长。

激光加工设备由四大部分组成，分别是激光器、光学系统、机械系统、控制及检测系统。从激光器输出的高强度激光束经过透镜聚焦到工件上，其焦点处的功率密度高达 $10^6 \sim 10^{12} \, W/cm^2$（温度高达 10000℃ 以上），任何材料都会瞬时熔化、气化。激光加工就是利用这种光能热效应对材料进行焊接、打孔和切割的。用于加工的激光器主要是 YAG 固体激光器和 CO_2 气体激光器。

1.1.2　激光加工特点

世界上第一个激光束于 1960 年利用闪光灯泡激发红宝石晶粒所产生，因受限于晶体的热容量，只能产生很短暂的脉冲光束且频率很低。

20 世纪 60 年代至 70 年代，电子束、离子束（含等离子体）、激光束开始进入工业领域、表面处理领域，引发了全世界科学家和工程师们的广泛兴趣，各国政府纷纷投入巨资进行开发性研究，从而推进了表面处理技术的突破性进展。20 世纪 90 年代形成了新的系统表面工程技术，出现了表面工程学，极大地推动了各行各业科学技术的进步，继而加速了表面工程技术本身的发展。

使用钕（Nd）为激发元素的钇铝石榴石晶棒（Nd：YAG）可产生 $1 \sim 8kW$ 的连续单一波长光束。YAG 激光（波长为 $1.06\mu m$）可通过柔性光纤连接到激光加工头，设备布局灵活，适用焊接厚度 0.5～6mm；使用 CO_2 为激发元素的 CO_2 激光（波长 10.6μm），输出能量达 25kW，可对厚度 2mm 板单道全熔透焊接，工业界已广泛用于金属的加工。

自 20 世纪 60 年代以来，人们以绝缘晶体或玻璃为工作物质制得了固体激光器，又以气体或金属蒸气作为工作物质制得气体激光器。因二极管的体积小、寿命长、效率高，人们制得了半导体二极管激光器。

激光加工技术与传统加工技术相比具有很多优点，尤其适合新产品的开发。一旦产品图纸形成即可立刻进行激光加工，可在最短时间内得到新产品实物。

激光加工主要特点如下。

① 光点小，能量集中，所加工材料的热影响区相对较小；激光束易于聚焦、导向，便于自动化控制。

② 不接触加工工件，对工件无污染；不受电磁干扰，与电子束加工相比应用更方便。

③ 加工范围广泛，几乎可对任何材料进行雕刻切割；可根据电脑输出的图样进行高速雕刻和切割，且激光切割速度与线切割速度相比要快很多。

④ 安全可靠，采用非接触式加工，不会对材料造成机械挤压或产生机械应力；精确细致，加工精度可达 0.1mm；效果一致，保证同一批次的加工效果几乎完全一致。

⑤ 切割缝细小，激光切割的割缝宽度一般为 0.1～0.2mm；切割面光滑，激光切割的切割面无毛刺；热变形小，激光加工的割缝细、速度快、能量集中，因此传到被切割材料上的热量小，引发材料的变形幅度也非常小。

⑥ 适合大件产品加工，大件产品的模具制造费用很高，激光加工不需任何模具制造，而且激光加工完全避免材料冲剪时所形成的塌边，可以大幅度地降低企业生产成本，提高产品的档次。

⑦ 成本低廉，不受加工数量限制，对于小批量加工服务，激光加工更加便宜。

⑧ 节省材料，激光加工采用电脑编程，可以把不同形状的产品进行材料套裁，从而最大限度提高材料的利用率，大大降低材料的加工成本。

1.1.3 激光加工工艺

从材料传统加工方面来看，激光加工工艺包括切割、焊接、表面处理、熔覆、打孔（标）、划线等。不同材料的加工方式对激光制造系统的激光功率和光束质量要求如图1.1所示。

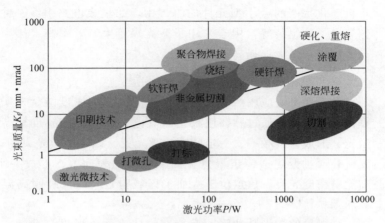

图 1.1　不同材料的加工方式对激光功率和光束质量的要求

（1）激光焊接技术

激光焊接是激光加工技术应用的重要方面之一。激光辐射加热工件表面，表面热量通过热传导向内部扩散，通过控制激光脉冲的宽度、能量、功率密度和重复频率等参数，使工件熔化，形成特定熔池。激光技术因其独特优点，已成功应用于微小型零件的焊接中。大功率 YAG 激光器的出现，开辟了激光焊接的新领域。以小孔效应为基础的深熔焊，在机械、汽车、钢铁等领域获得了日益广泛的应用。激光焊接可焊接难以接近的部位，施行非接触远距离焊接，具有很大的灵活性。激光束易实现按时间与空间分光，能进行多光束同时加工，为更精密的焊接提供了条件。例如，激光焊接可用于汽车车身厚薄板、汽车零件、锂电池、心脏起搏器、密封继电器等密封器件以及各种不允许焊接污染和变形的器件的焊接。

激光焊接技术具有熔池净化效应，能净化焊缝金属，适用于相同和不同金属材料间的焊接。激光焊接能量密度高，适用于高熔点、高反射率、高热导率和物理特性相差很大的金属材料焊接。

激光焊接主要优点：速度快、熔深大、变形小，能在室温或特殊条件下进行焊接。激光通过电磁场，光束不会偏移；激光在空气及某种气体环境中均能施焊，并能对玻璃或对光束透明的材料进行焊接[2]。激光聚焦后，功率密度高，焊接深宽比可达 5∶1，最高可达 10∶1；可焊接难熔材料如钛、石英等，并能对异种材料施焊，效果良好，例如，将铜和钽两种性质不同的材料焊接在一起，合格率可达100%；也可进行微型焊接，激光束经聚焦后可获得很小的光斑，能精确定位，可应用于大批量自动化生产的微小型元件的组焊中，如集成电路引线、钟表游丝、显像管电子枪组装等，由于采用了激光焊，生产效率高，热影响区小，焊点无污染，极大地提高了焊接质量。

（2）激光切割技术

激光切割是应用激光聚焦后产生的高功率密度能量来实现的。在计算机的控制下，通过脉冲使激光器放电，输出受控的重复高频率的脉冲激光，形成一定频率、一定脉宽的激光束。该脉冲激光束经过光路传导、反射并通过聚焦透镜组聚焦在加工物体的表面上，形成一个个细微的、高能量密度光斑，焦点位于待加工区域附近，以求瞬间高温熔化或气化被加工材料。

高能量的激光脉冲瞬间就能在物体表面溅射出一个细小的孔。在计算机控制下，激光加工喷头与被加工材料按预先绘好的图形进行连续相对运动，加工成想要的形状。切割时一股与光束同轴的气流由切割喷头喷出，将熔化或气化的材料由切口底部吹除。与传统的板材加工方法相比，激光切割具有切割质量好（切口宽度窄、热影响区小、切口光洁）、切割速度快、高的柔性（可切割任意形状）、广泛的材料适应性等优点。

激光切割技术广泛应用于金属和非金属材料的加工中，可极大减少加工时间，降低加工成本，提高工件质量。现代的激光切割技术成了人们理想的"削铁如泥"的宝剑。以早期的CO_2激光切割机为例，整个切割装置由控制系统、运动系统、光学系统、水冷系统、气保护系统等组成，采用先进的数控模式实现多轴联动以及激光不受速度影响的等能量切割；采用性能优越的伺服电机和传动导向结构可实现高速状态下良好的加工精度。

激光切割可应用于金属零件和特殊材料，如圆形锯片、弹簧垫片、电子机件用铜板、金属网板、钢管、电木板、铝合金薄板、石英玻璃、硅橡胶、氧化铝陶瓷片、钛合金等。使用的激光器有YAG激光器和CO_2激光器。脉冲激光适用于金属材料，连续激光适用于非金属材料，后者是激光切割技术的重要应用领域。

（3）激光熔覆技术

激光熔覆技术指以不同添料方式在基体表面上经激光辐射使之与基材表面层同时熔化，并快速凝固后形成稀释度极低、与基体成冶金结合的激光熔覆层，从而改善基层表面的耐磨、耐蚀、耐热、抗氧化性及电气特性的工艺方法。激光增材再制造技术即以激光熔覆技术为基础，对服役失效零件及误加工零件进行几何形状及力学性能恢复的技术。

利用激光束的高功率密度，添加特定成分的自熔合金粉（如镍基、钴基和铁基合金等），在基材表面形成一层很薄的熔覆层，使它们以熔融状态均匀地铺展在零件表层并达到预定厚度，与微熔的基体形成良好的冶金结合，并且相互间只有很小的稀释度，在随后的快速凝固过程中，在零件表面形成与基材完全不同的、具有特殊性能的功能熔覆材料层。激光熔覆技术可完全改变材料表面性能，使价廉材料表面获得极高的耐磨、耐蚀、耐高温等性能[3]。

激光熔覆技术可实现表面改性、修复或产品再制造的目的，可修复材料表面的孔洞和裂纹，恢复已磨损零件的几何尺寸和性能，满足材料表面对特定性能的要求，节约大量的贵重元素。与堆焊、喷涂、电镀和气相沉积相比，激光熔覆技术具有稀释率小、组织致密、所制备涂层与基体结合好等特点，在航空航天、模具及机电行业应用广泛。当前，激光熔覆使用的激光器以大功率 YAG 激光器及光纤激光器为主。

（4）激光热处理（激光相变硬化、激光淬火、激光退火）

激光热处理是指利用高功率密度的激光束加热金属工件表面，达到表面改性（即提高工件表面硬度、耐磨性和抗腐蚀性等）的目的。激光束可根据要求进行局部选择性硬化处理，工件应力和变形小。这项技术在汽车工业中应用广泛，如缸套、曲轴、活塞环、换向器、齿轮等零部件的激光热处理，同时在航空航天、机床和机械行业也应用广泛。我国的激光热处理应用远比国外广泛得多，目前使用的激光器以 YAG 激光器及光纤激光器为主。

激光热处理可以对金属表面实现相变硬化（或称表面淬火、表面非晶化、表面重熔淬火）、表面合金化等表面改性处理，产生表面淬火达不到的表面成分和组织性能。激光相变硬化是激光热处理中研究最早、最多、应用最广的工艺，适用于大多数材料和不同形状零件的各部位，可有效提高零件的耐磨性和疲劳强度。经激光热处理后，铸铁表面硬度可以达到 60HRC，中碳及高碳钢表面硬度可达 70HRC。

激光退火技术是半导体加工的一种工艺，效果比常规热处理退火好得多。激光退火后，制件杂质替位率可达 98%～99%，可使多晶硅电阻率降低 40%～50%，极大提高集成电路的集成度，使电路元件间间隔减小到 0.5μm。

（5）激光快速成形技术

激光快速成形技术集成了激光技术、CAD/CAM 技术和材料技术的最新成果，根据零件的 CAD 模型，用激光束将材料逐层固化，精确堆积成样件，不需要模具和刀具即可快速精确地制造出形状复杂的零件。该技术已在航空航天、电子、汽车等工业领域得到广泛应用。目前使用的激光器多以 YAG 激光器、CO_2 激光器为主。

（6）激光打孔技术

激光打孔技术具有精度高、通用性强、效率高、成本低和综合技术经济效益显著等优点，已成为现代制造领域的关键技术之一。在激光出现之前，只能用硬度较大的物质在硬度较小的物质上打孔，但要在硬度最大的金刚石上打孔就极其困难。激光出现后，这一类的操作既快又安全。但是激光钻出的孔是圆锥形的，而不是机械钻孔的圆柱形，这在有些地方是不方便的。

激光打孔技术主要应用于航空航天、汽车制造、电子仪表、化工等行业。激光打孔的迅速发展主要体现在打孔用 YAG 激光器的输出功率已由 400W 提高为 800～1000W，打孔峰值功率高达 30～50kW，打孔用的脉冲宽度越来越窄，重复频率越来越高。激光器输出参数的提高改善了打孔质量，提高了打孔速度，也扩大了激光打孔的应用范围。国内比较成熟的激光打孔应用是在人造金刚石和天然金刚石拉丝模的生产及钟表、仪表的宝石轴承、飞机叶片、印刷线路板等的生产中。

（7）激光打标技术

激光打标技术是利用高能量密度的激光束对工件进行局部照射，使表层材料气化或发生颜色变化的化学反应，从而留下永久性标记的加工方法。该技术可以打出各种文字、符号和图案等，字符大小可以从纳米到微米量级，这对产品防伪有非常特殊的意义。聚焦后极细的激光束如同刀具，可将物体表面材料逐点去除。激光打标技术的先进性在于标记过程为非接触性加工，不产生机械挤压或机械应力，不会损坏被加工物品。激光束聚焦后的尺寸很小，所加工工件热影响区小，加工精细，可以完成常规方法无法实现的工艺。

激光加工使用的"刀具"是聚焦后的光束，不需要额外增添其他设备和材料，只要激光器能正常工作，就可以长时间连续加工。激光打标加工速度快、成本低，由计算机自动控制，生产时不需人为干预。准分子激光打标是近年来发展起来的一项新技术，特别适用于金属打标，可实现亚微米打标，已广泛用于微电子工业和生物工程。

激光能标记何种信息，仅与计算机设计的内容相关，计算机设计出图稿只要满足打标系统的识别要求，打标机就可将设计信息精确还原在合适载体上。因此，激光打标软件的功能实际上很大程度上决定了打标系统的功能，该项技术在各种材料和几乎所有行业得到应用。所使用激光器有 YAG 激光器、光纤激光器及半导体泵浦激光器等。

（8）激光表面强化及合金化

激光表面强化是用高功率密度的激光束加热，使工件表面薄层发生熔凝和相变，然后自激快冷形成微晶或非晶组织。激光表面合金化是用激光加热涂覆在工件表面的金属、合金或化合物，与基体金属快速发生熔凝，在工件表面形成一层新的合金层或化合物层，达到材料表面改性的目的。还可以用激光束加热基体金属及通过的气体，使之发生化学冶金反应（例如表面气相沉积），在金属表面形成所需要物相结构的薄膜，以改变工件的表面性质。激光表面强化及合金化适用于航空航天、兵器、核工业、汽车制造业中需要改善耐磨、抗腐蚀及高温等性能的零部件[4]。

除了上述激光加工技术之外，已成熟的激光加工技术还包括：激光蚀刻技术、激光微调技术、激光存储技术、激光划线技术、激光清洗技术、激光强化电镀技术、激光上釉技术等。

激光蚀刻技术相比传统的化学蚀刻技术，工艺简单，可大幅度降低生产成本，可加工 $0.125\sim1\mu m$ 宽的线，适合于超大规模集成电路的制造。

激光微调技术可对指定电阻进行自动精密微调，精度可达 $0.01\%\sim0.002\%$，比传统加工方法的精度和效率高、成本低。激光微调包括薄膜电阻（厚度 $0.01\sim0.6\mu m$）与厚膜电阻（厚度 $20\sim50\mu m$）的微调、电容的微调和混合集成电路的微调。

激光存储技术是利用激光来记录视频、音频、文字资料及计算机信息，是信息化时代的支撑技术之一。

激光划线技术是生产集成电路的关键技术，其划线细、精度高（线宽 $15\sim25\mu m$，槽深 $5\sim200\mu m$），加工速度快（可达 $200mm/s$），成品率可达 99.5% 以上。

激光清洗技术可极大减少加工器件的微粒污染，提高精密器件的成品率。

激光强化电镀技术可提高金属的沉积速度，速度比无激光照射快1000 倍，对微型开关、精密仪器零件、微电子器件和大规模集成电路的生产和修补具有重大应用价值，相关技术的使用可使电镀层的牢固度提高 $100\sim1000$ 倍。

激光上釉技术对于材料改性则很有前景，其成本低，容易控制和复制，利于发展新材料。激光上釉结合火焰喷涂、等离子喷涂、离子沉积等技术，在控制组织、提高表面耐磨、耐腐蚀性能方面有着广阔的应用前景。电子材料、电磁材料和其他电气材料经激光上釉后用于测量仪表的效果极为理想。

1.2 增材制造技术概述

1.2.1 增材制造技术基本概念

增材制造（additive manufacturing，AM）技术是根据 CAD 设计数据采用材料逐层累加方法制造实体零件的技术。相对于传统的材料去除（切削加工）技术，增材制造是一种"自下而上"的材料累加制造方法。自 20 世纪 80 年代末，增材制造技术逐步发展，又被称为"材料累加制造"（material increase manufacturing）、"快速原型"（rapid prototyping）、"分层制造"（layered manufacturing）、"实体自由制造"（Solid free-form fabrication）、"3D 打印技术"（3D printing）等。各名称分别从不同方面表达了该制造技术的特点[5]。

美国材料与试验协会（ASTM）F42 国际委员会对增材制造和 3D 打印有明确的概念定义，增材制造即依据三维 CAD 数据将材料连接制作物体的过程，相对于减材制造它通常是逐层累加过程；3D 打印是指采用打印头、喷嘴或其他打印技术沉积材料来制造物体的技术，3D 打印也常用来表示"增材制造"技术。

从广义原理来看，凡是以设计数据为基础，将材料（包括液体、粉材、线材或块材等）自动化地累加起来成为实体结构的制造方法，都可视为增材制造技术。增材制造技术不需要传统刀具、夹具及多道加工工序，利用三维设计数据可在一台设备上快速而精确地制造出任意复杂形状的零件，从而实现"自由制造"，解决许多过去难以制造的复杂结构零件的成形问题，极大减少了加工工序，缩短了加工周期。越是结构复杂的产品，其制造速度的提升作用越显著。近年来，增材制造技术取得了快速发展，其原理与不同材料和工艺结合造就了诸多增材制造设备，目前已有的设备种类达到 30 多种。该类设备一经出现就取得高速发展，在各个领域都取得广泛应用，如在消费电子产品、汽车、航天航空、医疗、军工、地理信息、艺术设计等。

　　增材制造技术的特点是单件或小批量的快速制造，这一特点决定了增材制造在产品创新中具有显著作用。美国《时代》周刊将增材制造列为"美国十大增长最快的工业"；英国《经济学人》杂志则认为它将"与其他数字化生产模式一起推动实现第三次工业革命"，该技术将颠覆未来生产与生活模式，实现社会化制造，未来也许每个人都可以轻松地成立一个工厂，它将改变制造商品方式，进而改善人类的生活方式。

1.2.2　增材制造技术发展现状

　　美国专门从事增材制造技术咨询服务的 Wohlers 协会在 2013 年度报告中对行业发展情况进行了分析。2012 年，增材制造设备与服务全球直接产值 22.04 亿美元，较上一年的增长率为 28.6%，其中设备材料10.03 亿美元，增长 20.3%，服务产值 12 亿美元，增长 36.6%，其发展特点是服务相对设备材料增长更快。在增材制造应用方面，消费商品和电子领域仍占主导地位，但是比例从 23.7% 降到 21.8%；机动车领域从19.1% 降到 18.6%；研究机构为 6.8%；医学领域从 13.6% 增到16.4%；工业设备领域 13.4%；航空航天领域从 9.9% 增为 10.2%。在过去的几年中，航空器制造和医学应用是增长最快的应用领域。目前，美国的增材制造设备拥有量占全球 38%，中国继日本和德国之后，约9% 占第四位。在设备产量方面，美国 3D 打印设备产量占世界的 71%；欧洲以 12%、以色列以 10% 分居第二和第三，中国设备产量现约占全球的 7%。

　　现今，3D 打印技术不断融入人们的生活，在食品、服装、家具、医疗、建筑、教育等领域大量应用，催生出许多新兴产业，增材制造设备已从制造设备转变为生活中的创造工具。人们可以用 3D 打印技术自己设计并创造物品，使得创造越来越容易，人们可以自由地开展创造活动，创造活力成为引领社会发展的热点。

　　增材制造技术正在快速改变传统的生产及生活方式，欧美等发达国家和新兴经济国家将其作为战略性新兴产业，纷纷制定详细的发展战略，投入资金，加大研发力量和推进产业化。美国奥巴马总统在 2012 年 3 月提出发展美国振兴制造业计划，向美国国会提出"制造创新国家网络"（NNMI），其目的为夺回制造业霸主地位，实现在美国本土的设计与制造，使更多美国人返回工作岗位，提升就业率，构建持续发展的美国经济。为此，奥巴马政府启动首个"增材制造"项目，初期政府投资 3000

万美元，企业配套 4000 万元，由国防部牵头，制造企业、大学院校以及非营利组织参加，研发新的增材制造技术与产品，欲使美国成为全球最优秀的增材制造中心，架起"基础研究与产品研发"之间的纽带。美国政府已将增材制造技术作为国家制造业发展的首要战略任务并给予大力支持。

2012 年，增材制造设备市场延续近些年的高速发展形势，销售数目和收入的增加让销售商从中获益，进一步推动了美国股票价格的增长，增材制造技术主要通过出版物、电视节目甚至电影的方式涌入公众的视野。2012 年 4 月，在 Materialise 公司（比利时）举办的世界大会上，一场时装秀展示了增材制造技术所生产的帽子及相关饰品。

据调查，价格低于 2000 美元的增材制造设备多用于个人，对行业产值影响不大。行业发展尚依赖于专业化设备性能的提高。目前，专业化设备主要销往美国市场，在美国明尼苏达州明尼阿波利斯市举行的年度增材制造会议上，Materialise 公司（比利时）的创始人兼首席执行官 W. F. Vancraen 因对增材行业的突出贡献而被授予行业成就奖；2011 年 7 月，美国材料与试验协会（ASTM）的快速成形制造技术国际委员会 F42 发布一种专门的快速成形制造文件（AMF）格式，新格式包含功能梯度材料、颜色、曲边三角形及其他的 STL 文件格式不支持的信息。2011 年 10 月份，美国材料与试验协会（ASTM）与国际标准化组织（ISO）宣布，ASTM 国际委员会 F42 与 ISO 技术委员会将在增材制造技术领域展开深度合作，该合作将降低重复劳动量。此外，ASTM F42 还发布了关于坐标系统与测试方法的标准术语。

自 20 世纪 90 年代初起，在国家科技部等多部门对增材制造技术的持续支持下，国内许多高校和研究机构，如西北工业大学、北京航空航天大学、华南理工大学、南京航空航天大学、上海交通大学、大连理工大学、中国工程物理研究院等均进行了关于增材制造的探索性研究及产业化的相关工作。我国自主研发出一批增材制造装备，兼在相关高端编程软件、新材料应用等领域的科研及产业化方面取得重大进展，现已逐步实现相关设备产业化，所制备产品接近国外先进水平，改变了早期该类设备单一依靠进口的不利局面。在国家和地方的强力支持下，全国建立了 20 多个增材制造服务中心，遍布医疗、航空航天、汽车、军工、模具、电子电器、造船等行业领域，极大推动了我国相关制造技术高速发展。近 5 年，国内的增材制造技术主要针对工业领域，但尚未在消费品领域形成较大市场。而增材制造技术在美国则已取得高速发展，主要引领要素归因于其较低成本的增材制造设备社会化应用及金属零部件快速制造技术在工业领域的应用。我国金属零部件快速制造技术部分也已达国际领先水平，如中国航空制造技术研究院可生产出具有较大尺寸的金属零件，并已成功应用于最新型先进飞机的研制过程中，显著提升了现代化飞机的研制速度；在相关技术研发方面，我国部分技术水平已与国际先进水平基本持平，但在关键器件、成形材料、智能化控制及应用范围等方面相对于国际先进水平还有很大的提升空间[6]。

1.2.3 增材制造技术发展趋势

未来，增材制造产品将逐步满足社会多元化需求，涉及增材制造技术的直接产值 2012 年约为 22 亿美元，仅占全球制造业市场 0.02%，但是其间接作用和未来前景则非常乐观。增材制造技术优势在于制造周期短，适合单件个性化需求及大型薄壁件制造，尤其适用于钛合金等难加工易热成形零件及结构复杂零部件的制造，在航空航天、医疗卫生及创新教育领域也具有十分广阔的发展空间。

增材制造技术相对于领域内传统技术还面临许多挑战，尚存在使用成本高、制造精度及效率较低等问题。目前，增材制造技术是传统大批量制造技术的一个补充，增材制造技术在未来应与传统制造技术之间实现优选、集成、互补，相互促进形成新的增长点。针对该技术还需加强研发，培育孵化相关产业并进一步扩大应用范围，形成协同创新的运行机制，积极研发、科学推进，使之从单一产品研发工具走向批量生产的产业化模式，即技术引领应用市场发展，进而改变人们的日常生活。

增材制造技术将向提高精度、降低成本，向高性能材料方向发展，同时向功能零部件制造方向发展。增材制造技术可采用激光或电子束直接熔化金属粉实现逐层堆积金属，即金属直接成形技术，可直接制造复杂结构的金属功能零部件，其力学性能基本可达锻件性能指标。未来还需进一步提高制造精度和产品性能，并向陶瓷及复合材料的增材制造技术发展、向智能化装备发展。增材制造设备在软件功能及后处理方面还需进一步升级，所涉及如软件智能化和设备自动化程度、制造过程中工艺参数与材料匹配智能化、产品加工后粉料去除等，这些问题将直接影响增材制造技术的使用和推广。未来增材制造产品将向微观组织与宏观结构一体化制造方向发展，如支撑生物材料、复合材料等复杂结构零部件制造，给相关制造业带来革命性创新与高速发展[1,7]。

我国的激光增材制造技术在高性能终端零部件性能强化方面还具有极大的提升空间，主要体现在以下几个方面。

① 关于激光增材制造基础理论与成形微观机理的研究方面，在一些局部点上开展了相关探索，但研究尚需更基础、系统及深入。

② 激光增材制造核心技术研究方面，基于系统理论基础的工艺精确控制水平尚需进一步提升。

③ 激光增材制造产品性能提升方面，相关产品整体质量还有很大上升空间，未来可将纳米及准晶等多物相及多类型复合材料引入相关产品的制备中，这将对产品质量的改善起到至关重要的作用。

相信未来伴随上述激光增材制造技术问题的解决，将在保证产品质量的前提下极大简化相关设计生产流程、加快产品开发周期，实现新材料制备技术的更新换代。

参考文献

[1] 黄卫东. 激光立体成形-高性能致密金属零件的快速自由成形[M]. 西安：西北工业大学出版社，2007.

[2] 巩水利. 先进激光加工技术[M]. 北京：航空工业出版社，2016.

[3] Li J N, Yu H J, Chen C Z, et al. Physical properties and formation mechanism of copper/glass modified laser nano-crystals-amorphous reinforced coatings [J]. Journal of Physical Chemistry C, 2013, 117（9）：4568-4573.

[4] 徐滨士，朱绍华，刘世参. 表面工程的理论与技术[M]. 北京：国防工业出版社，2010.

[5] 卢秉恒，李涤尘. 增材制造（3D 打印）技术发展[J]. 机械制造与自动化，2013，42（4）：1-4.

[6] 王华明. 高性能金属构件增材制造技术-开启国防制造新篇章 [J]. 国防制造技术，2013，6（3）：5-7.

[7] 李怀学，巩水利，孙帆，等. 金属零件激光增材制造技术的发展及应用[J]. 航空制造技术，2012（20）：26-31.

第2章

激光增材制造
工艺及装备

2.1　增材制造工艺

　　增材制造技术（additive manufacturing，AM）又称 3D 打印技术，自 20 世纪 80 年代末提出概念以来，经过近 30 年的发展，其突出的技术优点和发展潜力不断被发现和挖掘出来。增材制造技术与数字化生产模式的结合正在推动全球进行新一轮的"工业革命"[1]。

　　增材制造技术区别于传统的减材制造，在工件的加工过程中，它不需要模具或原型坯体。增材制造技术利用"离散-堆积"原理，以数字模型文件为基础，运用粉末状的金属或塑料等材料，通过逐层打印的方式来构造物体[2]。这种加工制造方法不受零件复杂结构限制，在定制化和个性化制造上有较大优势，同时可以在满足产品使用性能的前提下，降低原材料的使用，减少损耗，使生产速度大大提高[3]。目前，增材制造技术主要应用于工业制造、航空航天、国防军工和生物医疗等方面，如图 2.1 所示。

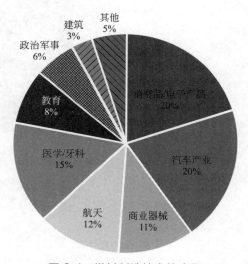

图 2.1　增材制造技术的应用

　　目前，增材制造技术主要有如下几种[4]。

　　（1）激光近净成形技术（laser engineered net shaping，LENS）

　　LENS 主要应用于航空航天大型金属结构件的制造，如图 2.2 所示。

激光近净成形技术又称激光熔覆快速制造技术，它是激光熔覆技术与快速原型技术的结合，由美国 Sandia 国家实验室的 David Keicher 发明。LENS 技术可以用来制造具有复杂结构的金属零件或模具，并且可以实现异种材料的加工制造。目前国内外对 LENS 技术的研究较多，涉及成形原理、工艺、零件尺寸、装备制造等方面。应用的材料已涵盖钛合金、镍基高温合金、铁基合金、铝合金、难熔合金、非晶合金以及梯度材料等[5]。激光近净成形原理是先将需要加工的零件进行 CAD 建模，然后在水平方向上对模型进行切片处理生成截面数据。将数据信息输入控制系统，即可控制喷头和基板的移动。待熔融的粉末由惰性气体送入喷头，当粉末落入喷嘴附近时，经激光的加热作用熔化落入熔池并在基板上堆积。一层扫描结束后，喷头上升一个图层的高度，接着进行下一层的扫描。如此反复，直至全部零件扫描加工结束。

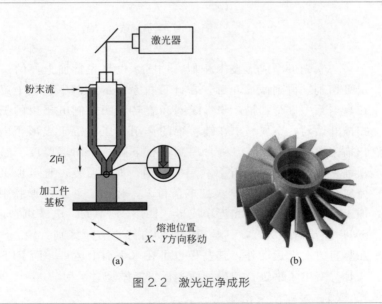

图 2.2　激光近净成形

（2）电子束选区熔化技术（EBSM）

电子束选区熔化技术（EBSM）是一种以高能电子束为加工热源的增材制造技术，其原理见图 2.3。与激光相比，电子束具有高能量、高利用率、加工材料广泛、真空无污染等特点。因此，基于电子束的快速成形制造在国际上获得了广泛的关注。美国麻省理工学院和中国的清华大学都开发出了各自的基于电子束的快速制造系统[6]。

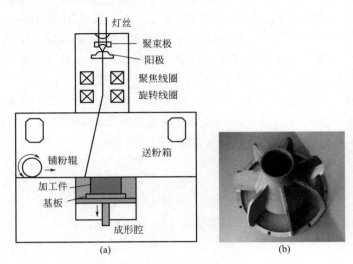

图 2.3　电子束选区熔化

　　与激光近净成形技术相似，EBSM 也是先将加工件的三维实体图形水平切割，得到截面轮廓。在计算机系统的控制下，电子束代替激光束在真空箱中进行扫描，聚焦线圈和旋转线圈控制电子束的扫描路径。在扫描开始前，金属粉末在铺粉辊的作用下压实覆于成形箱内，电子束每扫描完成一个截面，升降台控制基板下降一个图层厚度。然后铺粉辊重新铺粉压实，接着进行下一层的扫描。如此重复，直至加工件全部加工完成。最后用高压气体吹去多余粉末，将加工件从成形腔中取出，整个加工过程结束。与激光近净成形（LENS）不同，电子束选区熔化（EBSM）除扫描热源外，其基板的运动方式也有所区别。LENS 除喷头可以在竖直方向上运动外，其基板也可在水平面上运动。而 EBSM 的加工方式是只有电子束进行扫描，而基板只能做竖直运动。

　　（3）激光选区熔化技术（SLM）

　　激光选区熔化技术（SLM）最早可以追溯到 20 世纪 80 年代末期，其前身是激光选区烧结技术（Selected Laser Sintering，SLS），由美国得克萨斯大学奥斯汀分校研究成功并逐渐推广。与 SLM 技术不同的是，SLS 初期只能用于烧结一些熔点较低的塑料粉和蜡粉。随着大功率激光器的发展并和增材制造技术结合应用，SLS 逐渐发展成激光选区熔化（SLM）技术。

　　激光选区熔化技术的基本原理是利用高能量密度的激光束作用在预

备好的金属粉末上，将能量快速输入，使温度在短时间内达到粉末熔点并快速熔化金属粉末，激光束离开作用点后，熔化的金属粉末经散热冷却，重新凝固成形，达到冶金结合成形。

图2.4为激光选区熔化技术的原理示意图。在工件制备前，需要先在计算机中利用三维绘图软件如CAD绘制工件的立体图形。接着利用配套的"切片"软件将立体图形沿Z轴按照固定图层厚度进行"切割"，离散转换成二维平面图形并得到每一层截面的轮廓数据。所有数据输入加工系统后，计算机控制系统会根据二维切片信息控制成形腔和送粉腔的移动距离、激光的扫描路径、扫描速度和输出功率等加工参数。在成形腔中，提前烘干并加热的金属粉末被放置于送粉腔内，加工基板预先调平，为避免在加工过程中出现高温氧化现象和相关的缺陷，腔体内需要保持真空或者通入保护气体。

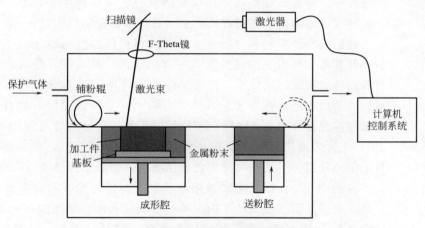

图2.4　激光选区熔化原理示意

加工开始后，送粉腔会上升一定厚度，铺粉辊均匀地将粉末铺于加工基板上，并扫去多余粉末，激光沿预定的路径进行扫描。一层扫描完成后，基板会下降一个图层厚度的距离，同时送粉腔上升，铺粉辊重新送粉，接着进行下一层的扫描加工。一般情况下，为保证基板上的粉末均匀涂布，送粉腔上升距离需大于成形腔下降距离。如此循环往复，熔化并重新凝固的金属粉末层层累积形成三维实体。

全部截面扫描完成后，加工过程结束，将基板和成形件取出，扫去成形件表面附着的金属粉末，并与基体分离。加工过程中未熔化的粉末经过筛分后可以重复使用。

2.2　材料的添加方式

2.2.1　预置送粉

　　将熔覆材料预先置于基材表面的熔覆部位，然后采用激光束辐照扫描熔化，熔覆材料以粉、丝、板的形式加入，其中以粉末涂层的形式加入最为常用。预置送粉式激光熔覆的主要工艺流程为：基材熔覆表面预处理→预置熔覆材料→预热→激光熔化→后热处理。预置法主要有黏结、喷涂两种方式。黏结方法简便灵活，不需要任何的设备。涂层的黏结剂在熔覆过程中受热分解，会产生一定量的气体，在熔覆层快速凝固结晶的过程中，易滞留在熔覆层内部形成气孔。黏结剂大多是有机物，受热分解的气体容易污染基材表面，影响基材和熔覆层的熔合。

　　喷涂是将涂层材料（粉末、丝材或棒材）加热到熔化或半熔化的状态，并在雾化气体下加速并获得一定的动能，喷涂到零件表面上，对基材表面和涂层的污染较小。但火焰喷涂、等离子弧喷涂容易使基材表面氧化，所以须严格控制工艺参数。电弧喷涂在预置涂层方面有优势，在电弧喷涂过程中基材材料的受热程度很小（基材温度可控制在80℃以下），工件表面几乎没有污染，而且涂层的致密度很好，但需要把涂层材料加工成线材。采用热喷涂方法预制涂层，需要添加必要的喷涂设备。

　　机械或人工涂刷法主要采用各种黏合剂在常温下将合金粉末调和在一起，然后以膏状或糊状涂刷在待处理金属表面。常用的黏合剂有清漆、硅酸盐胶、水玻璃、含氧的纤维素乙醚、醋酸纤维素、酒精松香溶液、脂肪油、BΦ-2胶水、超级水泥胶、环氧树脂、自凝塑胶、丙酮硼砂溶液、异丙基醇等。

　　在激光加热过程中，硅酸盐胶和水玻璃容易膨胀，从而导致涂层与基材间的剥落。含氧的纤维素乙醚没有上述缺点，且由于在低温下可以燃烧，因此不影响熔覆层的组织与性能，还能保证涂层对辐射激光有良好的吸收率。

　　激光熔覆时，大多数黏合剂将燃烧或发生分解，并形成炭黑产物。这可能导致涂层内的合金粉末溅出和对辐射激光的周期性屏蔽，其结果是熔化层的深度不均匀，并且合金元素的含量下降。若采用以硝化纤维素为基材的黏合剂，例如糨糊、透明胶、氧乙烷基纤维素等，可以得到好的实验结果。

同步送粉法与预置法相比，两者熔覆和凝固结晶的物理过程有很大的区别。同步送粉法熔覆时合金粉末与基材表面同时熔化。预置法则是先加热涂层表面，在依赖热传导的过程中加热整个涂层。

在材料表面激光熔覆过程中，影响激光熔覆层质量和组织性能的因素很多。例如激光功率 P、扫描速度、材料添加方式、搭接率与表面质量、稀释率等。针对不同的工件和使用要求应综合考虑，选取最佳工艺及参数的组合。

2.2.2 同步送粉

图 2.5 为同步送粉式激光熔覆的示意图。激光光束照射基材形成液态熔池，合金粉末在载气的带动下由送粉喷嘴射出，与激光作用后进入液态熔池，随着送粉喷嘴与激光束的同步移动形成了熔覆层。

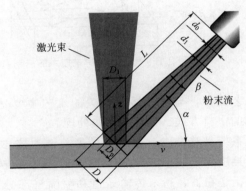

图 2.5　同步送粉式激光熔覆示意

这两种方法效果相似，同步送粉法具有易实现自动化控制、激光能量吸收率高、熔覆层内部无气孔和加工成形性良好等优点，尤其熔覆金属陶瓷可以提高熔覆层的抗裂性能，使硬质陶瓷相可以在熔覆层内均匀分布。若同时加载保护气体，可防止熔池氧化，获得表面光亮的熔覆层。目前实际应用较多的是同步送粉式激光熔覆。

用气动喷注法把粉末传送入熔池中被认为是成效较高的方法，因为激光束与材料的相互作用区被熔化的粉末层所覆盖，会提高对激光能量的吸收。这时成分的稀释是由粉末流速控制，而不是由激光功率密度所控制。气动传送粉末技术的送粉系统示意如图 2.6 所示，该送粉系统由一个小漏斗箱组成，底部有一个测量孔。供料粉末通过漏斗箱进入与氩气瓶相连接的管道，再由氩气流带出。漏斗箱连接着一个振动器，目的是为了得到均匀的粉末流。通过控制测量孔和氩气流速可以改变粉末流的流速。粉末流速是影响熔覆层形状、孔隙率、稀释率、结合强度的关键因素。

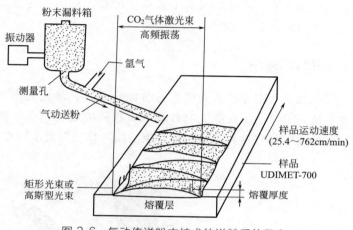

图 2.6　气动传送粉末技术的送粉系统示意

按工艺流程，与激光熔覆相关的工艺主要是基材表面预处理方法、熔覆材料的供料方式、预热和后热处理。

送粉系统是整个成形系统中最为关键和核心的部分，送粉系统性能的好坏直接决定了成形零件的最终质量，包括成形精度和性能。送粉系统通常包括送粉器、粉末传输通道和喷嘴三部分。送粉器是送粉系统的基础，对于激光熔覆技术而言，送粉器要能够连续均匀地输送粉末，粉末流不能出现忽大忽小和暂停现象，也就是说，粉末流要保持连续均匀。这一点对于精度要求较高的立体成形过程显得尤为重要，因为不稳定的粉末流将直接导致粉末堆积厚度的差异，而这样的差异如果不加以控制的话将直接影响成形过程的稳定性。

除了上述在国内外应用相对较多的送粉方法外，国内外学者还展开了利用丝状材料进行熔覆试验的研究。丝状熔覆制造（wirefeed）是用一种很细的丝替代上述激光熔覆快速制造技术中的粉末作为添加材料制造金属零件。该技术的原理是把丝材从环形激光束内部或者侧面送给，利用激光束的高能在基体或熔覆层上形成熔池的同时，送丝装置把金属丝不断地送入熔池，随着激光束按预定轨迹相对于基体不断地进行扫描，就可得到所需的致密金属零件。

（1）送粉式激光熔覆

送粉式激光熔覆是近年来发展起来的新工艺，由于这种工艺克服了很多预置式激光熔覆的缺点，同时又具有熔覆材料与基体材料同时被激光加热、成形性好、熔覆速度快、烧损轻、易于达到冶金结合、熔覆层组织细小、熔覆粉末可调控、适应范围广等诸多工艺优点。根据粉路和激光束的相对位置关系，送粉式激光熔覆可分为同轴送粉和旁轴送粉两种形式，见图 2.7。

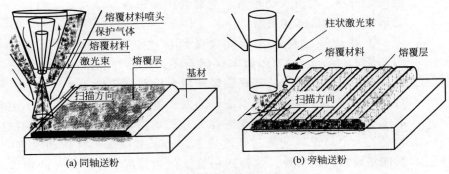

图 2.7　送粉式激光熔覆

同轴送粉技术是激光熔覆成形材料供给方式中较为先进的供给方式，粉末流与激光束同轴耦合输出，而同轴送粉喷嘴作为同轴送粉系统的关键部件之一，已成为各科研单位的研究热点。目前，国内外大多数研究单位均研制出了适合本单位需要的同轴送粉喷嘴，但现有的同轴送粉喷嘴大多存在粉末汇聚性差、粉末利用率低、出粉口容易堵塞等缺点。

旁轴送粉技术是激光熔覆过程中粉料的输送装置和激光束分开，彼此独立的一种送粉方式。因此在激光熔覆过程中两者需要通过较复杂的工艺设计来匹配。一般旁轴送粉机构中，送粉口设计在激光束的行走方向之前，利用重力作用将粉末堆积在熔覆基材的表面，然后后方的激光束扫描在预先沉积的粉末上，完成激光熔覆过程。实际生产过程中，旁轴送粉的工艺要求送粉器的喷嘴与激光头有相对固定的位置和角度匹配。而且由于粉末预先沉积在工件表面，激光熔覆过程不能再施加保护气体，否则将导致沉积的粉末被吹散，熔覆效率大大降低。激光熔池由于缺少保护气体的保护，只能依靠熔覆粉末熔化时的熔渣自我保护。因此目前工业生产中，自熔性合金粉末应用于旁轴送粉系统的激光熔覆较多。熔覆粉末依靠 B、Si 等元素的造渣作用在熔池表面产生自我保护作用。但旁轴送粉系统复杂的粉光匹配、熔池气保护难以实现，熔覆工艺与送粉工艺难以相互协调等缺点限制了其在应用中的进一步推广。

（2）送粉器的分类和特点

送粉器的功能是按照加工工艺的要求将熔覆粉末精确送入激光熔池，并确保加工过程中，粉末能连续、均匀、稳定地输送。送粉器的性能直接影响到激光熔覆层的质量。随着激光熔覆技术得到越来越多的应用，对送粉器的性能也提出了更高的要求。针对不同类型的工艺特点和粉末类型，目前国内外已经研制的送粉器主要可以分为：螺旋式送粉器、转盘式送粉器、刮板式送粉器、毛细管式送粉器、鼓轮式送粉器、电磁振动送粉器和沸腾式送粉器。

① 螺旋式送粉器　螺旋式送粉器主要是基于机械力学原理，如图 2.8(a) 所示，主要由粉末存储仓斗、螺旋杆、振动器和混合器等组成。工作时，电机带动螺杆旋转使粉末沿着桶壁输送至混合器，然后混合器中的载流气体将粉末以流体的方式输送至加工区域。为了使粉末充满螺纹间隙，粉末存储仓斗底部加有振动器，能提高送粉量的精度。送粉量的大小与螺杆的旋转速度成正比，调节控制螺杆转动电机的转速，就能精确控制送粉量。这种送粉器能传送粒度大于 $15\mu m$ 的粉末，粉末的输送速率为 $10 \sim 150 g/min$。

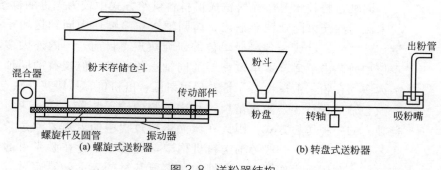

图 2.8　送粉器结构

这种送粉器比较适合小颗粒粉末输送，工作中输送均匀，连续性和稳定性高，并且这种送粉方式对粉末的干湿度没有要求，可以输送稍微潮湿的粉末。但是不适用于大颗粒粉末的输送，容易堵塞。由于是靠螺纹的间隙送粉，送粉量不能太小，所以很难实现精密激光熔覆加工中所要求的微量送粉，并且不适合输送不同材料的粉末。

② 转盘式送粉器 转盘式送粉器的结构如图 2.8(b) 所示,主要由粉斗、粉盘和吸粉嘴等组成。粉盘上带有凹槽,整个装置处于密闭环境中,粉末由粉斗通过自身重力落入转盘凹槽,并且电机带动粉盘转动将粉末运至吸粉嘴,密闭装置中由进气管充入保护性气体,通过气体压力将粉末从吸粉嘴处送出,然后再经过出粉管到达激光加工区域。

转盘式送粉器基于气体动力学原理,通入的气体作为载流气体进行粉末输送。这种送粉器适合球形粉末的输送,并且不同材料的粉末可以混合输送,最小粉末输送率可达 1g/min。但是对其他形状的粉末输送效果不好,工作时送粉率不可控,并且对粉末的干燥程度要求高,稍微潮湿的粉末,会使送粉的连续性和均匀性降低。

③ 刮板式送粉器 刮板式送粉器,如图 2.9(a) 所示,它主要由存储粉末的粉斗、转盘、刮板、接粉斗等组成。工作时粉末从粉斗经过漏粉孔靠自身的重力和载流气体的压力流至转盘,在转盘上方固定一个与转盘表面紧密接触的刮板,当转盘转动时,不断将粉末刮下至接粉斗,在载流气体作用下,通过送粉管送至激光加工区域。送粉量大小是通过转盘的转速来决定的,通过对转盘转速的调节便可以控制送粉量的大小,同时调节粉斗和转盘的高度和漏粉孔的大小,可以使送粉量的调节达到更宽的范围。刮板式送粉器适用于颗粒直径大于 $20\mu m$ 的粉末输送。

刮板式送粉器对于颗粒较大的粉末流动性好,易于传输。但在输送颗粒较小的粉末时,容易聚团,流动性较差,送粉的连续性和均匀性差,容易造成出粉管口堵塞。针对传统刮板式送粉器的不足,有学者设计了改进的摆针式刮板同步送粉器,其结构如图 2.9(b) 所示,由摆针 1、粉桶体 2、吸嘴 3、转盘 4、动力源 5、箱体 6 及进气管几部分组成。粉桶由装粉螺栓、粉桶盖、粉桶体、摆针、平衡气管、调节阀和不同尺寸的密封圈组成。吸嘴由心轴、弹簧、内嘴、滚珠和导管组成。动力源由转轴、骨架型密封圈、减速机和步进电机组成。

一般情况下,较大尺寸的粉末流动性较好,易于传送。而颗粒直径较小的粉末容易聚团,流动性较差,通常传送这样尺寸的粉末是非常困难的。送粉器首先需要将聚团的粉末打散,其次被打散的粉末需在一定的速度和传输速率下传送。摆针式刮板同步送粉器工作时,步进电机带动转轴旋转,转轴的旋转带动转盘[槽型凸轮机构,凸轮轮廓线形式见图 2.9(b)]同步旋转,摆针沿着槽型凸轮轮廓线往复摆动,将团聚的粉末打散。被打散的粉末在重力的作用下均匀连续地落在转盘的大小沟槽中,进气管连续往箱体内充气,使箱体内产生正压。当粉末随着转盘转至吸嘴下方时,粉末在空气正压的作用下随空气一起沿着导管连续、均匀流出箱体，送至激光加工区。

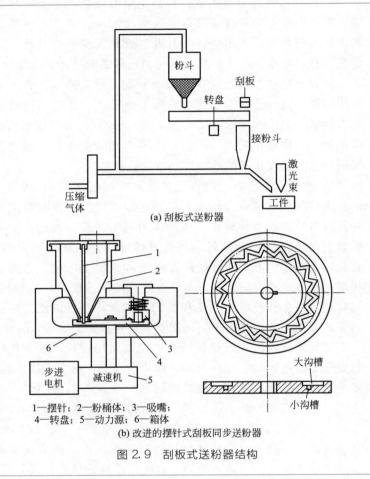

(a) 刮板式送粉器

1—摆针；2—粉桶体；3—吸嘴；
4—转盘；5—动力源；6—箱体

(b) 改进的摆针式刮板同步送粉器

图 2.9　刮板式送粉器结构

④ 毛细管式送粉器　这种方法主要是使用一个振动毛细管来送粉，振动是为了粉末微粒的分离，该送粉器由 1 个超声波振荡器、1 个带储粉斗的毛细管和 1 个盛水的容器组成，见图 2.10(a)。电源驱动超声波发生器产生超声波，用水来传送超声波。粉末存储在毛细管上面的漏斗里，毛细管在水面下，下端漏在容器外面，通过产生的振动将粉末打散，由重力场传送。

毛细管式送粉器能输送的粉末直径大于 $0.4\mu m$。粉末输送率最低可以达到 $\leqslant 1g/min$。能够在一定程度上实现精密熔覆中要求的微量送粉，但是它是靠自身的重力输送粉末，必须是干燥的粉末，否则容易堵塞，送粉重复性和稳定性差，对于不规则的粉末输送，输送时在毛细管中容易堵，所以只适合于球形粉末的输送。

⑤ 鼓轮式送粉器　鼓轮式送粉器的结构如图 2.10(b) 所示，主要由储粉斗、粉槽和送粉轮等组成。粉末从储粉斗落入下面的粉槽，利用大气压强和粉槽内的气压维持粉末堆积量在一定范围内的动态平衡。鼓轮匀速转动，其上均匀分布的粉勺不断从粉槽舀取粉末，又从右侧倒出粉末，粉末由于重力从出粉口送出。通过调节鼓轮的转速和更换不同大小的粉勺来实现送粉率的控制。

鼓轮式送粉器的工作原理基于重力场，对于颗粒比较大的粉末，因其流动性好能够连续送粉，并且机构简单。由于它是通过送粉轮上的粉勺输送粉末，对粉末的干燥度要求高，微湿的粉末和超细粉末容易堵塞粉勺，使送粉不稳定，精度降低。

⑥ 电磁振动送粉器　电磁振动送粉器的结构如图 2.10(c) 所示，在电磁振动器的推动下，阻分器振动，储藏在储粉仓内的粉末沿着螺旋槽逐渐上升到出粉口，由气流送出。阻分器还有阻止粉末分离的作用。电磁振动器实质上是一块电磁铁，通过调节电磁铁线圈电压的频率和大小就可实现送粉率的控制。

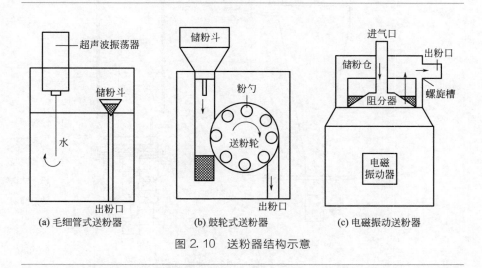

图 2.10　送粉器结构示意

电磁振动送粉器是基于机械力学和气体动力学原理工作的，反应灵敏。由于是用气体作为载流体将粉末输出，所以对粉末的干燥程度要求高，微湿粉末会造成送粉的重复性差。并且对于超细粉末的输送不稳定，在出粉管处超细粉末容易聚团，从而发生堵塞。

⑦ 沸腾式送粉器　沸腾式送粉器是一种用气流将粉末流化或达到临

界流化，由气体将这些流化或临界流化的粉末吹送运输的送粉装置。沸腾式送粉器能使气体与粉末混合均匀，不易发生堵塞；送粉量大小由气体调节，可靠方便；并且不像刮吸式与螺旋式等机械式送粉器，粉末输送过程中与送粉器内部发生机械挤压和摩擦容易发生粉末堵塞现象，造成送粉量的不稳定。

图 2.11(a) 为沸腾式送粉器的原理图，沸腾气流 1 与沸腾气流 2 使粉末流化或者使粉末达到临界流化状态。而粉末输送管中间有一孔洞与送粉器内腔相通，当粉末流化或处于临界流化状态时，送粉气流通过粉末输送管，便可将粉末连续地输送出。其中，为使粉末能够顺利通过小孔洞进入粉末输送管中，腔内沸腾气压应大于送粉气流的气压。对于沸腾式送粉器，调节气体流量的大小便可以实现对粉末输送速率的调节；结构的紧凑性与沸腾式的送粉方式使储粉罐内粉末储藏量对送粉的影响减小；而对于不同的粉末或者是合金粉末，沸腾式送粉器也可以进行输送。

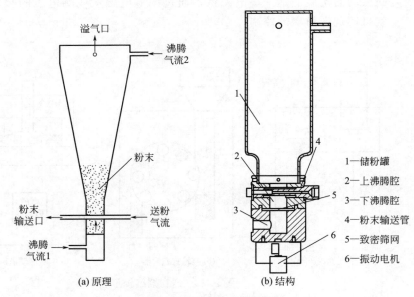

(a) 原理　　　　　　(b) 结构

图 2.11　沸腾式送粉器

沸腾式送粉器的结构如图 2.11(b) 所示，主要由储粉罐 1、上沸腾腔 2、下沸腾腔 3、粉末输送管 4、致密筛网 5 以及振动电机 6 组成。各个零件之间用 O 形密封圈与密封垫片进行密封。此送粉器结构简单，易于拆装。上沸腾腔 2 与下沸腾腔 3 之间用扣环与合页配合固定，这样的结构便于下沸腾腔 3 打开与合拢，从而实现对送粉器的清理。而在下沸腾腔 3 下部安装振动电机 6。在送粉过程中，振动电机可避免粉末在管道中的堵塞现象；在清理送粉器的过程中，振动电机也可使腔体内粉末振落。致密筛网 5 将粉末隔离，使粉末储存于储粉罐 1 和上沸腾腔 2 之内。

沸腾式送粉器是基于气固两相流原理设计的。工作时，载流气体在气体流化区域直接将粉末吹出送至激光熔池。但同样要求所送粉末干燥。沸腾式送粉器对于粉末的流化和吹送都是通过气体来完成的，所以避免了前面螺旋式、刮板式等粉末与送粉器元件的机械摩擦，对粉末的粒度和形状有较宽的适用范围。

2.2.3 丝材送给

丝材激光熔覆技术作为增材制造领域的关键技术之一，在现代工业中具有非常广阔的应用前景。相对目前应用较广泛的激光熔粉法，激光熔丝在其生产过程中有材料利用率高、速度快、绿色环保、沉积层组织缺陷较少且组织更为细密等优点。激光熔丝沉积技术由于其独特的技术优势，自产生之日起便受到了世界上诸多研究机构、政府及企业的关注。

迄今为止，学者对激光熔丝沉积技术进行了大量研究。韩国仁荷大学的 Jae-Do Kim 等对激光熔丝过程中的送丝角度、速度以及方向等工艺参数进行了系统的研究，分析了参数对所成形激光涂层组织结构的影响，并证实随着激光扫描速度的增加，基材金属热影响区的晶粒尺寸变小，如图 2.12 所示。

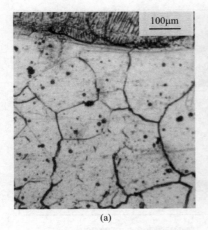

(a)   (b)

图 2.12 不同激光扫描速度下激光熔丝沉积层组织

　　在国内，苏州大学在 45 钢基材上采用不同的送丝速度进行光内送丝激光熔覆实验，建立了金属丝在整个熔化过程中的熔滴与熔池模型，对这两种模型进行了理论分析。结果表明，在扫描速度和激光功率保持不变的条件下，送丝速度直接影响熔池稳定性，对涂层形貌和显微组织形态起到重要作用。浙江工业大学在 45 钢上用大功率 CO_2 激光束和自动送丝机进行激光快速成形工艺性研究。研究结果显示，优化工艺范围后的激光涂层组织较氩弧焊层组织结构明显细化，硬度提高将近 70%，过渡区狭小，激光涂层有良好的耐磨性。华南理工大学对激光熔丝过程中的送丝方向与角度、送丝速度、激光扫描速度、功率以及激光涂层组织结构进行了深入研究。研究表明，基于送丝技术的激光快速成形可获得超致密的组织结构，为后续激光修复与快速成形方面的研究打下了坚实的理论基础。浙江工业大学选用不同的激光功率、扫描速度、送丝速度，用专用丝材进行激光快速成形试验。研究结果表明：当速度不变时，激光功率增加，其热影响区变大，组织结构由细变粗，硬度增加；随着扫描速度增加，激光层稀释率下降，硬度则显著提升。

　　英国诺丁汉大学 S. H. Mok 等[7] 用 2.5kW 的二极管激光在 TC4 钛合金表面进行激光熔丝试验，制备出致密的激光涂层，大幅度提高了钛合金的硬度，试验如图 2.13 所示。激光熔丝过程中，丝材与激光熔池的位置对所生成的激光涂层具有重要影响。当丝材处于熔池后方时，激光涂层各方面性能与表面形貌达到最佳[8]。

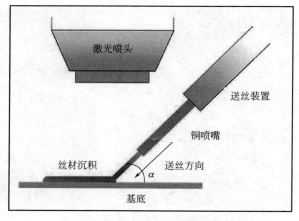

图 2.13　激光熔丝沉积示意图[7]

2.3 激光的物理特性

激光是利用原子或分子受激辐射的原理，使工作物质受激发而产生的一种光辐射。同一激光束内所有的光子频率相同、相位一致、偏振与传播方向一致。因此，激光是单色性好、方向性强、亮度极高的相干光辐射。

2.3.1 激光的特点

（1）单色性好

激光作为相干光，具有多种特性。光的本质是一种电磁波辐射。对于电磁波辐射，其相干长度越长，光谱线宽度越窄，其颜色越单纯，即光的单色性越好。以氦氖激光器为例，产生的激光相干长度约为 $4 \times 10^4 m$。在激光出现之前，最好的单色光源是氪灯，它产生的光辐射相干长度约 0.78m。可见激光是世界上发光颜色最单纯的光源。

（2）亮度高

高亮度是激光的又一突出特点。一般地，将单位发光面积 ΔS、单位光辐射宽度 Δv、发射角 θ 发出的光辐射强度定义为光源的单色亮度 B_λ

$$B_\lambda = \frac{P}{\Delta S \Delta v \theta^2} \qquad (2.1)$$

式中　P——激光功率。

尽管太阳发射总功率高，但是光辐射宽度 Δv 很宽，发散角 θ 很大，单色亮度仍很小。而激光虽然 Δv、θ 均很小，但其单色亮度很高，有报道的高功率激光器产生的激光单色亮度 B_λ 甚至比太阳高 100 万亿倍。

（3）方向性强

由激光的产生机理可知，在传播介质均匀的条件下，激光的发散角 θ 仅受衍射所限

$$\theta = \frac{1.22\lambda}{D} \qquad (2.2)$$

式中　λ——波长，m；

　　　D——光源光斑直径，m。

地球与月球表面的距离约为 $3.8 \times 10^5 km$，利用聚焦最好的激光束射达月球，其光斑直径仅为几十米。

（4）相干性好

光产生相干现象的最长时间间隔称为相干时间 τ，在相干时间内，光传播的最远距离叫做相干长度 L_c。

$$L_c = c\tau = \frac{\lambda^2}{\Delta\lambda} \tag{2.3}$$

式中　c——光速。

由于激光带宽 $\Delta\lambda$ 很小，相干长度 L_c 很长。实际上，单色性好，相干性就好，相干长度也就越长。

（5）能量高度集中

一些军事、航空、医学、工业用的激光器均能产生很高的激光能量，如核聚变用的激光器的输出功率可高达 $10^{18}\,\mathrm{W}$，能够克服核间排斥力，实现核聚变反应。随着激光超短脉冲技术的发展，人们能从用于产生极短时间激光脉冲技术的掺 Ti 蓝宝石激光器件中，利用脉冲放大技术获得峰值功率高达 $10^{15}\,\mathrm{W}$ 的激光。

2.3.2　激光产生原理

（1）光与物质的相互作用

1）原子理论的基本假设

① 原子定态假设　一切物质都是由原子构成的。原子系统处于一系列不连续的能量状态。在原子核周围，电子的运行轨道是不连续的，原子处于能量不变的稳定状态，称作原子的定态。对应原子能量最低的状态称为基态。

如果原子处于外层轨道上的电子从外部获得一定的能量，则电子就会跳跃到更外层的轨道运动。原子的能量增大，此时原子称为处于激发态的原子。

② 频率条件　原子从一个定态 E_1 跃迁到另一个定态 E_2，频率 ν 由式（2.4）决定

$$h\nu = E_2 - E_1 \tag{2.4}$$

一种单色光对应一种原子间跃迁产生的光子，h 为普朗克常数，$h\nu$ 是一个光子的能量。

辐射场与物质的相互作用，特别是共谐相互作用，为激光器的问世和发展奠定了物理基础。当入射电磁波的频率和介质的共振频率一致时，将会产生共振吸收（或增益），激光产生以及光与物质的相互作用都会涉及场与介质的共振作用。

　　2）受激吸收

　　假设原子的两个能级为 E_1、E_2，并且 $E_1 < E_2$，如果有能量满足式（2.4）的光子照射时，原子就有可能吸收此光子的能量，从低能级的 E_1 态跃迁到高能级的 E_2 态。这种原子吸收光子，从低能级跃迁到高能级的过程称为原子的受激吸收过程 ［图 2.14(a)］。

　　3）自发辐射

　　原子受激发后处于高能级的状态是不稳定的，一般只能停留 10^{-8} s 量级，它又会在没有外界影响的情况下，自发地返回到低能级的状态，同时向外界辐射一个能量为 $h\nu = E_2 - E_1$ 的光子，这个过程称为原子的自发辐射过程。自发辐射是随机的，辐射的各个光子发射方向和初相位都不相同，各原子的辐射彼此无关，因此自发辐射的光是不相干的 ［图 2.14(b)］。

　　4）受激辐射和光放大

　　处在激发态能级上的原子，如果在它发生自发辐射之前，受到外来能量为 $h\nu$ 并满足公式（2.4）的光子的激励作用，就有可能从高能态向低能态跃迁，同时辐射出一个与外来光子同频率、同相位、同方向，甚至同偏振态的光子，这一过程称为原子的受激辐射 ［图 2.14(c)］。

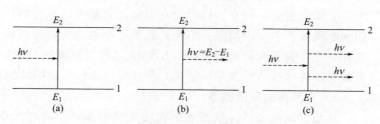

图 2.14　受激吸收、自发辐射和受激辐射

　　如果一个入射光子引发受激辐射而增加一个光子，这两个光子继续引发受激辐射又增添两个光子，以后 4 个光子又增殖为 8 个光子……这样下去，在一个入射光子的作用下，原子系统可能获得大量状态特征完全相同的光子，这一现象称为光放大。因此，受激辐射过程致使原子系统辐射出与入射光同频率、同相位、同传播方向、同偏振态的大量光子，即全同光子。受激辐射引起光放大正是激光产生机理中一个重要的基本概念。

　　5）粒子数反转

　　由自发辐射和受激辐射的定义可见，普通光源的发光机理自发辐射占主导地位。然而，激光器的发光却主要是原子的受激辐射。为了使原子体系中受激辐射占到主导地位而使其持续发射激光，应设法改变原子系统处于热平衡时的分布，使得处于高能级的原子数目持续超过处于低能级的原子数目，即实现"粒子数反转"。

为了实现粒子数反转，必须从外界向系统内输入能量，使系统中尽可能多的粒子吸收能量后从低能级跃迁到高能级上去，这个过程称为"激励"或"泵浦"过程。激励的方法一般有光激励、气体放电激励、化学激励甚至核能激励等。例如，红宝石激光器采用的是光激励；氦氖激光器采用的是电激励；染料激光器采用的是化学激励。

（2）激光产生条件

在实现了粒子数反转的工作物质内（如采用光激励或电激励），可以使受激辐射占主导地位，但首先引发受激辐射的光子却是由自发辐射产生的，而自发辐射是随机的。因此，受激辐射实现的光放大，从整体上看也是随机的、无序的，这就需要增加一系列装置。

1）光学谐振腔

在工作物质两端安置两面相互平行的反射镜，在两镜之间就构成一个光学谐振腔，其中一面是全反射镜，另一面是部分反射镜。

在向各个方向发射的光子中，除沿轴向传播的光子之外，都很快地离开光学谐振腔，只有沿轴向的光不断得到放大，在腔内往返形成振荡。因而在激光管中，步调整齐的光被连续不断地放大，形成振幅更大的光。这样，光在管子两端相互平行的反射镜之间来回进行反射，然后经过充分放大的光通过一个部分反射镜，向外射出相位一致的单色光。

2）光振荡的阈值条件

从能量观点分析，虽然光振荡使光强增加，但同时光在两个端面上及介质中的吸收、偏折和投射等，又会使光强减弱。只有当增益大于损耗时，才能输出激光，这就要求工作物质和谐振腔必须满足"增益大于损耗"的条件，称为阈值条件。

3）频率条件

光学谐振腔的作用不仅增加光传播的有效长度 L，还能在两镜之间形成光驻波。实际上，只有满足驻波条件的光才能被受激辐射放大。

由 $L = k\dfrac{\lambda_n}{2}$（$k = 1, 2, 3, \cdots$），其中 $\lambda_n = \dfrac{c}{n\nu}$，有

$$\nu = k\frac{c}{2nL} \text{ 或 } \Delta\nu = \frac{c}{2nL} \tag{2.5}$$

式中，n 为整数，c 为光速。

在激光管中受激辐射产生的频率 ν，由式（2.4）可得

$$\nu = \frac{E_2 - E_1}{h} \tag{2.6}$$

式中，h 为普朗克常数。

为使频率 ν 满足式（2.5）和式（2.6），需要对谐振腔的腔长进行调整。概括起来形成激光的基本条件如下：

① 工作物质在激励源的激励下能够实现粒子数反转；

② 光学谐振腔能使受激辐射不断放大，即满足增益大于损耗的阈值条件；

③ 满足式（2.5）和式（2.6）的频率条件。

2.3.3　激光光束质量

激光在诸多领域已得到广泛的应用，因此对激光光束质量的要求也越来越高。光束参数（如光强分布、光束宽度及发散角等）是决定激光应用效果的重要因素。如何用一种简便、精确、实用的方法测量、评价激光器发射激光的光束质量，已经成为激光技术研究中的关键问题。研究者曾经采用激光光束聚焦特征参数 K_f、M^2 因子、远场发散角 θ_0、光束衍射极限倍数因子 β 及斯特列尔比 S_r 等进行激光光束质量的评价，但这些方法适合于不同应用场合的激光质量评价，未能形成统一的激光光束质量评价标准。

（1）光束聚焦特征参数 K_f

光束聚焦特征参数 K_f，也称为光束参数乘积（BPP，beam parameters product），定义为光束束腰直径 d_0 和光束远场发散角全角 θ_0 乘积的 $1/4$。

$$K_f = \frac{d_0 \theta_0}{4} \tag{2.7}$$

该式描述了光束束腰直径和远场发散角乘积不变原理，并且在整个光束传输变换系统中，K_f 是一个常数，适用于工业领域评价激光光束质量。

（2）衍射极限倍数因子 M^2

1988 年，A. E. Siegman 将基于实际光束的空间阈和空间频率阈的二阶矩表示的束宽积定义为光束质量 M^2 因子，它相当于从描述光波的复振幅的无穷多信息中，通过二阶矩形式来抽取组合出因子，较合理地描述了激光光束质量，1991 年被国际标准化组织 ISO/TC172/SC9/WG1 标

准草案采纳。M^2 因子定义为

$$M^2 = \frac{\text{实际光束束腰直径} \times \text{实际光束远场发射角}}{\text{理想光束束腰直径} \times \text{理想光束远场发射角}} = \frac{\pi}{4\lambda} d_0 \theta_0 \qquad (2.8)$$

式中，d_0 为激光束腰直径，θ_0 为远场发散角，λ 为波长。

M^2 因子是目前被普遍采用的评价激光光束质量的参数，也称之为光束质量因子。但应指出，M^2 因子的定义是建立在空间域和空间频率阈中束宽的二阶矩定义基础上的。激光束束腰宽度由束腰横截面上的光强分布来决定，远场发散角由相位分布来决定。因此 M^2 因子能够反映光场的强度分布和相位分布特征。它表征了一个实际光束偏离极限衍射发散速度的程度，M^2 因子越大则光束衍射发散越快。

（3）远场发散角 θ_0

设激光光束沿 z 轴传输，则远场发散角 θ_0 用渐近线公式表示为

$$\theta_0 = \lim_{z \to \infty} \frac{\omega(z)}{z} \qquad (2.9)$$

式中，$\omega(z)$ 为激光传播至 z 时光束束腰半径，远场发散角表征光束传播过程中的发散特性，显然 θ_0 越大光束发散越快。在实际测量中，通常是利用聚焦光学系统或扩束聚焦系统将被测激光束聚焦或扩束聚焦后，采用焦平面上测量的光束宽度与聚焦光学系统焦距的比值得到远场发散角。由于 θ_0 大小可以通过扩束或聚焦来改变（如利用望远镜扩束），所以仅用远场发散角作为光束质量判据是不准确的。

（4）激光束亮度 B

亮度是描述激光特性的一个重要参量，按照传统光学概念，激光束亮度是指单位面积的光源表面向垂直于单位立体角内发射的能量

$$B = \frac{P}{\Delta S \times \Delta \Omega} \qquad (2.10)$$

式中，P 为光源发射的总功率（或能量），ΔS 为单位光源发光面积，$\Delta \Omega$ 为发射立体角。激光束在无损耗的介质或在无损耗的光学系统中传输，光源的亮度保持不变。

（5）等效光束质量因子 M_e^2

由于在二阶矩定义的等效光斑尺寸内，光束的功率占总功率的百分比依赖于光场分布，于是一种描述光束质量的方法规定，在束腰光斑尺寸和远场发散角所限定的区域内，激光功率占总功率的比例为 86.5%，其等效光束质量因子为

$$M_e^2 = \frac{\pi \omega_{86.5} \theta_{86.5}}{\lambda} \qquad (2.11)$$

式中，ω 为束腰半径，θ 为远场发散角。

（6）光束衍射极限倍数因子 β

由远场发散角 θ_0 可以定义 β 值

$$\beta = \frac{\text{实际光束的远场发散角}}{\text{理想光束的远场发散角}} = \frac{\theta_0}{\theta_{th}} \tag{2.12}$$

β 值表征被测激光束的光束质量偏离同一条件下理想光束质量的程度。被测激光的 β 值一般大于 1，β 值越接近 1，光束质量越好。$\beta=1$ 为衍射极限。β 值主要用于评价刚从激光器谐振腔发射出的激光束，能比较合理地评价近场光束质量，是静态性能指标，并没有考虑大气对激光的散射、湍流等作用。β 值的测量依赖于光束远场发散角的准确测量，不适合于评价远距离传输的光束。

（7）斯特列尔比 S_r

斯特列尔比 S_r 定义为

$$S_r = \frac{\text{实际光轴上的峰值光强}}{\text{理想光轴上的峰值光强}} = \exp\left[-\left(\frac{2\pi}{\lambda}\right)^2 (\Delta\Phi)^2\right] \tag{2.13}$$

式中 $\Delta\Phi$ 是指造成光束质量下降的波前畸变。S_r 反映了远场轴上的峰值光强，它取决于波前畸变，能较好地反映光束波前畸变对光束质量的影响。斯特列尔比常用于大气光学中，主要用来评价自适应光学系统对光束质量的改善性能。但是 S_r 只反映远场光轴上的峰值光强，不能给出能量应用型所关心的光强分布。此外，它只能粗略地反映光束质量，在光学系统设计中不能提供非常有用的指导。

（8）环围能量比 BQ

环围能量比，也称靶面上（或桶中）功率比，定义为规定尺寸内实际光斑环围能量（或功率）与相同尺寸内理想光斑环围能量（或功率）比值的平方根。其表达式为

$$BQ = \sqrt{\frac{E}{E_0}} \text{ 或 } BQ = \sqrt{\frac{P}{P_0}} \tag{2.14}$$

式中，E_0（或 P_0）和 E（或 P）分别为靶目标上规定尺寸内理想光束光斑环围能量（或功率）和被测实际光束光斑环围能量（或功率）。BQ 值针对能量输送及耦合型应用，结合光束在目标上的能量集中度进行远场光束质量的评价。BQ 值包含了大气的因素，是从工程应用和破坏效应的角度描述光束质量的综合性指标，是激光系统受大气影响的动态指标。BQ 值把光束质量和功率密度直接联系在一起，是能量集中度的反映，对强激光与目标的能量耦合和破坏效应的研究有实际的意义。

除以上几种参数外，国际上还常采用模式纯度、空间相干度及全局相干度等来描述激光的光束质量，各种评价光束质量的参数都有其自身的优点和局限性。表 2.1 综合了各种参数的优缺点和适用领域。

表 2.1　各种表征光束质量的参数的优缺点和适用领域

参数	优点	局限性	适用场合
K_f	仅包含光束直径和发散角两个因素	不能反映光强的空间分布	工业应用领域
M^2 因子	能在物理上客观反映光束远场发散角和高阶模含量，可以解析地表征光束传输变换关系	引入波长参数，不适用于不同波长激光束质量之间的比较	基于二阶矩定义的光束束宽和发散角，光束线性传输领域
θ	表征了光束发散程度	不能反映光强空间分布	简单了解光束特性
B	表征了光束相干性	不能反应光强空间分布	显示、照明
M_e^2	按照包含光强能量的86.5%定义束宽	引入波长参数，不适用于不同波长激光束质量之间的比较	—
β	仅仅需要测量 θ 一个参数	θ 可以变换，标准光束选取不统一	非稳腔激光光束质量评价
S_r	能客观地反映轴上峰值光强	不能反映光强空间分布	大气光学以及光学雷达
BQ	反映了光束远场焦斑上的能量集中度	环围能量比可由不同的光束能量分布得到	非稳腔激光光束质量
模式纯度	实际光束强度分布偏离理想光束强度分布的量度	不具普遍性	—
空间相干度	反映光束空间相干性	不具普遍性	—
全局相干度	反映光束全局相干性	不具普遍性	—

2.3.4　激光光束形状

激光光束的空间形状由激光器的谐振腔决定，在给定边界条件下，通过解波动方程来决定谐振腔内的电磁场分布，在圆形对称腔中具有简单的横向电磁场的空间形状。

腔内横向电磁场分布称为腔内横模，用 TEM_{mn} 表示。TEM_{00} 表示基模，TEM_{01}、TEM_{02} 和 TEM_{10}、TEM_{11}、TEM_{20} 表示低阶模，TEM_{03}、TEM_{04} 和 TEM_{30}、TEM_{33}、TEM_{21} 等表示高阶模。大多数激光器的输出均为高阶模，为了得到基模或是低阶模输出，需要采用选模技术。

目前常用的选模技术均基于增加腔内衍射的损耗，例如采用多折腔增加腔长，以增加腔内的衍射损耗；另一种方法是减少激光器的放电管直径或是在腔内加一小孔光阑，其目的也是增加腔内的衍射损耗。基模光束的衍射损耗很大，能够达到衍射极限，故基模光束的发散角小。从增加激光泵浦效率考虑，腔内模体积应该尽可能充满整个激活介质，即在长管激光器中，TEM_{00} 模输出占主导地位，而在高阶模激光振荡中，基模只占激光功率的较小部分，故高阶模输出功率大。

2.4 激光器

产生激光的仪器称为激光器，它包括气体激光器、液体激光器、固体激光器、半导体激光器及其他激光器等。其中，较为典型的激光器是 CO_2 气体激光器、半导体激光器、YAG 固体激光器和光纤激光器。

2.4.1 激光器的基本组成

激光器虽然多种多样，但都是通过激励和受激辐射产生激光的，因此激光器的基本组成是固定的，通常由工作物质（即被激励后能产生粒子数反转的工作介质）、激励源（能使工作物质发生粒子数反转的能源，又叫泵浦源）和光学谐振腔三部分组成。

（1）激光工作物质

激光的产生必须选择合适的工作物质，可以是气体、液体、固体或者半导体。在这种介质中可以实现粒子数反转，以制造获得激光的必要条件。显然亚稳态能级的存在，对实现粒子数反转是非常有利的。现有的工作物质近千种，可产生的激光波长覆盖真空紫外波段到远红外波段，非常广泛。

（2）激励源

为使工作物质中出现粒子数反转，必须采用一定的方法去激励粒子体系，使处于高能级的粒子数量增加。可以采用气体放电的方法利用具有动能的电子去激发工作物质，称为电激励；也可用脉冲光源照射工作物质产生激励，称为光激励；还有热激励、化学激励等。各种激励方式被形象地称为泵浦或抽运。为了不断得到激光输出，必须不断地"泵浦"以维持处于激发态的粒子数。

（3）光学谐振腔

有了合适的工作物质和激励源后，就可以实现粒子数反转，但这样产生的受激辐射强度很低，无法应用。于是人们想到可采用光学谐振腔对受激辐射进行"放大"。光学谐振腔是由具有一定几何形状和光学反射特性的两块反射镜按特定的方式组合而成。它的主要作用如下。

① 提供光学反馈能力，使受激辐射光子在腔内多次往返以形成相干的持续振荡。

② 对腔内往返振荡光束的方向和频率进行限制，以保证输出激光具有一定的定向性和单色性。

激光器是现代激光加工系统中必不可少的核心组件之一。随着激光加工技术的发展，激光器也在不断向前发展，出现了许多新型激光器。

早期激光加工用激光器主要是大功率 CO_2 气体激光器和灯泵浦固体 YAG 激光器。从激光加工技术的发展历史来看，首先出现的激光器是在 20 世纪 70 年代中期的封离型 CO_2 激光器，发展至今，已经出现了第五代 CO_2 激光器——扩散冷却型 CO_2 激光器。表 2.2 所示为 CO_2 激光器的发展状况。

从表 2.2 可看出，早期的 CO_2 激光器趋向激光功率提高的方向发展，但当激光功率达到一定要求后，激光器的光束质量受到重视，激光器的发展随之转移到提高光束质量上。最近出现的接近衍射极限的扩散冷却板条式 CO_2 激光器具有较好的光束质量，一经推出就得到了广泛的应用，尤其是在激光切割领域，受到众多企业的青睐。

表 2.2　CO_2 激光器的发展状况

激光器类型		封离式	慢速轴流	横流	快速轴流	涡轮风机快速轴流	扩散型 SLAB
出现年代		20 世纪 70 年代中期	20 世纪 80 年代早期	20 世纪 80 年代中期	20 世纪 80 年代后期	20 世纪 90 年代早期	20 世纪 90 年代中期
目前功率/W		500	1000	20000	5000	10000	5000
光束质量	M^2 因子	不稳定	1.5	10	5	2.5	1.2
	K_f 因子 /mm · mrad	不稳定	5	35	17	9	4.5

CO_2 激光器具有体积大、结构复杂、维护困难，金属对 $10.6\mu m$ 波长的激光不能够很好吸收，不能采用光纤传输激光以及焊接时光致等离子体严重等缺点。其后出现的 $1.06\mu m$ 波长的 YAG 激光器在一定程度上弥补了 CO_2 激光器的不足。早期的 YAG 激光器采用灯泵浦方式，存在激光效率低（约为 3%）、光束质量差等问题，随着激光技术的不断进步，固体 YAG 激光器不断取得进展，出现了许多新型激光器。大功率固体 YAG 激光器的发展状况见表 2.3。

表 2.3 大功率固体 YAG 激光器发展状况

激光器类型		灯泵浦固体	半导体泵浦	光纤泵浦	片状 DISC 固体	半导体端面泵浦	光纤激光器
出现年代		20 世纪 80 年代	20 世纪 80 年代末期	20 世纪 90 年代中期	20 世纪 90 年代中期	20 世纪 90 年代末期	21 世纪初
功率/W		6000	4400	2000	4000（样机）	200	10000
光束质量	M^2 因子	70	35	35	7	1.1	70
	K_f 因子 /mm·mrad	25	12	12	2.5	0.35	25

从表 2.2、表 2.3 可看出，激光器的发展除了不断提高激光器的功率以外，另一个重要方面就是不断提高激光器的光束质量。激光器的光束质量代表着激光器作为加工工具的锋利程度，在激光加工过程中往往起着比激光功率更为重要的作用。

制造用激光器随激光功率和光束质量的发展如图 2.15 所示。

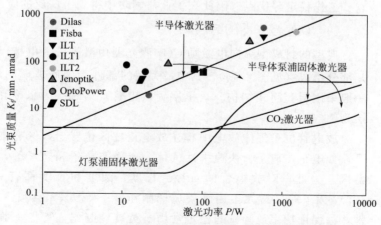

图 2.15 制造用激光器随激光功率和光束质量的发展

21 世纪初，出现了另外一种新型激光器——半导体激光器。与传统的大功率 CO_2、YAG 激光器相比，半导体激光器具有很明显的技术优势，如体积小、重量轻、效率高、能耗小、寿命长以及金属对半导体激光吸收高等优点。随着半导体激光技术的不断发展，以半导体激光器为基础的其他固体激光器，如光纤激光器、半导体泵浦固体激光器、片状激光器等的发展也十分迅速。其中，光纤激光器发展较快，尤其是稀土掺杂的光纤激光器，已经在光纤通信、光纤传感、激光材料处理等领域获得了广泛的应用。

2.4.2　CO_2 气体激光器

采用 CO_2 作为主要工作物质的激光器称为 CO_2 激光器，它的工作物质中还需加入少量 N_2 和 He 以提高激光器的增益、耐热效率和输出功率。CO_2 激光器具有以下一些突出优点。

① 输出功率大、能量转换效率高，一般的封闭管 CO_2 激光器可有几十瓦的连续输出功率，远远超过了其他气体激光器；横向流动式的电激励 CO_2 激光器则可有几十千瓦的连续输出。

② CO_2 激光器的能量转换效率可达 30%～40%，超过其他气体激光器。

③ CO_2 激光器是利用 CO_2 分子振动——转动能级间的跃迁，有比较丰富的谱线，在波长 $10\mu m$ 附近有几十条谱线的激光输出。近年来发现的高气压 CO_2 激光器，甚至可以做到 $9～10\mu m$ 间连续可调输出。

④ CO_2 激光器的输出波段正好是大气窗口（即大气对此波长的透明度较高）。此外，CO_2 激光器还具有输出光束质量高、相干性好、线窄宽、工作稳定等优点。因此在工业与国防中得到了广泛的应用。

（1）CO_2 激光器的结构

典型的封离型纵向电激励 CO_2 激光器由激光管、电极以及谐振腔等几部分组成（见图 2.16），其中最关键的部件为硬质玻璃制成的激光管，一般采用层套筒式结构。最里层为放电管，第二层为水冷套管，最外一层为储气管[9]。

放电管位于气体放电中辉光放电正柱区位置。该区有丰富的载能粒子，如电子、离子、快速中性气体、亚稳态粒子和光子等，是激光的增益区。为此，对放电管的直径、长度、圆度和直度都有一定的要求。100W 以下的器材大多用硬质玻璃制作。中等功率（100～500W）的器件，为保证功率或频率的稳定常用石英玻璃制作，管径一般在 10mm 左右，管长可略粗。

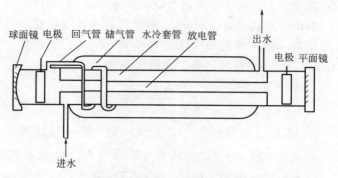

图 2.16　CO_2 激光器的结构

在紧靠放电管的四周有水冷套管，其作用是降低放电管内工作气体的温度，使输出功率保持稳定，保证器件实现粒子数反转分布，并防止在放电激励的过程中放电管受热炸裂。放电管在两端都与储气管连接，即储气管的一端有一小孔与放电管相通，另一端经过螺旋形回气管与放电管相通，这样就可使气体在放电管与储气管中循环流动，放电管中的气体随时可与储气管中的气体进行交换。

最外层是储气管。它的作用一是减小放电过程中工作气体成分和压力的变化，二是增强放电管的机械稳定。回气管是连接阴极和阳极两空间的细螺旋管，可改善由电泳现象造成的极间气压的不平衡分布。回气管管径的粗细和长短的取值很重要，它既要使阴极处的气体能很快地流向阳极区达到气体均匀分布，又要防止回气管内出现放电现象。

电极分阳极和阴极。对阴极材料要求是具有发射电子的能力、溅射率小和能还原 CO_2 的作用。目前 CO_2 激光器大多数采用镍电极，电极面积大小由放电管内径和工作电流而定。电极位置与放电管同轴。阳极尺寸可与阴极相同，也可略小。

输出镜通常采用能透射 $10.6\mu m$ 波长的材料作基底，在上面镀制多层膜，控制一定的透射率，以达到最佳耦合输出。常用材料：氯化钾、氯化钠、锗、砷化镓、硒化锌、碲化镉等。

CO_2 激光器的谐振腔常用平凹腔，反射镜用 K8 光学玻璃或光学石英，经加工成大曲率半径的凹面镜，镜面上镀有高反射率的金属膜——镀金膜，在波长 $10.6\mu m$ 处的反射率达98.8%，且化学性质稳定。二氧化碳发出的光为红外光，所以反射镜需要采用透红外光的材料。普通光学玻璃不透红外光，这就要求在全反射镜的中心开一小孔，再密封上一

块能透过 $10.6\mu m$ 激光的红外材料，以封闭气体，这就使谐振腔内激光的一部分从小孔输出腔外，形成一束激光，即光刀。

电源及泵浦：封闭式 CO_2 激光器的放电电流较小，采用冷电极，阴极用钼片或镍片做成圆筒状。$30\sim40mA$ 的工作电流，阴极圆筒的面积 $500cm^2$，为不致镜片污染，在阴极与镜片之间加一光栏。泵浦采用连续直流电源激发。

（2）CO_2 激光器的输出特性

① 横流 CO_2 激光器 横流 CO_2 激光器的气体流动垂直于谐振腔的轴线。这种结构的 CO_2 激光器光束质量较低，主要用于材料的表面处理，一般不用于切割。相对于其他 CO_2 激光器，横流 CO_2 激光器输出功率高、光束质量低、价格也较低。

横流 CO_2 激光器可以采用直流（DC）激励（图 2.17）和高频（HF）激励（图 2.18），其电极置于沿平行于谐振腔轴线的等离子体区两边。等离子体的点燃和运行电压低，气体流动穿过等离子体区垂直于光束，气体流过电极系统的通道非常宽，因此流动阻力很小，对等离子体的冷却非常有效，对激光的功率没有太多的限制。这类激光器的长度不到 1m，但可以产生 8kW 的功率。然而，这类激光器由于气体横向流动通过等离子体，将等离子体吹离了主放电回路，导致在光束截面上等离子体区或多或少偏离成为三角形，光束质量不高，出现高阶模。如果采用圆孔限模，可在一定程度上使光束的对称性提高。

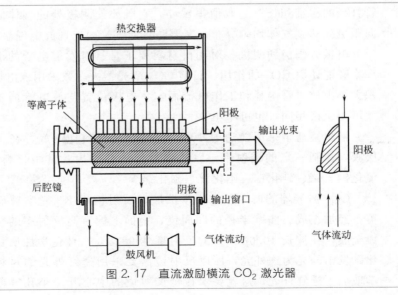

图 2.17 直流激励横流 CO_2 激光器

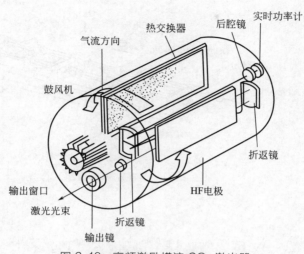

图 2.18 高频激励横流 CO_2 激光器

② 快速轴流 CO_2 激光器 快速轴流 CO_2 激光器结构如图 2.19 所示。这类 CO_2 激光器激光气体的流动沿着谐振腔的轴线方向。这种结构的 CO_2 激光器的输出功率范围从几百瓦到 20kW。输出的光束质量较好，是目前激光切割采用的主流结构。

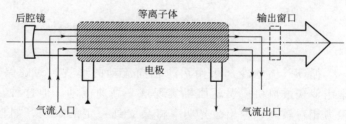

图 2.19 快速轴流 CO_2 激光器

轴流 CO_2 激光器可以采用直流（DC）激励（图 2.20）和射频（RF）激励（见图 2.21）。电极之间的等离子体的形状为细长柱状。为了阻止等离子体弥散在周围区域，这种类型的放电区常常在一个空心柱状玻璃或陶瓷管内，等离子体可在两个环形电极两端被点燃并维持，点燃和运行的电压依赖于电极之间的距离，在实际应用中使用的最大电压是 20～30kV，放电长度因而受到限制。

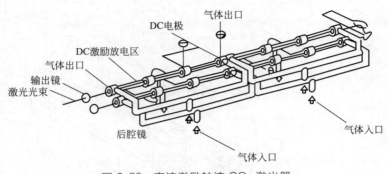

图 2.20 直流激励轴流 CO_2 激光器

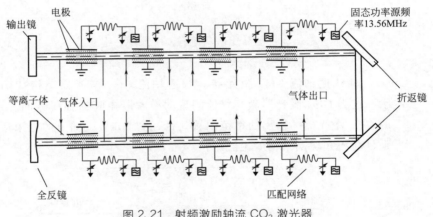

图 2.21 射频激励轴流 CO_2 激光器

循环气体的冷却采用快速轴向流动的形式，为确保有效的热传导，常用罗茨鼓风机或涡轮风机实现这一高速流动。但这种几何形状的流动阻力相对较高，输出激光功率将会受到一定的限制，如直流激励仅仅有几百瓦的激光输出。激光器的输出功率有限，因此常常由几个轴流冷却放电管以光学形式串接起来，以提供足够的激光功率。

由于 CO_2 激光器的输出功率主要依赖于单位体积输入的电功率，所以 RF 激励比 DC 激励等离子体密度高，几个轴流冷却放电管以光学形式串接起来的 RF 激励轴流激光器，连续输出功率可达 20kW。轴流 CO_2 激光器，由于等离子体轴向对称，容易运行在基模状态，产生的光束质量高。

③ 板条式扩散冷却 CO_2 激光器　扩散冷却 CO_2 激光器与早期的封

离式 CO_2 激光器相似，封离式 CO_2 激光器的工作气体封闭在一个放电管中，通过热传导方式进行冷却。尽管放电管的外壁有有效的冷却，但是放电管每米只能产生 50W 的激光能量，不可能制造出紧凑、高能的激光器结构。扩散冷却 CO_2 激光器也是采用气体封闭的方式，只不过激光器是紧凑的结构，射频激励的气体放电发生在两个面积比较大的铜电极之间（见图 2.22），由于可以采用水冷的方式来冷却电极，因而在两个电极间的狭窄间隙能够从放电腔内尽可能大地散热，这样就能得到相对较高的输出功率密度。

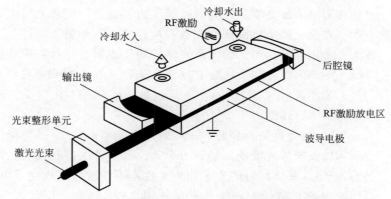

图 2.22 板条式扩散冷却 CO_2 激光器基本原理

扩散冷却 CO_2 激光器采用柱镜面构成的稳定谐振腔，光学非稳定腔能容易地适应激励的激光增益介质的几何形状，板条式 CO_2 激光器能产生高功率密度激光光束，且激光光束质量高。但是该类型激光器的原始输出光束为矩形，需要在外部通过一个水冷式的反射光束整形器件将矩形光束整形为一个圆形对称的激光束。目前该类型激光器的输出功率范围为 1～5kW。

与流动式气体激光器相比，板条式 CO_2 激光器除了具有结构紧凑、坚固的特点外还具有一个突出的优点，那就是实际应用中不必像气体流动式 CO_2 激光器那样，必须时时注入新鲜的激光工作气体，而是将一个小型的约 10L 的圆柱形容器安装在激光头中来储藏激光工作气体，通过外部的一个激光气体供应装置和永久性的气体储气罐交换器可以使这种执行机构持续工作一年以上。

扩散冷却 CO_2 激光器由于激光喷头结构紧凑和尺寸小，可以与加工机械进行集成一体化设计，也可将加工系统设计成可以移动的激光头。

另外，高的光束质量可以带来小的聚焦光斑，从而可获得精密切割和焊接；另一方面，高的光束质量还可采用长焦距聚焦透镜获得较小的聚焦光斑，实现远程加工。高的光束质量使大范围内加工的激光聚焦光斑大小和焦点位置的变化很小，可以确保整个工件的加工质量，对于类似于轮船或飞机等的大型框架结构的加工非常有利。

2.4.3　YAG 固体激光器

发射激光的核心是激光器中可以实现粒子数反转的激光工作物质（即含有亚稳态能级的工作物质），如工作物质为晶体状或玻璃的激光器，分别称为晶体激光器和玻璃激光器，通常把这两类激光器统称为固体激光器。在激光器中以固体激光器发展最早，这种激光器体积小、输出功率大、应用方便。用于固体激光器的物质主要有三种：掺钕钇铝石榴石（Nd：YAG）工作物质，输出的波长为 $1.06\mu m$，呈白蓝色；钕玻璃工作物质，输出波长为 $1.06\mu m$，呈紫蓝色；红宝石工作物质，输出波长为 $0.694\mu m$，呈红色。

YAG 激光器是最常见的一类固体激光器。YAG 激光器的问世较红宝石和钕玻璃激光器晚，1964 年 YAG 晶体首次研制成功。经过几年的努力，YAG 晶体材料的光学和物理性能不断改善，攻克了大尺寸 YAG 晶体的制备工艺，到 1971 年已能拉制直径 40mm、长度 200mm 的大尺寸 Nd：YAG 晶体，为 YAG 激光器的研制提供了成本适中的优质晶体，推动了 YAG 激光器的发展和应用。20 世纪 70 年代，激光器的发展进入了研究和应用 YAG 激光器的热潮。例如，美国西尔凡尼亚公司于 1971 年推出 YAG 激光精密跟踪雷达（PATS 系统）成功用于导弹测量靶场。20 世纪 80 年代 YAG 激光器研究和应用的基本技术已走向成熟，进入快速发展时期，成为各种激光器发展和应用的主流。

（1）YAG 激光器的结构

通常的 YAG 激光器，是指在钇铝石榴石（YAG）晶体中掺入三价钕 Nd^{3+} 的 Nd：YAG 激光器，它发射 $1.06\mu m$ 的近红外激光，是在室温下能够连续工作的固体工作物质激光器。在中小功率脉冲激光器中，目前应用 Nd：YAG 激光器的量远超过其他工作物质。这种激光器发射的单脉冲功率可达 $10^7 W$ 或更高，能以极高的速度加工材料。YAG 激光器具有能量大、峰值功率高、结构较紧凑、牢固耐用、性能可靠、加工安全、控制简单等特点，被广泛用于工业、国防、医疗、科研等领域。由于 Nd：YAG 晶体具有优良的热学性能，因此非常适合制成连续和重频激光器件。

　　YAG 激光器包括 YAG 激光棒、氙灯、聚光腔、AO-Q 开关、启偏器、全反镜、半反镜等，结构如图 2.23 所示。

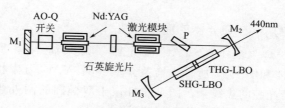

图 2.23　YAG 激光器结构示意

　　YAG 激光器的工作介质为 Nd：YAG 棒，侧面打毛，两端磨成平面，镀增透膜。倍频晶体采用磷酸氧钛钾（KTP）晶体，两面镀膜增透。激光谐振腔采用平凹稳定腔，腔长 530mm，平凹全反镜的曲率半径为 2mm，谐振反射镜采用高透和高反膜层的石英镜片，Q 开关器件的调制频率可调。

　　激光谐振腔为 1.3mm，谱线共振的三镜折叠腔，包括两个半导体激光泵浦模块，每一个模块由 12 个 20W 连续波中心波长 808nm 的半导体激光列阵（LD）组成，总谱线宽度小于 3nm。激光晶体为 3mm×75mm 的 Nd：YAG，掺杂浓度为 1.0%。在两个 LD 泵浦模块中间插入 1 块 1.319nm、激光 90°的石英旋光片来补偿热致双折射效应，使得角向偏振与径向偏振光的谐振腔稳区相互重叠，有利于提高输出功率，改善光束质量，高衍射损耗的声光 Q 开关用来产生调 Q 脉冲输出，重复频率可在 1～50kHz 范围内调节。设计的谐振腔在折叠臂上产生一个实焦点以提高功率密度，有利于非线性频率变换。

　　平面镜 M_1 镀 1319nm、659.4nm 双高反膜系，平凹镜 M_2 为输出耦合镜，平凹镜 M_3 为 1319nm、659nm、440nm 的 3 波长高反膜。由于 Nd：YAG 晶体的 1064nm 谱线强度是 1319nm 波长的 3 倍，因此 M_1、M_2、M_3 腔镜设计时均要求对 1064nm 波长的透过率大于 60%，这对抑制 1064nm 激光振荡是非常重要的。为减小腔内插入损耗，腔内所有的元器件均应镀有增透膜。半导体激光器未加任何整形措施或光学成像部件，分别从相邻 120°方向泵浦 Nd：YAG 晶体，通过优化泵浦结果参数，可以获得较为均匀、类高斯型的增益分布轮廓，这种设计具有简单、紧凑、实用化的特点，可以与谐振腔本征模较好地匹配，有利于提高能量提取效率和光束质量。

由于三硼酸锂（LBO）晶体具有高的损伤阈值，对基频光和倍频光低吸收，可实现 1319nm 二倍频和三倍频相位匹配和具有适宜的有效非线性系数等优势，所以选择两块 LBO 晶体作为腔内倍频与腔内和频的晶体。

（2）YAG 激光器的输出特性

① 灯泵浦 Nd：YAG 激光器　灯泵浦 Nd：YAG 激光器结构如图 2.24 和图 2.25 所示。增益介质 Nd：YAG 为棒状，常放置于双椭圆反射聚光腔的焦线上。两泵浦灯位于双椭圆的两外焦线上，冷却水在灯和有玻璃管套的激光棒之间流动。

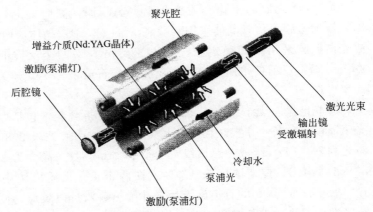

图 2.24　激光器的泵浦灯和激光棒结构示意

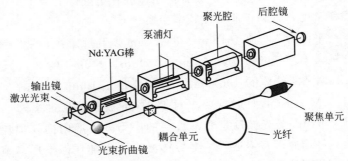

图 2.25　多激光棒谐振腔光纤输出数千瓦的 Nd：YAG 激光

在高功率激光器中，由于激光棒的热效应限制了每根激光棒的最大输出功率，激光棒内部的热和激光棒表面冷却引起晶体的温度梯度，使得泵浦的最大功率必须低于使其发生破坏的应力限度。单棒 Nd：YAG 激光器的有效功率范围为 $50\sim800\text{W}$。更高功率的 Nd：YAG 激光器可通过 Nd：YAG 激光棒的串接获得。

② 二极管激光泵浦 Nd：YAG 激光器　二极管激光泵浦 Nd：YAG 激光器结构如图 2.26 所示。采用 GaAlAs 系列半导体激光器作为泵浦光源。

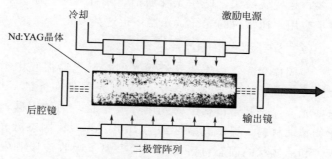

图 2.26　二极管激光泵浦 Nd：YAG 激光器原理

由半导体激光器作为泵浦源，增加了元器件的寿命，所以没有了使用灯泵浦时所需要定期更换泵浦灯的要求。半导体泵浦 Nd：YAG 激光器的可靠性更高、工作时间更长。

半导体泵浦 Nd：YAG 激光器的高转换效率来源于半导体激光器发射的光谱与 Nd：YAG 的吸收带有良好的光谱匹配性。GaAlAs 半导体激光器发射一窄带波长，通过精确调节 Al 含量，可以使其发射的光正好在 808nm，处在 Nd^{3+} 粒子的吸收带。半导体激光的电光转换效率近似为 $40\%\sim50\%$，这是使半导体泵浦 Nd：YAG 激光器可以获得超过 10% 的转换效率的原因。而灯激励产生"白光"，Nd：YAG 晶体仅吸收其中很少一部分光谱，导致其效率不高[10]。

2.4.4　光纤激光器

（1）光纤激光器分类

所谓光纤激光器，就是采用光纤作为激光介质的激光器。按照激励机制可分为四类：

① 稀土掺杂光纤激光器，通过在光纤基质材料中掺杂不同的稀土离

子（Yb^{3+}、Er^{3+}、Nd^{3+}、Tm^{3+}等），获得所需波段的激光输出；

② 利用光纤的非线性效应制作的光纤激光器，如受激拉曼散射（SRS）等；

③ 单晶光纤激光器，其中有红宝石单晶光纤激光器、Nd：YAG单晶光纤激光器等；

④ 染料光纤激光器，通过在塑料纤芯或包层中充入染料，实现激光输出，目前还未得到有效应用。

在这几类光纤激光器中，以掺稀土离子的光纤激光器和放大器最为重要，且发展最快，已在光纤通信、光纤传感、激光材料处理等领域获得了应用，通常说的光纤激光器多指这类激光器[4]。

（2）光纤激光器的波导原理

与固体激光器相比，光纤激光器在激光谐振腔中至少有一个自由光束路径形成，光束形成和导入光纤激光器是在光波导中实现的。通常，这些光波导是基于掺稀土的光电介质材料，例如用硅、磷酸盐玻璃和氟化物玻璃材料，显示衰减度约为10dB/km，比固态激光晶体少几个数量级。和晶体状的固态材料相比，稀土离子吸收波段和发射波段显示光谱加宽，这是由于玻璃基块的相互作用减小了频率稳定性和泵浦光源所需的宽度。因此，要选择波长合适的激光二极管泵浦源。

单层光纤激光器的几何结构如图2.27所示。光纤含有一个折射率为

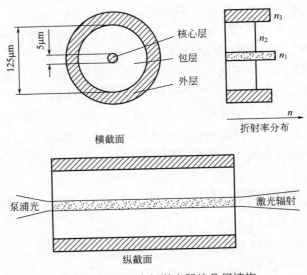

图 2.27　单层光纤激光器的几何结构

n_1 的掺稀土激活核，通常被一层纯硅玻璃包层包围，包层折射率 $n_2 <$ n_1。所以，基于在芯和包层交接表面内部的全反射，波导产生于芯层。对于泵浦辐射和产生的激光辐射，光纤激光器的芯层既是激活介质又是波导。整个光纤被聚合物外层保护免受外部影响。

光纤激光器的光束质量由给定的波导折射率的光学特征决定，如果光纤芯层满足无量纲参数 V 的条件

$$V = \frac{2\pi a}{\lambda}\sqrt{n_1^2 - n_2^2} = \frac{2\pi a}{\lambda} NA < 2.40 \qquad (2.15)$$

式中，a 为芯层半径，λ 是激光辐射波长，NA 是数值孔径。只有基横模可以通过光纤传播。对于光纤激光器来说，当用于多模或单模光纤条件时，芯径通常为 $3 \sim 8\mu m$。当多模光纤用于大芯径条件时，能产生高阶横模。数值孔径 NA 决定了光纤轴芯和辐射耦合进光纤所成角度的正弦值，模式数 Z 在光纤中传播，根据公式 $Z = V^2/2$，近似于大数值的光纤参数 V。为减少涂层中模式的光学扩散，涂层必须有更高的折射率，即 $n_3 > n_2$。

对于光学激发光纤激光器，泵浦辐射通过光纤表面耦合到激光器芯层。然而，如果是轴向泵浦，泵浦辐射必须耦合到只有几个微米尺寸的波导中。因此，必须采用高透明泵浦辐射源激发多模光纤。目前辐射源的输出功率限制到 1W 左右。为了按比例放大泵浦功率，需要大孔径光纤与大功率半导体激光器阵列的光束参数相匹配。然而，增大的光纤激活芯层允许更高的横模振荡，会导致光束质量降低。目前采用双包层设计，即采用隔离芯层来泵浦和发射激光，可获得良好的效果。

（3）双包层光纤激光器

双包层掺杂光纤由纤芯、内包层、外包层和保护层四个层次组成。

内包层的作用有包绕纤芯，将激光辐射限制在纤芯内；作为波导，对耦合到内包层的泵浦光多模传输，使之在内包层和外包层之间来回反射，多次穿过单模纤芯而被吸收。

纤芯可吸收进入内包层的泵浦光，将激光辐射限制在纤芯内；控制模式的波导激光也可被用来限制纤芯内传输。

在双包层光纤激光器情况下，泵浦辐射不是直接发射到激活芯层，而是进入周围的多模芯层。泵浦芯层也像包层，为了实现泵浦芯层对激活芯层的光波导特征，周围涂层必须具有小的折射率。通常使用掺氟硅玻璃或具有低折射率的高度透明聚合物。泵浦芯层的典型直径为几百微米，它的数值孔径 $NA \approx 0.32 \sim 0.7$（图 2.28）。

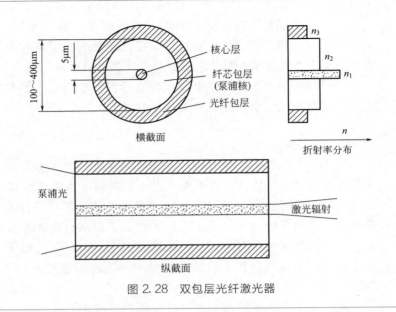

图 2.28　双包层光纤激光器

发射到泵浦芯层的辐射在整个光纤长度内耦合进入激光器芯层，在那里被稀土离子所吸收，所有的高能级光被激发。利用这项技术，多模泵浦辐射可以有效地在大功率半导体激光器中转换成为激光辐射，而且具有优良的光束质量。

（4）光纤激光器的技术特点

光纤激光器提供了克服固体激光器在维持光束质量时，受标定输出功率限制的可能性。最终的激光光束质量取决于光线折射率剖面，而光线折射率剖面最终又取决于几何尺寸和激活波导的数值孔径。在传播基模时激光振荡与外部因素无关。这意味着与其他（即使是半导体泵浦）固体激光器相比，光纤激光器不存在热光学效应。

在激活区由热引起的棱镜效应和由压力引起的双折射效应，会导致光束质量下降，当泵浦能量运输时，光纤激光器即使是在高功率下也观察不到效率的减小。

对于光纤激光器，由泵浦过程引起的热负荷会扩展到更长的区域，因为具有较大的面积体积比，热效应更容易消除，因此相对于固体半导体泵浦激光器，光纤激光器核心的温升小。所以激光器工作时，不断增加的温度导致量子效率衰减，但这在光纤激光器中处于次要地位。

综合起来，光纤激光器主要有以下优点。

① 光纤作为波导介质，其耦合效率高，纤芯直径小，纤内易形成高

功率密度，可方便地与目前的光纤通信系统高效连接，构成的激光器具有转换效率高、激光阈值低、输出光束质量好和线宽窄等特点。

② 由于光纤具有很高的"表面积/体积"比，散热效果好，环境温度允许在-20～+70℃之间，无需庞大的水冷系统，只需简单风冷。

③ 可在恶劣的环境下工作，如在高冲击、高振动、高温度、有灰尘的条件下可正常运转。

④ 由于光纤具有极好的柔性，激光器可设计得小巧灵活、外形紧凑体积小，易于系统集成，性价比高。

⑤ 具有相当多的可调节参数和选择性。例如在双包层光纤的两端直接刻写波长和透过率合适的布拉格光纤光栅来代替由镜面反射构成的谐振腔。全光纤拉曼激光器是由一种单向光纤环即环形波导腔构成，腔内的信号被泵浦光直接放大，而不通过粒子数反转[11]。

2.5 数控激光加工平台及机器人

为了实现激光加工的精密化和自动化，一般在激光熔覆过程中都配备了数控加工系统，控制激光束与设备工件的相对运动。数控系统是激光立体成形系统的一个必备部分，除了对于数控系统速度、精度等最基本要求的之外，另一个主要的要求就是数控系统的坐标数。从理论上讲，立体成形加工只需要一个三轴（X、Y、Z 的数控系统就能够满足"离散＋堆积"的加工要求，但对于实际情况而言，要实现任意复杂形状的成形还是需要至少5轴的数控系统：X、Y、Z、转动、摆动）。按照工作过程中光束和加工工件相对运动的形式，可以将激光加工运动系统分为以下几种类型。

① 激光器运动 这种方式主要为一些小型的激光加工系统，设备移动相对简单，应用较少。

② 工件运动 这种方式中工件在数控加工机床上定位，工件的三维移动或回转运动依靠数控机床的控制实现，适用于小型零件的加工或轴类等回转体零件的表面熔覆。

③ 光束运动 这种方式中光束和加工零件固定不动，依靠反射镜、聚光镜、光纤等光学元件的组合，匹配智能机械手或数控加工机器人实现激光束的移动。尤其近年来发展起来的光纤激光器匹配智能机器人，可以实现柔性加工和激光熔覆的精密控制。工业机器人的加工精度虽然不及精密的数控机床，但是由于其有体积小、灵活方便、价格合理等优

点，得到越来越多的广泛应用。YAG 激光器可以通过光纤与 6 轴机器人组成柔性加工系统。CO_2 激光器输出的激光不能通过光纤传输，但其与机器人的结合可以通过外关节臂或者内关节臂光学系统来实现。这种加工方式适合大规模的工业应用和复杂零件的激光加工。

④ 组合运动　通过光束运动和工件运动两者的配合，实现激光加工过程，保证激光加工所需的相对运动和精度要求。

激光熔覆加工平台是与激光器、导光系统互相匹配的。目前激光熔覆中常用的两种加工平台是数控机床加工平台和智能机械手柔性制造平台。二者具有不同的加工特点和适用范围。传统的 CO_2 激光器和 Nb：YAG 激光器由于导光系统柔性的限制，往往配备数控机床加工平台实现工作过程中光束和加工工件相对运动。而新型光纤激光器的出现，大大增加了激光加工的柔性，使光纤导光系统、智能机械手、普通加工机床三者匹配即可组成柔性激光熔覆平台，不仅减少了数控机床的大量资金投入，也大大提高了激光加工过程的灵活性。但智能机械手制造平台也存在激光加工精度低、加工工艺复杂等不足。而数控机床加工平台在实现精密熔覆、增材制造及 3D 打印等方面具有不可替代的优势。

（1）数控机床加工系统

现代机械制造中，精度要求较高和表面粗糙度要求较细的零件，一般都需在机床上进行最终加工，机床在国民经济现代化的建设中起着重大作用。数字控制机床（Computer numerical control machine tools）即数控机床是一种装有程序控制系统的自动化机床。该控制系统能够逻辑处理具有控制编码或其他符号指令规定的程序，并将其译码，从而使机床动作并加工零件。20 世纪中期，随着电子技术的发展，自动信息处理、数据处理以及电子计算机的出现，给自动化技术带来了新的概念，用数字化信号对机床运动及其加工过程进行控制，推动了机床自动化的发展。

① 多轴数控机床的优点　与普通机床相比，数控机床加工精度高，具有稳定的加工质量；可进行多坐标的联动，能加工形状复杂的零件；加工零件改变时，一般只需要更改数控程序，可节省生产准备时间；机床本身的精度高、刚性大，可选择有利的加工用量，生产率高，一般为普通机床的 3～5 倍；机床自动化程度高，可以减轻劳动强度；对操作人员的素质要求较高，对维修人员的技术要求更高。多轴数控机床可用于加工许多型面复杂的特殊关键零件，对航空、航天、船舶、兵器、汽车、电力、模具和医疗器械等制造业的快速发展，对改善和提升诸如飞机、

导弹、发动机、潜艇及发电机组、武器等装备的性能都具有非常重要的作用。

② 多轴数控机床的结构　多轴数控机床除和 3 轴数控机床一样具有 X、Y、Z 三个直线运动坐标外，通常还有一个或两个回转运动轴坐标。常见的 5 轴数控机床或加工中心结构，主要通过 5 种技术途径实现。

a. 双转台结构 (double rotary table)。采用复合 A (B)、C 轴回转工作台，通常一个转台在另一个转台上，要求两个转台回转中心线在空间上应能相交于一点。

b. 双摆角结构 (double pivot spindle head)。装备复合 A、B 回转摆角的主轴头，同样要求两个摆角回转中心线在空间上应能相交于一点。双摆角结构在大型龙门式数控铣床上也得到了较多应用。

c. 回转工作台＋摆角头结构 (rotary table, pivot spindle head)。

d. 复合 A (B)、C 轴为复合电主轴头，通常 C 轴可回转 360°，A (B) 轴具备旋转较大范围的能力，在大型龙门移动式加工中心或铣床上得到广泛应用。

e. 回转工作台＋工作台水平倾斜旋转结构。在一些紧凑型 5 轴数控加工中心上得到应用，适合加工一些中小型复杂零件[12]。

但 5 轴数控机床结构相对复杂，制造技术难度大，因而造价高。5 轴数控机床和 3 轴数控机床最大区别在于：5 轴数控机床在其连续加工过程中可连续调整刀具和工件间的相对方位。5 轴数控机床已成为加工连续空间曲线和角度变化的 3D 空间曲面零件的同义词，通常要求配置更为先进与复杂的 5 轴联动数控系统和先进的编程技术。

③ 5 轴数控机床的优点与缺点　5 轴数控机床具有许多明显优点：增加制造复杂零件的能力；优化加工零件精度和质量；降低零件加工费用；实现复合加工；实现高效率高速加工；适应产品全数字化生产。

造成 5 轴数控机床应用不广泛的主要原因有：数控机床制造技术难度大，造价高；5 轴联动 CAM 编程软件复杂，费用高；操作困难；配置 3 轴或 4 轴数控机床也能满足大部分生产应用。

④ IGJR 型半导体激光熔覆设备　河南省煤科院耐磨技术有限公司设计制造的 IGJR 型半导体激光熔覆设备配备了半导体激光器和 4 轴联动精密机床，可以实现精密仪器设备的激光熔覆。设备见图 2.29。该套激光熔覆加工设备的主要配置如下。

主要配置：4 轴联动精密机床；4kW 半导体激光器；精确送粉系统；激光器电源；激光控制系统；双回路液体冷却系统。

该设备主要技术参数见表 2.4。

表 2.4　IGJR 型激光熔覆系统主要技术参数

产品型号	激光输出功率/W	工作波长/nm	功率稳定/%	光斑选项/mm（根据工艺选配）
Highlight 4000D	≥4000	975±10	<±1	X 方向：4/6/12/18/24/30 Y 方向：1/2/3/4/5/6/8/12
工作距离/mm	激光头尺寸/mm×mm×mm	激光头质量/kg	额定电压	熔覆效率/h·m⁻²
280	283(H)×190(W)×201(D)	23.5(含光斑整形系统)	AC 380～400V±10%,三相	2.8(厚度 1.2mm)

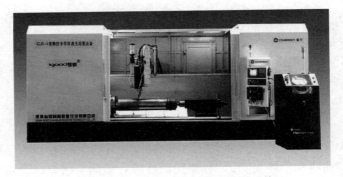

图 2.29　IGJR 型半导体激光熔覆系统

(2) 智能机器人激光加工平台

近年来激光技术飞速发展，涌现出可与机器人柔性耦合的光纤传输的高功率工业型激光器。先进制造领域在智能化、自动化和信息化技术方面的不断进步促进了机器人技术与激光技术的结合，特别是汽车产业的发展需求，带动了激光加工机器人产业的形成与发展。

① 智能机器人激光加工平台的组成　机器人是高度柔性加工系统，所以要求激光器必须具有高柔性，目前都选择可光纤传输的激光器。智能化机器人激光加工平台主要由以下几部分组成：光纤耦合和传输系统；激光光束变换光学系统；六自由度机器人本体；机器人数字控制系统（控制器、示教盒）；计算机离线编程系统（计算机、软件）；机器视觉系统；激光加工头；材料进给系统（高压气体、送丝机、送粉器）。图 2.30 为一种激光熔覆机器人加工平台的组成示意图，图中给出了其主要组成

部分。

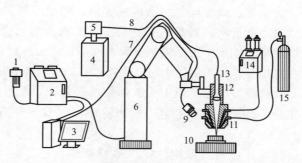

图 2.30   激光熔覆机器人加工平台组成示意

1—示教盒；2—机器人控制器；3—计算机；4—激光器；5—光纤输出口；6—智能机
器人；7—机械臂；8—传导光纤；9—视觉跟踪系统；10—加工平台；11—送粉头；
12—激光镜头；13—光纤输出端；14—送粉系统；15—送气系统

② 机器人结构及性能参数   机器人主要由机器人本体、驱动系统和控制系统构成。机器人本体由机座、立柱、大臂、小臂、腕部和手部组成，用转动或移动关节串联起来，激光加工工作头安装在其手部终端，像人手一样在工作空间内执行多种作业。加工头的位置一般是由前 3 个手臂自由度确定，而其姿态则与后 3 个腕部自由度有关。按前 3 个自由度布置的不同工作空间，机器人可有直角坐标型、圆柱坐标型、球坐标型及拟人臂关节坐标型 4 种不同结构。根据需要，机器人本体的机座可安装在移动机构上以增加机器人的工作空间。图 2.31 为 ABB 公司 IRB7600 系列六轴智能机器人的实物图。

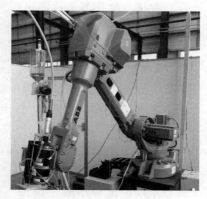

图 2.31   ABB 公司 IRB7600 系列六轴智能机器人

机器人驱动系统大多采用直流伺服电机、步进电机和交流伺服电机等电力驱动，也有的采用液压缸液压驱动和气缸气压驱动，借助齿轮、连杆、齿形带、滚珠丝杠、谐波减速器、钢丝绳等部件驱动各主动关节实现六自由度运动。机器人控制系统是机器人的大脑和心脏，决定机器人性能水平，主要作用是控制机器人终端运动的离散点位和连续路径。

在选用激光加工机器人时，主要考虑以下几个性能参数。

a. 负载能力。在保证正常工作精度条件下，机器人能够承载的额定负荷重量。激光加工头重量一般比较轻，约 $10\sim50$kg，选型时可用 $1\sim2$ 倍。

b. 精度。机器人到达指定点的精确度，它与驱动器的分辨率有关。一般机器人都具有 0.002mm 的精度，足够激光加工使用。

c. 重复精度。机器人多次到达同一个固定点，引起的重复误差。根据用途不同，机器人重复精度有很大不同，一般为 $0.02\sim0.6$mm。激光切割精度要求高，可选 0.01mm，激光熔覆精度要求低，可选 $0.1\sim0.3$mm。

d. 最大运动范围。机器人在其工作区域内可以达到的最大距离。具体大小可以根据激光加工作业要求而定。

e. 自由度。用于激光加工的机器人一般至少具有六自由度。

③ 激光加工机器人控制方式　按加工过程控制的智能化程度分，机器人有三种编程层次。

a. 在线编程机器人（on-line program）。在线编程主要是示教编程，它的智能性最低，称为第一代机器人。根据实际作业条件事先预置加工路径和加工参数，在示教盒中进行编程，通过示教盒操作机器人到所需要的点，教给机器人按此程序动作 1 次，并把每个点的位姿通过示教盒保存起来，这样就形成了机器人轨迹程序。机器人将示教动作记忆存储，在正式加工中机器人按此示教程序进行作业。示教编程具有操作简单、对操作人员编程技术要求低、可靠性强、可完成多次重复作业等特点。

b. 离线编程机器人（off-line program）。机器人离线编程是指部分或完全脱离机器人，借助计算机提前编制机器人程序，它还可以具有一定的机器视觉功能，称为第二代机器人。它一般是采用计算机辅助设计（CAD）技术建立起机器人及其工作环境的几何模型，再利用一些规划算法，通过对图形的控制和操作，在离线的状况下进行路径规划，经过机器人编程语言处理模块生成一些代码，然后对编程结果进行 3D 图形动画仿真，以检验程序的正确性，最后把生成的程序导入机器人控制柜中，以控制机器人运动，完成所给的任务。此外，它可装有一些温度、位形等传感器，具有一定的机器视觉功能，根据机器视觉获得的环境和作业信息在计算机上进行离线编程。机器人离线编程已被证明是一个有力的工具，可增加安全性，减少机器人不工作时间和降低成本等[13]。

c. 智能自主编程机器人（Intelliget Program）。智能自主编程机器人装有多种传感器，能感知多种外部工况环境，具有一定的类似人类高级智能，具有自主地进行感知、决策、规划、自主编程和自主执行作业任务的能力，称为第三代机器人。由于计算机和现代人工智能技术尚未获得实用性的突破，智能自主编程机器人仍处于试验研究阶段。

（3）新松光纤激光加工成套装备

图 2.32 为新松光纤激光加工成套装备实物图。该系统主要包括光纤激光器、光纤输出与激光镜头、智能机器人、加工台、送粉器、送气系统和电源控制柜等部分。

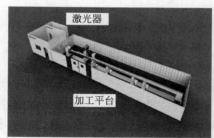

图 2.32　新松 YLR 光纤激光加工成套装备

根据激光器输出功率不同，该公司研发了 YLR 系列多种型号，激光输出功率在 1～20kW 间的激光熔覆成套系统。该系列激光加工系统的主要技术参数见表 2.5。

表 2.5　新松 YLR 系列光纤激光加工系统技术参数

设备型号	YLR-1000	YLR-2000	YLR-5000	YLR-10000	YLR-20000
激光工作方式	cw	cw	cw	cw	cw
波长/nm	1070～1080	1070～1080	1070～1080	1070～1080	1070～1080
额定输出功率/W	1000	2000	5000	10000	20000
光束质量 BPP/mm · mrad	5	8	12	16	18
优化 BPP/mm · mrad	2.5	4	8	10	12
特殊要求 BPP/mm · mrad	2	2.5	4.5	6	8

设备型号	YLR-1000	YLR-2000	YLR-5000	YLR-10000	YLR-20000
调制频率/kHz	5	5	5	5	5
输出功率稳定性/%	2	2	2	3	3
输出光纤芯径/μm	50	50~100	100~200	100~300	100~300
额定输入电压(AC)/V	380/3p	380/3p	380/3p	380/3p	380/3p
功率消耗/kW	4	8	20	40	80
尺寸/cm	80×80×80	86×81×120	86×81×150	86×81×150	150×81×150
质量/kg	280	350	700	1000	1200
工作环境温度/℃	0~45	0~45	0~45	0~45	0~45

2.6 激光选区熔化设备及工艺

2.6.1 激光选区熔化设备

近年来，为适应和追赶其他国家在增材制造技术领域的发展，国内也有部分高校、企业和科研单位开始重视该技术，并着手研发和生产SLM相关设备。其中西北工业大学、北京航空航天大学、华中科技大学和南京航空航天大学开展得较早，也取得了相应的成绩。目前华中科技大学已推出 HRPM-Ⅰ 和 HRPM-Ⅱ 型两套 SLM 设备；华南理工大学先后自主研发出 Dimetal-240、Dimetal-280 和 Dimetal-100 三款机型。除高校外，部分企业也进军 3D 打印领域，如西安铂力特、湖南华曙高科、广东汉邦激光等公司也逐渐有 SLM 设备完成商业化。国内外主要的 SLM 设备厂家和设备参数列于表 2.6 中。

表 2.6 国内外主要的选区激光熔化设备厂家和设备主要参数

	公司/学校	典型设备型号	激光器	功率/W	成形范围/(mm×mm×mm)	光斑直径/μm
国外	EOS	M280	光纤	200/400	250×250×325	100~500
	Renishaw	AM250	光纤	200/400	250×250×300	70~200
	Concept Laser	M2 cusing	光纤	200/400	250×250×280	50~200
		M3 cusing	光纤	200/400	300×350×300	70~300
	SLM solutions	SLM 500HL	光纤	200/500	280×280×350	70~200

续表

公司/学校		典型设备型号	激光器	功率/W	成形范围/(mm×mm×mm)	光斑直径/μm
国内	华南理工大学	Dimetal-240	半导体	200	240×240×250	70～150
		Dimetal-280	光纤	200	280×280×300	70～150
		Dimetal-100	光纤	200	100×100×100	70～150
	华中科技大学	HRPM-Ⅰ	YAG	150	250×250×450	～150
		HRPM-Ⅱ	光纤	100	250×250×400	50～80
	广东汉邦激光	SLM-280	光纤	200/500	250×250×300	70～100
	西安铂力特	BLT-S300	光纤	200/500	250×250×400	—
	湖南华曙高科	FS271M	光纤	200/500	275×275×320	70～200

作为开展激光选区熔化技术研究最早的国家之一，德国的弗朗霍夫激光研究所早在 20 世纪 90 年代就提出了这种加工方法的构想，并在 2002 年成功开发并推出相关的加工设备。现在世界上最著名的 SLM 设备供应商便是德国的 EOS 公司。除了 EOS，国际上也陆续出现了许多成熟的 SLM 设备供应商，如德国的 MCP 公司和 Concept Laser 公司（近期通用电气收购），瑞典的 Arcam 公司，法国的 Phenix System 和美国的 3D 公司等。这些国家也率先完成了增材制造技术设备和成形件的商品化，充分发挥增材制造技术个性化、灵活性的优势，开发出多种型号的机型以适应和满足不同行业和领域的实际要求。例如，德国 EOS 公司为制造大型零部件而开发的激光选区熔化设备 M400，成形腔体积可达 400mm×400mm×400mm，设备采用最大功率为 1kW 的 Yb 光纤激光器，激光光斑直径约为 90μm。EOSING 公司的 M250 系列和 M270 系列设备可制造出致密度接近 100% 的成形件，尺寸精度可达 20～80μm，最小壁厚 0.3～0.4mm；MCP 公司的 Realizer 系列采用 100W 固体激光器，配之振镜扫描可控制最小扫描厚度 30μm，显著提高成形件的精度及表面质量[14]。

2.6.2 激光选区熔化工艺

作为一项精密复杂的加工制造技术，激光选区熔化在加工过程中涉及众多的参数，如图 2.33 所示。SLM 产品制备过程、产品的表面形貌及其性能均受这些参数的影响，同时这些参数之间也存在不同程度的相互作用。近年来大量的研究结果表明，如果能够对其中一些影响较大的重要因素（如激光扫描速度、激光功率、扫描间距、扫描策略等）加以合理控制，便能获得致密度高、成形优良、性能优越的制备件。相反，如果以上参数没有得到足够重视，偏出合理范围的话，就会在 SLM 过程中不可避免地出现一些典型的问题，如孔洞、应力应变、球化等，并影响 SLM 成形件的微观组织和力学性能。

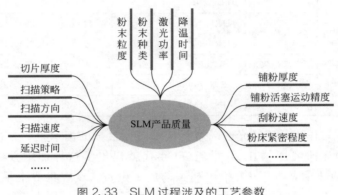

图 2.33　SLM 过程涉及的工艺参数

（1）孔隙

孔隙是激光选区熔化的一个重要特征，它的出现将会对 SLM 制备件的致密度、微观结构和力学性能产生直接影响。目前，国内外大量的研究目标都集中在 SLM 工艺参数的优化以降低制备件的孔隙率上，从而获得致密度高的金属 SLM 成形件。

其中，英国伯明翰大学的 Qiu Chunlei 等[15] 研究了 TC4 钛合金的 SLM 成形过程，详细分析了熔液流动对孔隙形成的影响，研究发现随着铺粉厚度和扫描速度的增加，成形件的孔隙率相应上升，同时表面粗糙度也随之恶化。推测原因是工艺参数影响到热量的输入从而降低了熔池内熔液的流动性能，使其不能及时填充空隙。利用激光选区熔化技术制备 TiC/Inconel718 复合材料成形件，研究发现当激光功率提高时，存在于扫描层间的大尺寸不规则孔洞数量有所降低。其原因是较高的激光功率可以改善液相的流动性能，使熔液容易深入从而减少孔洞。只有将能量密度控制在一定范围内时，才能改善工件的致密化程度，避免相关缺陷的产生。

但是有的情况下，会利用这种孔隙产生方式，人为制造出多孔材料，这种材料有很好的吸波性、散热性、轻量化等特点，可用于医疗、航天、化工等领域，如图 2.34 所示为 SLM 成形的钛合金多孔结构医用植入体。

图 2.34　SLM 成形钛合金多孔结构医学植入体[3]

（2）显微结构

激光选区熔化显微组织结构特征受 SLM 过程中包括激光参数、扫描参数和材料本身物理性能等因素的影响。加热温度高、冷却速度快等加工特点使 SLM 显微组织较细小，且一般具有非平衡凝固特征。如比利时鲁汶大学的 Thijs 团队[16] 在研究 SLM 制备的 TC4 铝合金时，发现体能量密度的增加会使晶粒组织变得粗大，同时析出 Ti$_3$Al 金属间化合物。

SLM 中的显微组织形貌较为多样，既有各向同性的胞状晶和等轴晶，也有方向性很强的柱状晶。这主要是受到散热方向的影响，制备件的不同部位具有不同的散热方式和散热速度。除去被金属粉末熔化吸收的激光能量，剩余的热量主要有 3 种散出方式：通过热传导经已重新凝固的金属传递到基板；扩散到制备件周围未熔的金属粉末中；通过对流的方式扩散到周围的保护气体中。如图 2.35 所示，这 3 种散热方式的速度和方向不一致，也就导致了组织生长的多样性。

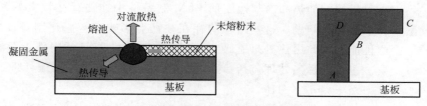

图 2.35　SLM 过程中散热示意

图 2.35 中 A、B、C、D 4 点所处的散热环境各不相同。A 点靠近基板，热量主要通过基板传递，晶粒可能垂直基板向上生长，有一定的方向性；而 D 点位于部件的中心位置，主要的散热通道是周围的粉末，热量向周围均匀散出，故晶粒生长方向性并不明显。

显微组织结构除与扫描参数和热传导有关外，有研究表明，扫描策略也会对其产生影响。扫描策略是指激光在金属粉末上的行进方式，基本的扫描策略有单向型、往复型和正交型，如图 2.36 所示。基于这 3 种基本扫描方式，可以有多种变化，如"小岛型""曲折型"等[17]。比利时鲁汶大学的 Thijs 团队研究发现不同的扫描策略会得到不同的显微组织。其中在单向和简单往复型扫描中，晶粒呈柱状从底部向上延伸（传热速度最快方向），并与基体倾斜一定角度。而在正交型的扫描策略下，试样中晶粒尺寸在各个方向上趋于一致。

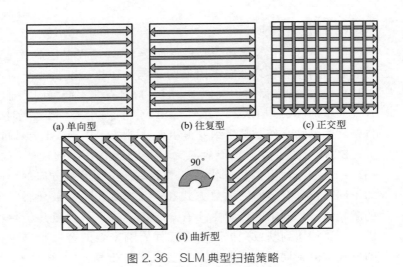

(a) 单向型　　　　(b) 往复型　　　　(c) 正交型

(d) 曲折型

图 2.36　SLM 典型扫描策略

（3）后热处理

极快的加热和冷却速度使 SLM 制备件中往往存在较大的残余应力、孔洞缺陷等问题，这些问题的存在往往会影响甚至恶化制备件的综合力学性能。因此后热处理在改善 SLM 成形件性能及可用性上显得尤为重要。主要的后热处理包括：固溶、时效、退火和热等静压处理（hot isostatic pressing，HIP）。

其中退火的主要作用是减轻和消除 SLM 过程中产生的残余应力，以避免工件可能发生的翘曲变形，同时可以提高制备件的拉伸强度。对于一些需要经过时效处理才能达到最优综合性能的金属材料，如马氏体时效钢，在 SLM 制备完成后，需要在一定的温度和时间内完成固溶或时效处理，以析出第二相金属间化合物来提高强度和改善韧性。

热等静压技术是应用于粉末冶金领域，以消除孔隙、封闭微裂纹的工艺。HIP 工艺首先将加工件置于热处理炉内，随后升温至高温（一般为合金熔点的 2/3），同时炉内通入惰性气体或液体对工件加压，压力在工件表面均匀分布。经过 HIP 处理的工件可以消除绝大部分的孔隙而达到致密状态。将 HIP 技术和 SLM 技术相结合，可以有效地改善产品致密度和力学性能。英国伯明翰大学的 Qiu 等发现 HIP 可以有效降低 TC4 钛合金制备件的孔隙率，并使其中马氏体部分发生分解，试样强度有略微降低，但是塑韧性明显提高；德国帕德伯恩大学的 Leuders 等[18] 对 SLM 制备的 TC4 钛合金试样进行热等静压处理，发现试样的疲劳强度和抗裂纹扩展性能得到明显改善。

2.6.3　激光选区熔化材料

从理论上说，在工艺和加工设备理想的条件下，任何金属粉末都可以作为激光选区熔化技术的原材料。SLM 材料按粉末状态可以分为预合金粉末、机械混合粉末和单质粉末 3 种，如图 2.37 所示。

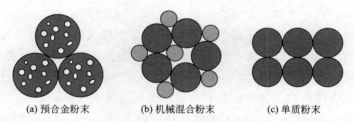

(a) 预合金粉末　　　　(b) 机械混合粉末　　　　(c) 单质粉末

图 2.37　SLM 用金属粉末种类

预熔合金粉末或单质粉末是由液态合金或金属气雾化法制备而成的，性能优越，粉末颗粒均匀，是激光选区熔化主要的研究对象。目前，预熔粉末主要研究对象是铁基合金、镍基合金和钛基合金。

（1）铁基合金

铁基合金是应用范围最广、使用量最大的金属材料。其在 SLM 领域中的应用也开展较早，是被研究最为全面和深入的材料之一。铁基合金粉末研究主要集中在纯铁粉、不锈钢粉、工具钢粉等。俄罗斯的列别捷夫物理研究所的 Shishkovsky 利用 SLM 技术研究了坡莫合金，成功制备出了小型的复杂结构电子元器件，并通过增设外加电磁场增加了 Fe_3O_4 的析出，改善了新相的分布。

实际上，SLM 技术对成形粉末有较高的要求，如粉末粒径、形状、成分分布等。常用的粉末制备方法有气雾化法、水雾化法、热气体雾化法和超声耦合雾化法等。

（2）镍基合金

镍基合金由于其优良的耐蚀性和抗氧化性，被广泛应用在石油化工、海洋船舶和航空航天领域。在航空发动机中，镍基高温合金被用于涡轮机片等重要位置以适应高温燃气和高应力载荷等严苛的工作环境。目前，SLM 中研究最为广泛的是 Waspaloy 合金、Inconel625 和 Inconel718。英国拉夫堡大学快速制造中心 Mumtaz 等利用 SLM 技术制备了 Waspaloy 时效硬化高温合金，成品致密度高达 99.7%；美国得克萨斯大学 Murr 等制备了显微硬度可达 4.0GPa 以上的 Inconel625 和 Inconel718 两种合金的 SLM 成形件。

（3）钛合金

钛合金是一种性能优良的结构材料，具有低密度、高比强度、优良的耐热耐蚀性、低热导率等特点，广泛应用于航天航空、化工、医疗、军事等领域。钛存在两种同素异构转变，在 882℃ 以下稳定存在的为 α-Ti，具有密排六方结构；在 882℃ 以上稳定存在的为 β-Ti，具有体心立方结构。由于合金元素的添加，使相变温度及结构发生改变，钛合金按照退火组织可以分为 α、β、$(\alpha+\beta)$ 三大类。α 相稳定元素有 Al、Sn、Ga 等，其中 Al 是最常用的 α 相稳定元素，加入适量的 Al 可以形成固溶强化以提高钛合金的室温和高温强度以及热强性；β 相稳定元素有 V、Nb、Mo、Ta 等，其中 Mo 的强化作用最为明显，可以提高淬透性及 Cr 和 Fe 合金的热稳定性。Ta 的强化作用最弱，且密度大，因而只有少量合金中添加以提高抗氧化性和抗腐蚀性。

在激光选区熔化领域，国内外的研究主要集中在纯钛和 $(\alpha+\beta)$ 钛上，其中 TC4（Ti6Al4V）钛合金具有极优的综合力学性能和生物相容性而得到大范围的应用和推广[19]。与 $(\alpha+\beta)$ 钛相比，β 钛几乎不含 Al 和 V 等对人体有害的合金元素，且有更高的强度和韧性，适用于制造人体植入物。日本大阪大学的 Abe 等利用 SLM 技术制造出相对密度达 95% 的人造骨骼，抗拉强度可达 300MPa；日本中部大学的 Pattanayak 制备出了允许细胞进入生长的多孔钛，孔隙率在 55%~75%，强度范围

35～120MPa；国内华中科技大学的 Yan 等同样利用 SLM 技术制造出了孔隙率为 5%～10% 的 TC4 钛合金人造骨骼，显微硬度达（4.0±0.34）GPa；比利时屋恩大学的 Kruth 团队[20] 利用自主研发的设备，采用粒度范围在 5～50μm 的 TC4 钛合金粉末制备出致密度达 97% 的人造钛合金义齿，并发现，SLM 过程中极高的冷却速度容易在制品中形成脆性的马氏体组织，需要对产品进行后续的热处理以得到力学性能适合的产品。

2.7 模具钢激光选区熔化成形

采用激光选区熔化（SLM）技术制造模具已经部分范围运用到工业生产中，应用前景良好。SLM 制造技术适合结构相对复杂的结构件，生产出来的模具具有更高的尺寸精度和优良的表面粗糙程度。尤其是在附有随形冷却水道的模具加工制造中，SLM 技术拥有无可比拟的技术优势，可以不受任何结构限制进行生产加工。

马氏体时效钢由于其极高的强度、优异的塑韧性能及良好的加工性能而广泛地应用于航空航天、石油化工、军事、原子能、模具制造等领域。但是对于一些结构复杂、尺寸精度较高的零件来说，传统的制造方法往往不能满足使用要求，而且制造成本高、生产周期长，因此限制了行业的发展。激光选区熔化技术可以在满足精度及使用要求的前提下，缩短生产制造周期，并且不受制备件复杂结构的限制，极具灵活性。

目前国外对于马氏体时效钢 SLM 制造模具工艺已经趋于成熟。意大利巴里理工大学的 Casalino 等[21] 研究了 SLM 方法制备 18Ni300 钢制件，产品致密度可达 99%，并有较好的表面粗糙度。

2.7.1 SLM 孔隙形成原因

对于给定成分的合金，其粉末粒径分布、成分含量等物理特性是一定的，这种情况下，只能通过调整激光功率、扫描速度和扫描间距等因素来完善制备件的性能。针对不同材料，合理选择符合该种金属的 SLM 工艺参数，对成形件的加工有现实意义。本小节分析了不同工艺参数下成形试样中孔洞的分布情况，并对致密度进行了测量，确定最优的加工参数。

（1）球化

　　激光选区熔化中的球化现象是指在加工过程中，金属粉末在吸收激光能量熔化成液态金属时，由于润湿性等问题没有很好地在基板或前层基体上铺展开来，从而形成大量大小不一且相互独立的液态金属球并重新凝固的现象，球化现象如图 2.38 所示。这种球化现象在 SLM 过程中普遍存在，凝固后相互独立的金属球一方面会在逐层扫描的过程中造成大量的孔洞导致孔隙率过高，力学性能下降；另一方面，存在于粉层表面的固态金属球会对铺粉辊的正常工作造成影响，增加粉刮与制备件表面的摩擦力，严重时会损坏铺粉辊导致加工失败。

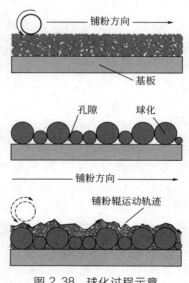

图 2.38　球化过程示意

　　液态金属与已凝固金属的润湿性问题是球化现象的主要原因。不同润湿性能下液相球化如图 2.39 所示。

　　在接触点处三应力达到平衡状态时，满足以下条件：

$$\gamma_{SV} = \gamma_{SL} + \gamma_{LV}\cos\theta$$

式中　γ_{SV}——气固界面表面张力；

　　　γ_{LV}——气液界面表面张力；

　　　γ_{SL}——固液界面表面张力；

　　　θ——气液界面表面张力和固液界面表面张力的夹角，即润湿角。

润湿角 θ 的大小可以在一定程度上反应液相对固相的润湿情况。当 $\theta<90°$ 时，为润湿状态，熔化的液态金属可以在基体上铺展，不会形成球化现象；当 $\theta>90°$ 时，为不润湿状态。

在 SLM 过程中，在固液界面处，熔化的金属液体有自动降低表面能的趋势，即凝聚成球体。而金属熔液与基体的润湿性与金属粉末的颗粒尺寸、氧含量和熔点大小相关。水雾法制成的金属粉末氧含量较高，不利于熔池中熔液的润湿和铺展，因此会容易出现球化现象。如果金属粉末的球形度较高且粒径尺寸分布合理可以增加加工过程中粉末的流动性，减少球化。适当提高热输入增加熔池温度同样可以改善熔液的流动性以降低球化率。

除以上由于润湿性的原因产生的球化现象，还有一些小的球化在 SLM 过程中是无法避免的，它们是由于激光束冲击熔池和熔体的蒸发，产生的飞溅。这些"小球体"体积很小，在激光扫描临近轨道时会重新熔化，对工件性能无不良影响。

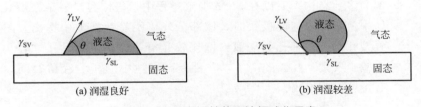

(a) 润湿良好　　　　　　　　　　　　(b) 润湿较差

图 2.39　不同润湿性能下液相球化示意

如果在 SLM 过程中出现了较为严重的球化现象，在凝固的大小金属球间将会形成密闭的孔隙，金属粉末难以渗入该区域，无法及时填充，经过层层的累积效应，将会产生较大的孔洞；即使粉末能够进入空隙，加工过程中的激光穿透能力有限，能量难以传递进入使金属球空隙间的粉末顺利熔化。球化现象是孔隙出现的主要原因，如要提高产品的致密度，就一定要尽量减少球化现象的发生。

（2）扫描间距过大（未搭接）

扫描间距是激光选区熔化工艺中另一个重要参数。合理设计的扫描间距可以让焊道之间部分搭接在一起，从而减少孔隙的产生。相反，如果扫描间距过大，出现未搭接的情况，大尺寸的孔隙将不可避免出现。搭接孔隙如图 2.40 所示。

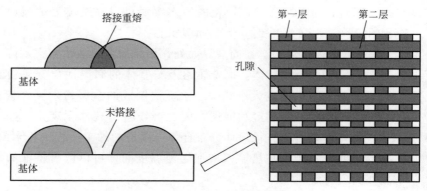

图 2.40 搭接孔隙的形成

（3）气孔

选区激光熔化工艺是在基板上堆积金属粉末，逐层扫描累积成形固件。由于 SLM 成形腔内都填充有为防止金属氧化的惰性气体，且粉层内部为多孔结构。所以在 SLM 加工过程中，气体容易夹杂在熔化的金属液体中，当冷却速度极快时，该部分气体不易从熔池中逸出，因而形成气致型孔洞。这种孔洞一般内壁比较光滑，形状规则且尺寸较小。为避免或减少气致型孔洞的产生，需要提高熔池中液相的存留时间，使气体能有足够时间逸出。

（4）裂纹与热应力

极快的加热速度和冷却速度是激光选区熔化工艺的一个显著特点，因此热应力及相应的裂纹现象也经常发生，这是孔洞产生的另一个重要原因。非常大的温度梯度使制备件中存在高的热应力和相变应力。在受激光加热和冷却过程中，已经凝固的金属内部与周围粉末膨胀收缩趋势不一致，因此产生热应力；由于部分金属在一定温度范围内存在固态相变，不同相之间的比容不一致，在体积改变时相互限制，因而产生相变应力。热应力存在于成形件内部时，为释放该部分应力，成形件可能会发生相应的翘曲、变形或者开裂等行为，从而产生孔洞。加工前后的热处理可以有效地减轻甚至完全消除这种类型的孔隙。例如，可以在制件前对成形基板和金属粉末进行预加热，以降低温度梯度；或者优化扫描方式和扫描策略；后热处理如热等静压等也可有效减少该类型孔洞。

2.7.2 SLM 成形 18Ni300 合金制备件

（1）SLM 成形 18Ni300 合金制备件的孔洞分布

图 2.41 是不同工艺参数下激光选区熔化成形 18Ni300 合金未经腐蚀的金相照片，图中黑色部分是成形过程中出现的孔洞。可以看出，在不同的工艺参数下，各个试样的孔洞数量，即致密度大小有显著的区别。其中，大部分试样致密度在 97% 以上，当扫描速度 $v=2500\text{mm/s}$、激光功率 $P=450\text{W}$、扫描间距 $h=70\mu\text{m}$ 时，致密度达到极大值 99.34%，此时金相照片中几乎不可见明显孔洞，基体紧密无缺陷；当 $v=2500\text{mm/s}$、$P=300\text{W}$、$h=100\mu\text{m}$ 时，致密度达极小值 84.17%，此时试样中存在大量孔洞，并出现未熔合情况，宏观上肉眼可见表面孔隙。

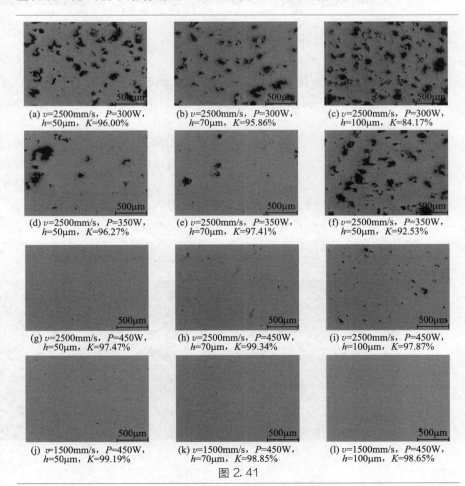

(a) $v=2500\text{mm/s}$, $P=300\text{W}$, $h=50\mu\text{m}$, $K=96.00\%$

(b) $v=2500\text{mm/s}$, $P=300\text{W}$, $h=70\mu\text{m}$, $K=95.86\%$

(c) $v=2500\text{mm/s}$, $P=300\text{W}$, $h=100\mu\text{m}$, $K=84.17\%$

(d) $v=2500\text{mm/s}$, $P=350\text{W}$, $h=50\mu\text{m}$, $K=96.27\%$

(e) $v=2500\text{mm/s}$, $P=350\text{W}$, $h=70\mu\text{m}$, $K=97.41\%$

(f) $v=2500\text{mm/s}$, $P=350\text{W}$, $h=50\mu\text{m}$, $K=92.53\%$

(g) $v=2500\text{mm/s}$, $P=450\text{W}$, $h=50\mu\text{m}$, $K=97.47\%$

(h) $v=2500\text{mm/s}$, $P=450\text{W}$, $h=70\mu\text{m}$, $K=99.34\%$

(i) $v=2500\text{mm/s}$, $P=450\text{W}$, $h=100\mu\text{m}$, $K=97.87\%$

(j) $v=1500\text{mm/s}$, $P=450\text{W}$, $h=50\mu\text{m}$, $K=99.19\%$

(k) $v=1500\text{mm/s}$, $P=450\text{W}$, $h=70\mu\text{m}$, $K=98.85\%$

(l) $v=1500\text{mm/s}$, $P=450\text{W}$, $h=100\mu\text{m}$, $K=98.65\%$

图 2.41

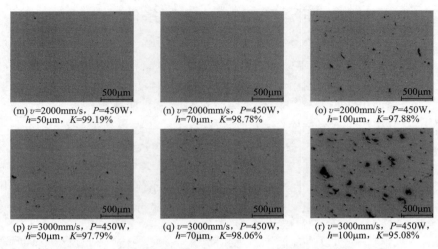

(m) v=2000mm/s, P=450W, h=50μm, K=99.19%

(n) v=2000mm/s, P=450W, h=70μm, K=98.78%

(o) v=2000mm/s, P=450W, h=100μm, K=97.88%

(p) v=3000mm/s, P=450W, h=50μm, K=97.79%

(q) v=3000mm/s, P=450W, h=70μm, K=98.06%

(r) v=3000mm/s, P=450W, h=100μm, K=95.08%

图 2.41　18Ni300 合金不同工艺参数下 SLM 成形件孔洞分布情况

　　选取致密度较小、孔洞较多的试样进一步观察，其 SEM 照片如图 2.42 所示。孔洞大量分布在试样内部，并且在孔洞内部可以观察到没有熔化或者未与周边金属融合的独立金属粉末，不规则孔洞尺寸较大且深，如图 2.42(b) 所示。这种现象产生的原因可能是激光能量不足，难以穿透所有粉层，或者是扫描间距过大，金属熔液流动不充分，结合不紧密。除未熔合孔洞外，试样中还发现了少量气致型规则孔洞，这种孔洞呈规则圆形，并且内壁光滑。激光选区熔化过程中为避免金属在高温下氧化，需要在成形腔中充满惰性气体降低氧含量，这种孔洞的产生原因可能是气体夹杂在熔化的金属熔液中，未来得及逸出，重新凝固后被封存在试样中。

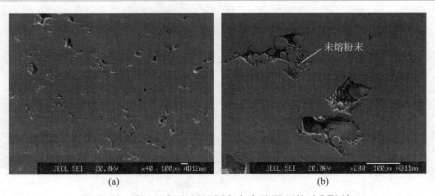

(a)　　　　　　　　　　　　　　(b)

图 2.42　SLM 成形 18Ni300 合金孔洞形貌（SEM）

（2）SLM 成形 18Ni300 合金制备件的致密度

主要工艺参数（扫描速度、激光功率和扫描间距）对 SLM 成形 18Ni300 合金致密度的影响如图 2.43 所示。当其他参数保持不变时，理论上，随着激光扫描速度（v）的增加，金属粉层内吸收的能量会有所下降，粉末可能出现未熔化的现象，从而导致孔隙率上升，致密度下降；反之，扫描速度的下降可以提高激光照射金属粉末的时间，增加单位面积内吸收的能量，金属熔化充分，熔液及时填充孔隙，提高成形件的致密度。

实际上，扫描速度对致密度的影响如图 2.43（a）所示，随着扫描速度的下降，成形件致密度大体上呈上升趋势，当扫描速度为 1500mm/s 时，SLM 成形件致密度在 98.7％以上，接近完全致密状态。但是对于不同扫描间距的试样来说，致密度并不一定在扫描速率最小处达到极大值，当扫描速度降低到一定范围之内时，再减慢激光的扫描速度对致密度的提高效果有限，甚至可能起到相反作用。因为当扫描速度过小时，激光对粉体和熔池可能会带来较大的能量冲击，从而引起飞溅，降低成形件的致密程度。

致密度与激光功率之间的关系如图 2.43（b）所示。成形件的致密度随着激光功率的增加而不断提升，在其他条件相同的情况下，越大的激光功率可以使金属粉末熔化越充分，熔池停留的时间越长，孔隙等缺陷减少。当激光功率为 450W 时，成形件最大致密度为 99.34％。

扫描间距是指两条激光扫描轨迹中心之间的距离。由于成形过程中，激光的能量在粉层呈高斯分布，接近激光光斑中心的地方能量较高，光斑周围的区域能量较低。因此为保证每条扫描轨迹上的粉末接受的能量尽可能均匀，需要轨迹之间有一定的重合。如前文所述，扫描间距的大小对成形质量和孔洞的形成存在影响，致密度与扫描间距的关系如图 2.43（c）。随着扫描间距的增加，致密度呈先上升后下降的趋势，在各固定功率下，当 $h=70\mu m$ 时，致密度达到最大值。较大的扫描间距意味着激光重叠的区域变小，轨迹中心与边缘的受热和熔化情况不同，甚至可能会出现熔化充分从而间断的情况导致孔隙率上升；而如果扫描间距过小，单位面积粉体吸收的能量过多会出现过烧的情况，不利于成形件的致密。

综合各工艺参数对成形件致密度的影响发现，在合理值范围内（即不考虑各参数极值情况），最终对致密度造成影响的是输入到金属粉末中的激光能量的大小。因此这里引入能量密度的概念，它是指粉层单位面积内吸收的激光能量，其定义如下：

$$E = \frac{P}{vh} \tag{2.16}$$

式中　E——能量密度，J/mm^2；

　　　P——激光功率，W；

　　　v——扫描速率，mm/s；

　　　h——扫描间距，mm。

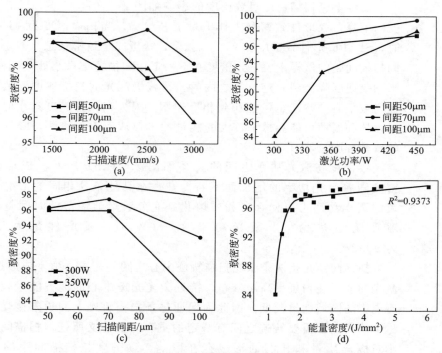

图 2.43　工艺参数对 SLM 成形 18Ni300 合金致密度的影响

成形件致密度与能量密度的关系如图 2.43(d) 所示，两者之间没有明显的线性关系，图中实线部分为拟合结果。可以看出，能量密度的提高可以显著改善 SLM 的成形质量，降低孔隙率。当 $E \approx 2J/mm^2$ 时，关系曲线出现拐点，$E < 2J/mm^2$ 时，成形件致密度较小，结合金相照片可以看到大面积孔洞，成形效果较差；$E > 2J/mm^2$ 时，成形件致密度稳定在 98% 以上，此后再提高能量密度，致密度大小仍有小幅度提高，并逐步趋于稳定。在实际生产中，各个成形设备的工艺参数范围有所不同，最佳能量密度的确定可以指导在不同设备上加工制备出成形优良的制备件，而不受设备参数的限制。

2.7.3 SLM 成形 H13 合金制备件

H13 钢是一种典型的热作模具钢，中国牌号为 4Cr5MoSiV1。因为其较高的淬透性、抗热裂能力和高温硬度，被广泛应用于热锻模具、热挤压模具和有色金属压铸模具的制造。

（1）SLM 成形 H13 合金制备件的孔洞分布

图 2.44 是利用激光选区熔化技术在不同工艺参数下制备的 H13 合金试样低倍金相照片，各试样的具体成形参数和致密度在对应的照片底部。图中白亮色为 H13 合金基体，黑色部分为成形过程中出现的孔洞，其中部分试样中还存在开裂现象。从图中可以看出，在不同的工艺参数下，试样中出现的孔洞和裂纹等缺陷的数量有所区别，试样的致密程度也随孔洞的增加有相应的变化。其中当 $v = 2500\text{mm/s}$、$P = 450\text{W}$、$h = 70\mu\text{m}$ 时，致密度 K 达到最大值 97.13%，图中几乎全部为紧密实体，无明显孔洞；当 $v = 2500\text{mm/s}$、$P = 350\text{W}$、$h = 50\mu\text{m}$ 时，致密度 K 最小值为 83.39%，图中遍布大小不均等的孔洞，成形质量很差。除此之外，在部分加工参数成形件中，还观察到了裂纹的出现，裂纹贯穿观察视野。

(a) v=2500mm/s，P=300W，h=50μm，K=92.45%

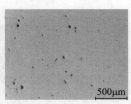

(b) v=2500mm/s，P=300W，h=70μm，K=95.90%

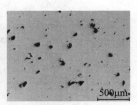

(c) v=2500mm/s，P=300W，h=100μm，K=87.80%

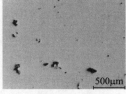

(d) v=2500mm/s，P=350W，h=50μm，K=94.95%

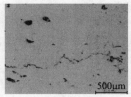

(e) v=2500mm/s，P=350W，h=70μm，K=94.24%

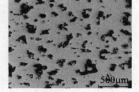

(f) v=2500mm/s，P=350W，h=50μm，K=83.39%

图 2.44

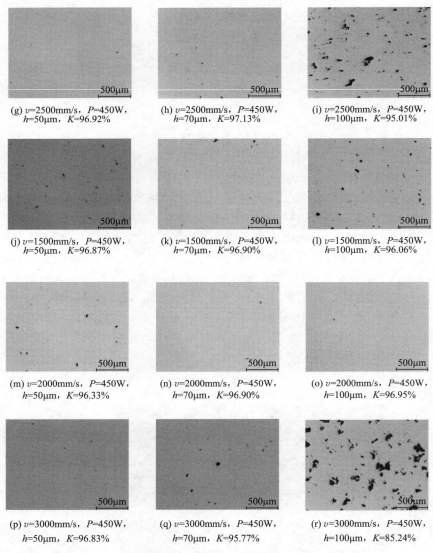

(g) v=2500mm/s，P=450W，h=50μm，K=96.92%

(h) v=2500mm/s，P=450W，h=70μm，K=97.13%

(i) v=2500mm/s，P=450W，h=100μm，K=95.01%

(j) v=1500mm/s，P=450W，h=50μm，K=96.87%

(k) v=1500mm/s，P=450W，h=70μm，K=96.90%

(l) v=1500mm/s，P=450W，h=100μm，K=96.06%

(m) v=2000mm/s，P=450W，h=50μm，K=96.33%

(n) v=2000mm/s，P=450W，h=70μm，K=96.90%

(o) v=2000mm/s，P=450W，h=100μm，K=96.95%

(p) v=3000mm/s，P=450W，h=50μm，K=96.83%

(q) v=3000mm/s，P=450W，h=70μm，K=95.77%

(r) v=3000mm/s，P=450W，h=100μm，K=85.24%

图 2.44　H13 合金在不同工艺参数下 SLM 成形件孔洞分布情况

图 2.45 为激光选区熔化成形 H13 合金试样孔洞 SEM 照片。在孔隙率较高的试样中可以看到孔洞密集分布在成形件内部，孔洞尺寸大小不一且不规则。在高倍照片中，可以在孔隙内部观察到大量未熔的金属粉末或熔化后重新凝固的独立金属球。这种现象产生的原因是激光能量不

足难以穿透粉末完全熔化金属，或者是扫描间距过大，"线道"之间出现未搭接的情况，导致成形缺陷严重。

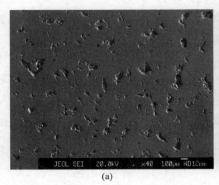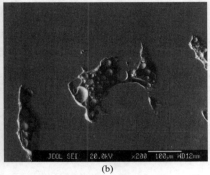

(a)　　　　　　　　　　　　　(b)

图 2.45　SLM 成形 H13 合金孔洞形貌（SEM）

（2）SLM 成形 H13 合金制备件的致密度

激光选区熔化成形 H13 合金致密度与工艺参数的关系如图 2.46 所示。当扫描间距较小时，扫描速度 v 对成形件致密度影响并不明显，致密度稳定在 96% 以上。但是当扫描间距扩大到 $100\mu m$ 后，随着扫描速度的增加，成形试样致密度出现了显著的下降，见图 2.46(a)，致密度最小值达 85.24%。试样中孔洞数量较多。这是因为在较高的扫描速度下，小的扫描间距可以弥补快速扫描而引起的能量不足的问题，金属粉末还能够顺利熔化并重新凝固成形。但是如果快的扫描速度配以大的扫描间距，输入金属粉末的能量可能出现不足以熔化全部粉末的情况，从而导致成形质量恶化。

在扫描速度和扫描间距固定的情况下，输入激光功率 P 与成形件致密度的关系如图 2.46(b) 所示。随着激光功率的增加，致密度先减小后增大，各扫描间距下，最大值均出现在功率为 450W 时，说明在该功率下，还未出现因激光能量过大给熔池表面造成能量冲击而引发熔体飞溅，导致致密度下降的情况。

扫描间距 h 对成形件致密度的影响如前文所述，搭接率过小时，会造成单位面积内输入的能量过高而引起飞溅或局部过烧的现象；搭接率过大时，可能发生金属粉末未熔化融合的现象。过大的扫描间距会对成形质量有较大的影响，导致孔隙率上升，如图 2.46(c) 所示，当扫描间

距升至 $100\mu m$ 时，成形质量下降明显。

综合扫描速度、激光功率和扫描间距对致密度的影响，通过公式(2.16)，转化为输入单位面积内激光能量与致密度的关系，如图 2.46(d) 所示。能量密度 E 范围在 $1.2\sim6.0J/mm^2$ 之间，在该范围内，致密度与能量密度之间存在正相关关系。随着能量密度的提高，致密度也有所增加。当 $E<1.8J/mm^2$ 时，成形件致密度不足 88%，此时试样内部孔隙较多，成形质量差；但是当 $E>1.8J/mm^2$ 时，致密度出现明显的上升，该条件下，H13 合金粉末熔化充分，致密度稳定在 96% 左右，随后再增加能量密度，H13 合金成形件致密度提高不明显，依旧在 96% 上下。原因可能是原有的金属粉末中存在部分杂质或是粉末未完全干燥导致在加工过程中出现氧化的现象，从而使孔洞无法避免；也可能是成形腔内的惰性气体混入金属熔液引发气致型孔洞。

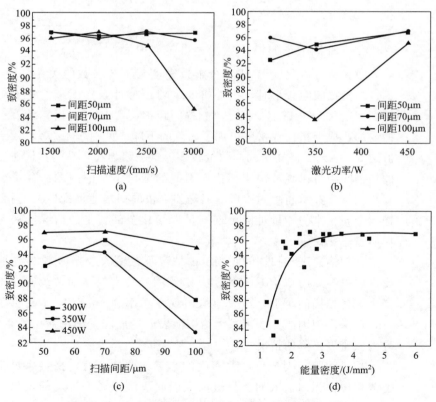

图 2.46　工艺参数对 SLM 成形 H13 合金致密度的影响

参考文献

[1]　李涤生，贺健康，田小永，刘亚雄，张安峰，等. 增材制造：实现宏微结构一体化制造[J]. 机械工程学报，2013，49（6）：129-135.

[2]　李小丽，马剑雄，李萍，等. 3D 打印技术及应用趋势[J]. 自动化仪表，2014，35（1）：1-5.

[3]　曾光，韩志宇，梁书锦，等. 金属零件 3D 打印技术的应用研究[J]. 中国材料进展，2014，33（6）：376-382.

[4]　Simonelli M，Tse Y Y，Tuck C. Effect of the build orientation on the mechanical properties and fracture modes of SLM Ti-6Al-4V[J]. Materials Science and Engineering：A，2014，616：1-11.

[5]　林鑫，黄卫东. 高性能金属构件的激光增材制造[J]. 中国科学：信息科学，2015，45（9）：1111-1126.

[6]　何伟，齐海波，林峰，等. 电子束直接金属成形技术的工艺研究[J]. 电加工与模具，2006（1）：58-61.

[7]　Mok S H，Bi G J，Folkes J，et al. Deposition of Ti-6Al-4V using a high powder diode laser and wire，Part I: Investigation on the process characteristics. Surface & Coatings Technology，2008，202（16）：3933-3939.

[8]　Syed W U H，Li L. Effects of wire feeding direction and location in multiple layer diode laser direct metal deposition. Applied Surface Science，2005，248（1-4）：518-524.

[9]　Riveiro A，Quintero F，Lusquinos F，et al. Experimental study on the CO_2 laser cutting of carbon fiber reinforced plastic composite. Composites Part A，2012，43（8）：1400-1409.

[10]　Wang W C，Zhou B，Xu S H，et al. Recent advances in soft optical glass fiber and fiber lasers[J]. Progress in Materials Science，2018.

[11]　S. Marimuthu，Antar M，Dunleavey J. Characteristics of micro-hole formation during fibre laser drilling of aerospace superalloy. Precision Engineering，2019，55：339-348.

[12]　Martinov G M，Ljubimov A B，Grigoriev A S，et al. Multifunction numerical control solution for hybrid mechanic and laser machine tool. Procedia CIRP，2012，1：260-264.

[13]　Sousa G B D，Olabi A，Palos J，et al. 3D metrology using a collaborative robot with a laser triangulation sensor. Procedia Manufacturing，2017，11：132-140.

[14]　Hao L，Dadbakhsh S，Seaman O，et al. Selective laser melting of a stainless alloy and hydroxyapatite composite for load-bearing implant development[J]. Journal of Materials Processing Technology，2009，209（17）：5793-5801.

[15]　Qiu C，Panwisawas C，Ward M，et al. On the role of melt flow into the surface structure and porosity development during selective laser melting[J]. Acta

Materialia, 2015, 96: 72-79.

[16] Thijs L, Verhaeghe F, Craeghs T, et al. A study of the microstructural evolution during selective laser melting of Ti-6Al-4V[J]. Acta Materialia, 2010, 58 (9): 3303-3312.

[17] Casati R, Lemke J, Vedani M. Microstructure and fracture behavior of 316L austenitic stainless alloy produced by selective laser melting [J]. Journal of Materials Processing Technology, 2016, 32 (8): 738-744.

[18] Leuders S, Thöne M, Riemer A, et al. On the mechanical behaviour of titanium alloy TiAl6V4 manufactured by selective laser melting: Fatigue resistance and crack growth performance[J]. International Journal of Fatigue, 2013,

48: 300-307.

[19] Bandyopadhyay A, Espana F, Balla V K, et al. Influence of porosity on mechanical properties and in vivo response of Ti6Al4V implants[J]. Acta Biomaterialia, 2010, 6 (4): 1640-1648.

[20] Kruth J P, Froyen L, Van Vaerenbergh J, et al. Selective laser melting of iron-based powder [J]. Journal of Materials Processing Technology, 2004, 149 (1): 616-622.

[21] Casalino G, Campanelli S L, Contuzzi N, et al. Experimental investigation and statistical optimisation of the selective laser melting process of a maraging alloy[J]. Optics & Laser Technology, 2015, 65: 151-158.

第3章

复合材料激光
熔覆层微观–
宏观界面

在金属/陶瓷激光熔覆层中，需要特别关注的界面类型可分为两类。第一类为基体/熔覆层宏观界面。该界面的微观结构决定了熔覆层与基体是物理结合还是冶金结合，以及二者之间的结合所达到的力学性能指标。第二类界面为陶瓷相颗粒与金属基体之间的微观界面。在陶瓷/镍基金属复合涂层中，高韧性的 γ-Ni 基体为黏结相，高硬度的陶瓷颗粒为强化相，二者之间的微观界面结合方式对复合熔覆层的磨损机制有重要的影响。

目前激光熔覆金属/陶瓷复合涂层的研究中，对微观界面的报道较为有限，而且针对熔覆层/基体宏观界面结合能力的定量考察也较少报道，本章内容对宽束镍基熔覆层中陶瓷相/镍基微观界面和熔覆层/基体宏观界面展开研究，通过光学显微镜（OM）和扫描电子显微镜（SEM）分析界面结构，并利用 EDS 能谱对界面元素分布展开分析。利用剪切试验对熔覆层/基体界面处的结合强度进行定量表征，对宏观界面的裂纹扩展机制及断裂行为进行讨论。

3.1 陶瓷相/γ-Ni 熔覆层微观界面结构及演变机理

3.1.1 带核共晶组织微观界面结构

图 3.1 为采用宽束激光制备的 Ni60 添加 20%WC 的熔覆层内原位生成带核共晶组织与 γ-Ni 基体之间的微观界面结构。物相分析结果表明，该内核为固溶了 W 元素的 $(Cr，W)_5B_3$ 相，而周围片层共晶组织为 $(Cr，W)_{23}C_6$ 相与 γ-Ni 基体形成的共晶组织。图 3.1(a) 所示带核共晶组织内核具有多角星的形状，硼化物内核的尖角生长深入周围片层状的共晶组织，表明晶核在该方向上呈优势生长；而共晶组织形成的外部轮廓在内核尖角方向上同样形成深入镍基体的尖角，这表明共晶组织的形核和生长同样具有鲜明的方向性。如图 3.1(b) 所示，在硼化物内核尖端部位可观察到 $M_{23}C_6$ 析出相的一次轴主干直接沿着尖端方向生长，在一次轴两侧二次轴枝干继续生长。而在图 3.1(c) 中，在硼化物内核的侧边部位可观察到 $M_{23}C_6$ 析出相在少数位点出现依附形核现象，与内核只有非常有限的连接。由此可见，$(Cr，W)_5B_3$ 相内核与 $(Cr，W)_{23}C_6$/γ-Ni 共晶组织的连接形式主要为内核尖角与 $(Cr，W)_{23}C_6$ 主干连接，内核侧边与 γ-Ni 基体连接。在共晶组织内部 $(Cr，W)_{23}C_6$ 与 γ-Ni 基体形成了规律的共晶片层。图 3.1(d) 所示为共晶片层外部轮廓与周围 γ-Ni 基体

的微观界面结构，可以发现共晶组织内的 γ-Ni 与外部基体直连，而 $(Cr，W)_{23}C_6$ 枝干与外部分散的析出相直连。

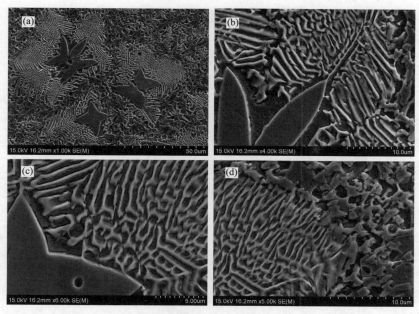

图 3.1　带核共晶组织/γ-Ni 基体微观界面结构形态（$P = 3.2kW$, $v = 3mm/s$）

　　由上述分析可见，带核共晶组织具有复杂的微观界面结构形式。强化相内核通过周围的细密片层状共晶与 γ-Ni 基体连接在一起。共晶片层在结构上相当于一层过渡组织，片层中的 $Cr_{23}C_6$ 相与内核（$Cr，W$）$_5B_3$ 相直连，而片层中的 γ-Ni 基体相与外部熔覆层镍基体直连。这种过渡结构的微观界面形式大大增加了强化相与熔覆层基体的接触面积，使二者结合更加紧密，抵抗磨损载荷能力增强。

　　利用 EDS 能谱对带核共晶组织进行元素线扫描，测量微区元素分布。图 3.2 为测量位置及各元素分布情况。在内核部位可观察到该处 W 元素和 Cr 元素有明显的富集，其中 W 元素按质量分数占比可达 50% 以上，而 Fe 和 Ni 元素的含量较低，非金属元素中检测到一定量的 B 元素。这与物相分析中，内核为（$Cr，W$）$_5B_3$ 相的结果相吻合。在片层状共晶组织内 W 和 Cr 元素含量显著下降，但二者同步出现几个富集峰，这是因为共晶组织为片层状结构。片层内部实际为（$Cr，W$）$_{23}C_6$ 相和 γ-Ni 相交替分布。当元素扫描在（$Cr，W$）$_{23}C_6$ 片层上时，检测到 Cr 和 W 的富集峰，而当元素扫描在 γ-Ni 片层上时，检测到 Ni 和 Fe 的富集峰。当元素测试位置进入镍基熔覆层基体时，Cr 和 W 元素含量进一步下降，而 Ni、Fe 元素含量到达峰值。在图 3.2 中还注意到，元素测试线末端，C 元素和 Cr 元素出现了一个明显同步上升的峰，这表明在图 3.1 结构分析中位于共晶片层外部镍基体中的分散析出相应该也是 Cr-C 化合相。

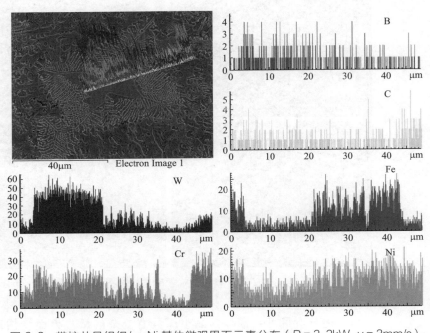

图 3.2　带核共晶组织/γ-Ni 基体微观界面元素分布（$P=3.2$kW, $v=3$mm/s）

3.1.2　激光能量密度对带核共晶组织微观界面的影响

在宽束激光熔覆中涉及到激光熔覆工艺的参数有很多，如激光功率 P、扫描速度 v、光斑尺寸（圆束光斑、宽束光斑）、搭接率 α、送粉量 g、预置粉末厚度 d 以及保护气体流量和光斑离焦量等。其中激光功率、扫描速度和光斑尺寸是非常重要的 3 个工艺参数，通常在工艺优化过程中这 3 个工艺参数应该作为首要设计变量考虑。国内外诸多研究者的文献报道发现，激光工艺参数并不是独立地对熔覆层微观结构和宏观性能产生影响，而是相互之间有一定的联系。为此提出了激光能量密度 E_ρ 这一综合性的参数

$$E_\rho = P/(v \times D) \tag{3.1}$$

式中 P 为激光功率；v 为激光扫描速度，即熔覆速度；D 为圆束光

斑的直径或宽束光斑在垂直扫描速度方向上的轴长。

表 3.1　宽束激光熔覆工艺参数设计

试样编号	1#	2#	3#	4#	5#	6#	7#	8#	9#
激光功率 P/kW	3.6	3.2	2.8	2.4	2.0	3.2	3.2	3.2	3.2
熔覆速度 v/mm·s^{-1}	3.0	3.0	3.0	3.0	3.0	2.5	3.5	4.0	5.0
激光能量密度 E_ρ/J·mm^{-2}	70.59	62.75	54.90	47.06	39.22	75.29	53.78	47.06	37.65

图 3.3 所示为宽束激光熔覆工艺参数坐标系。纵坐标为宽束激光功率 P，横坐标为激光扫描速度 v，光斑尺寸为 $17mm \times 1.5mm$，其中长轴 17mm 垂直于熔覆方向。设计的参数范围为激光功率 $2.0 \sim 3.6kW$，激光扫描速度 $2.5 \sim 5.0mm/s$。以此参数计算所得激光能量密度区间位于 $35 \sim 80J/mm^2$ 之间。具体试样编组见表 3.1。改变激光功率和扫描速度对激光能量密度具有很大的影响。当激光功率变大，或扫描速度降低时，激光能量密度增大，即熔覆层单位面积接收到的激光能量变多，反之亦然。在对宽束激光 Ni60/WC 熔覆层微观组织的分析中发现，3.1.1 节中带核共晶组织的典型形态只在激光功率密度处于特定的范围内时才会形成。当激光功率密度超过某一阈值后，带核共晶组织演变为更复杂的形式；而当激光功率密度降低到某一阈值后，带核共晶组织退化为只有块状内核析出相的简单形态。

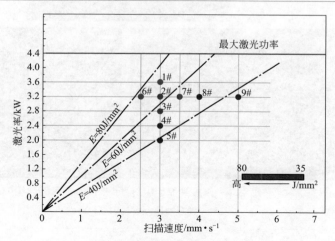

图 3.3　宽束激光熔覆工艺参数（P-v）坐标系

图 3.4 所示为在激光能量密度较高的工艺条件下，带核共晶组织形成的微观界面形态。内核生长为图 3.4(a) 中所示的多边形或图 3.4(b) 中所示的圆形，内核外部镍基柱状晶和树枝晶延续生长，最外侧为片层状共晶组织。与 3.1.1 节中带核共晶组织相比，该结构在硼化物内核和共晶片层之间多了一层镍基树枝晶，界面结构更为复杂。图 3.4(c) 所示为金相横截面截取到镍基树枝晶时观察到的带核共晶组织的形态。此时截面上观察不到硼化物内核，只有成蜂窝状分布的镍基枝晶，以及外围的片层状共晶组织。在图 3.3 所示的熔覆工艺参数坐标系中，样品 1#（$P = 3.6\text{kW}$，$v = 3\text{mm/s}$，$E_\rho = 70.59\text{J/mm}^2$）和样品 6#（$P = 3.2\text{kW}$，$v = 2.5\text{mm/s}$，$E_\rho = 75.29\text{J/mm}^2$）具有该类型的带核共晶组织。而当激光功率密度降低到小于 2# 样品（$P = 3.2\text{kW}$，$v = 3\text{mm/s}$，$E_\rho = 62.75\text{J/mm}^2$）时，带核共晶组织转变为硼化物内核加共晶片层的典型形态（见图 3.1）。因此粗略估算典型带核共晶组织微观界面结构转变的上临界阈值约为 67J/mm^2。

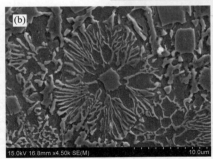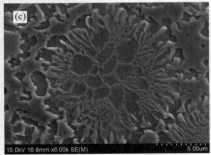

图 3.4　带核共晶组织/γ-Ni 基体微观界面结构形态
（ $P = 3.6\text{kW}$, $v = 3\text{mm/s}$ ）

图 3.5 所示为在激光能量密度较低的工艺条件下，带核共晶组织形成的微观界面形态。内核呈如图 3.5(a) 中所示的四角星形状，外部共晶

组织消失，仅通过少数形核位点与外部的离散析出相相连。当金相观察截面与析出相内核在三维空间中的位向不同时，可分别观察到如图 3.5 (b) 中所示的空心四角星形状内核以及图 3.5(c) 中所示的空心四边形形状。在图 3.3 所示的熔覆工艺参数坐标系中，样品 4#（$P=2.4kW$，$v=3.0mm/s$，$E_\rho=47.06J/mm^2$）、样品 5#（$P=2.0kW$，$v=3.0mm/s$，$E_\rho=39.22J/mm^2$）、样品 8#（$P=3.2kW$，$v=4.0mm/s$，$E_\rho=47.06J/mm^2$）和样品 9#（$P=3.2kW$，$v=5.0mm/s$，$E_\rho=37.64J/mm^2$）具有该类型的析出相。而当激光功率密度增加到大于 7# 样品（$P=3.2kW$，$v=3.5mm/s$，$E_\rho=53.78J/mm^2$）时，带核共晶组织转变为硼化物内核加共晶片层的典型形态（见图 3.1）。因此估算得到带核共晶组织微观界面转变的下临界阈值约为 $50J/mm^2$。

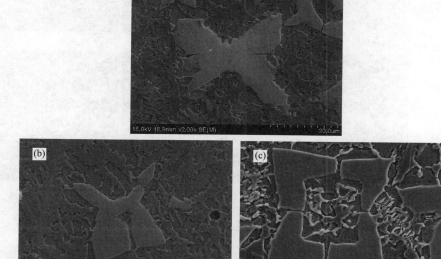

图 3.5　带核共晶组织/γ-Ni 基体微观界面结构形态（$P=3.2kW, v=3mm/s$）

由上述分析可知，当激光能量密度超过上限阈值 $67J/mm^2$ 时，带核共晶组织微观界面由硼化物内核＋片层共晶的典型形态转变为硼化物内核＋镍基树枝晶＋片层共晶。为进一步研究该复杂界面的元素分布情况，分别对具有四角块状内核和圆形内核的带核共晶组织进行 EDS 元素分布扫描。图 3.6 所示为具有四角块状内核的带核共晶组织界面元素分布面扫描结果。在块状内核中，Cr 元素和 W 元素明显富集，而 Ni 和 Fe 元素含量较低。在周围的镍基树枝晶中这 4 种元素分布趋势恰好相反，可观察到 Ni 和 Fe 元素富集区与镍基树枝晶的位置完全重合，而 W 和 Cr 元素的低浓度区也与镍基树枝晶位置重合，这表明该树枝晶区域为固溶了部分 Fe 元素的 γ-Ni 基体相。在最外侧的片层状共晶组织区域，Ni、Fe、Cr 和 W 元素的含量均较为富集，这与物相分析中（Cr，W）$_{23}$C$_6$ 与 γ-Ni 片层交替分布的结果相吻合。

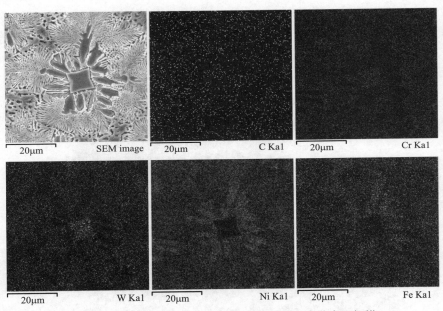

图 3.6　带核共晶组织/γ-Ni 基体微观界面元素分布面扫描
（P = 3.6kW, v = 3mm/s）

　　图 3.7 所示为具有圆形内核的带核共晶组织界面元素分布线扫描结果。在圆形内核部位，Cr 元素和 W 元素出现了高强度峰，而 Ni 元素和 Fe 元素在该区域出现低强度峰，峰宽度与圆形内核直径相同，约为 3.5μm，这表明高功率密度下形成的带核共晶组织其圆形内核与块状内核具有相同的化学成分，都为固溶了 W 元素的（Cr，W）$_5$B$_3$ 相。在内核周围树枝晶区，Ni 和 Fe 元素含量较高，而 W、Cr 元素含量下降，在最外侧的片层共晶区，Cr、W、Ni 和 Fe 4 种元素含量均较高。元素分析表明，在宽束激光制备的 Ni60/WC 熔覆层中，硼化物析出相和碳化物析出相对 Cr 和 W 元素具有强烈的富集作用，二者的分布区域

大致相同。而 Ni 和 Fe 元素为促进 γ-Ni 基体相形成元素，二者的分布趋势相同。

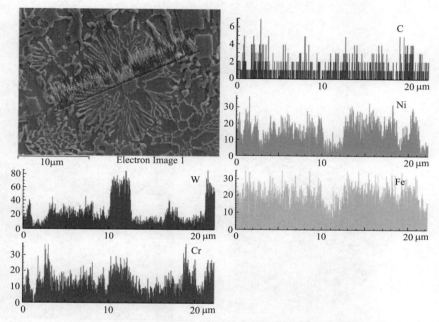

图 3.7 带核共晶组织/γ-Ni 基体微观界面元素分布线扫描
（ $P = 3.6 \mathrm{kW}$, $v = 3 \mathrm{mm/s}$ ）

由上述分析发现，通过调整宽束激光能量密度可以实现对原位强化相微观界面结构的精确控制，生成 3 种不同类型的强化相界面结构，当激光功率密度位于 $50 \sim 67 \mathrm{J/mm^2}$ 区间时，原位强化相通过片层共晶与熔覆层基体结合。激光功率密度高于上限阈值，微观界面转变为镍基树枝晶＋片层共晶结构；激光功率密度低于下限阈值，强化相与基体仅靠简单界面结合，总结见表 3.2。

表 3.2 激光能量密度对带核共晶组织微观界面结构的影响

界面类型	界面结构特征			激光能量密度 η /$(\mathrm{J \cdot mm^{-2}})$
	内核	次外层	外层	
I	圆形、四角形	树枝晶	片层共晶	$\eta > 67$
II	四角星、四边形	片层共晶	—	$67 > \eta > 50$
III	四角星、四边形	—	—	$\eta < 50$

3.1.3 带核共晶组织微观界面演变机理

通过对带核共晶组织微观界面结构的分析可以发现，该结构在三维上是一个具有内核的壳层结构。图 3.8(a) 所示为高功率密度下带核共晶组织的模型。芯部区域为硼化物内核（Cr，W）$_5$B$_3$，外部包绕着的区域为 γ-Ni 树枝晶，再外侧的区域为（Cr，W）$_{23}$C$_6$ 与 γ-Ni(Fe) 的共晶片层，最外层区域为熔覆层镍基体。图 3.8(b) 即为金相观察截面穿过内核部位时，观察到的带核共晶组织结构，包括了内核-γ-Ni 树枝晶-片层共晶 3 层组织。

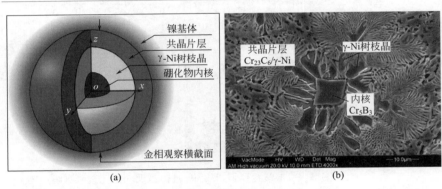

图 3.8　高功率密度下带核共晶组织模型

激光能量密度的调整改变了熔池温度场分布，使高温液相中 Cr、W、B 和 C 等溶质原子产生扩散和偏聚，从而影响了原位生成强化相的形核和生长。菲克扩散第一定律［式(3.2)］指出了溶质原子扩散过程与扩散系数和浓度梯度的关系，阿伦尼乌斯公式［式(3.3)］反映了温度 T 对扩散系数的影响

$$J = -D \frac{\partial c}{\partial x} \tag{3.2}$$

$$D = D_o \exp\left(-\frac{Q}{RT}\right) \tag{3.3}$$

参考菲克扩散第一定律及阿伦尼乌斯公式，有如下方程

$$J = -D_o \exp\left(-\frac{Q}{RT}\right)\frac{\partial c}{\partial x} \tag{3.4}$$

式中，J 表示扩散通量；D 为溶质原子的扩散系数；$\frac{\partial c}{\partial x}$ 为溶质原

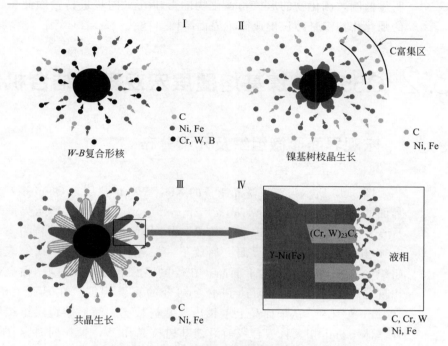

子浓度梯度；Q 为扩散激活能；R 为摩尔气体常数。

提高激光能量密度后，熔池液相温度相应得到提高。参考式（3.3）和式（3.4），T 升高后原子扩散系数增大，在溶质原子初始浓度梯度不变（熔覆层组分一定）的情况下，扩散通量增加，即熔池温度的提高加速了溶质原子的扩散行为。结合元素分布和物相组成的分析，带核共晶组织的微观界面结构演变过程如图3.9所示。

图 3.9 带核共晶组织微观界面结构演变机理

第一阶段为 $(Cr，W)_5B_3$ 相形核、生长阶段。熔覆层中 WC 颗粒在高温液相中溶解后，C 元素由于质量轻、半径小，具有较快的扩散能力，但 W 原子扩散能力较弱，而且由于宽束激光均匀的功率密度，熔池中液相对流和搅拌作用也不明显，使 W 元素富集液相区相对保持完整。在凝固开始阶段，W 元素富集区首先吸收了临近液相中的 Cr 和 B 溶质原子，形成 $(Cr，W)_5B_3$ 相，而后析出相沿着特定的晶向呈优势生长，发育出尖角。

第二阶段为 $(Cr，W)_{23}C_6$ 与 γ-Ni(Fe) 两种物相竞争性生长阶段。硼化物内核生长过程中不断向临近液相中析出 C 原子和 Ni 原子，因此临近液相中富含了 Ni、Fe、C 元素。$Cr_{23}C_6$ 具有复杂面心立方结构，沿着硼化物内核的尖角部位形核生长，而 γ-Ni 沿着硼化物内核的侧面形核。

在高激光能量密度下，γ-Ni 处于优势生长，在硼化物外部形成了一层镍基树枝晶，C 原子被进一步排出到外围液相中，当凝固温度下降到共晶点附近时，$(Cr，W)_{23}C_6/\gamma$-Ni(Fe) 以共晶片层的方式同时析出。在中等激光能量密度下，$Cr_{23}C_6$ 相处于优势生长，但由于此时液相温度下降较快，迅速到达共晶点附近，因此内核周围直接形成了 $(Cr，W)_{23}C_6/\gamma$-Ni(Fe) 共晶片层。在激光能量密度较低的条件下，溶质原子扩散受到明显抑制，硼化物的形核和碳化物的形核几乎同步进行，因此熔覆层中的强化相与镍基体仅形成简单界面结构。

3.2　Q550 钢/镍基熔覆层宏观界面结合机制

3.2.1　宏观界面显微组织及元素分布

（1）界面显微组织

图 3.10 所示为宽束激光制备的 Ni60/WC 熔覆层与 Q550 钢基体宏观界面的显微组织（$P=3.6kW，v=3mm/s$）。图 3.10(a) 所示界面熔合线平直，界面前沿主要以镍基树枝晶、晶间析出相和 WC 颗粒为主。在图 3.10(b) 中可观察到，界面上形成了一层连续的白亮带。研究表明，该组织为 γ-Ni 基体形成的平面晶。在熔覆层的组织分析中，"白亮带"的出现是熔覆层/基体界面达到冶金结合的重要判据。在界面前沿 50～100μm 范围内，从平面晶上生长出镍基树枝晶。而后熔覆层组织转变为镍基体＋析出相。将熔合线前沿镍基树枝晶和 WC 颗粒同时存在的区域定义为结合区。该区域的显微组织决定了熔覆层与 Q550 钢基体结合界面的力学性能。镍基平面晶和树枝晶其物相组成都为 γ-Ni 相，具有较高的韧性，是熔覆层中的黏结相。WC 颗粒及晶间析出相是熔覆层中的强化相，具有高硬度和低韧性。由于二者具有截然不同的材料性质，熔覆层结合区的综合力学性能对二者的相对含量较为敏感，值得重点关注。

宽束激光能量密度对熔覆层底部显微组织具有明显的影响。图 3.11 所示为 6#、2#、3#、4# 和 9# 宽束激光熔覆层横截面显微组织分布，其激光能量密度依次降低。熔覆层中部和顶部主要为原位生成析出相加镍基体，而熔覆层中部和底部组织主要为镍基树枝晶、未熔 WC 颗粒及少数原位析出相，激光能量密度对物相相对含量影响显著。在 6# 和 2# 熔覆层底部，由于激光能量密度较高，WC 基本全部溶解，仅可见少量的椭圆状 WC 颗粒沉积在界面附近，熔覆层界面前沿可观察到一定宽度的镍基树枝晶区。随着激光功率密度降低，3♯、4♯和9♯熔覆层中椭圆状WC颗粒的数量逐渐增加，而界面前沿树枝晶区范围变窄。

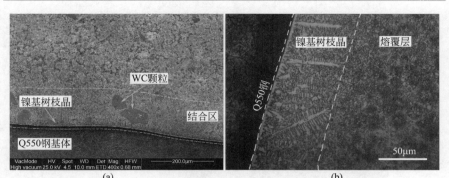

图3.10　宽束激光熔覆层/Q550钢宏观界面显微组织

（P = 3.6kW, v = 3mm/s）

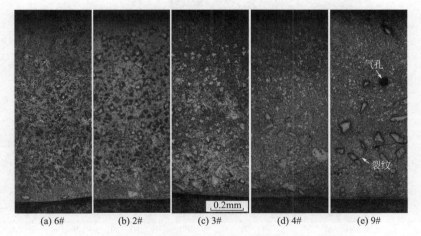

(a) 6#　　(b) 2#　　(c) 3#　　(d) 4#　　(e) 9#

图3.11　激光能量密度对熔覆层横截面显微组织的影响

（2）界面元素分布

沿着垂直于界面熔合线的方向，从母材向熔覆层做EDS线扫描，测试界面元素分布，结果如图3.12所示。参考Ni-Fe二元平衡相图，Fe在Ni中具有较大的固溶度，可形成γ-Ni(Fe)固溶体相。熔覆层中的Fe元素有两种来源，一种是Ni60自熔性合金粉末成分中含有约14％的Fe元素，另一种是在宽束激光熔覆过程中，Q550钢母材少量熔化，将Fe元素过渡到熔池液相中。如图3.12所示，Fe元素在Q550钢中含量最高，在界面处含量迅速下降。在平面晶组织内Fe元素含量处于相对较高水平，随着测试位置深入熔覆层内部，Fe 元素含量总体上呈缓慢下降趋势。在熔覆层底部 Fe 元素含量大部分处于 20%～40%，与原始 Ni60 合金粉末 14% 相比增加显著，这表明该试样（$P=3.2\text{kW}$，$v=2.5\text{mm/s}$）母材熔化较多，提高了熔覆层底部 Fe 元素的含量。Ni 元素的分布趋势与 Fe 元素相反，从界面平面晶部位开始随着 EDS 测试位置向熔覆层内部深入其元素含量不断上升。Cr 和 W 元素的分布趋势大致相同，二者在熔覆层内 EDS 测试区域上存在同步元素富集峰，元素富集区主要是晶间析出相含量较多的位置。

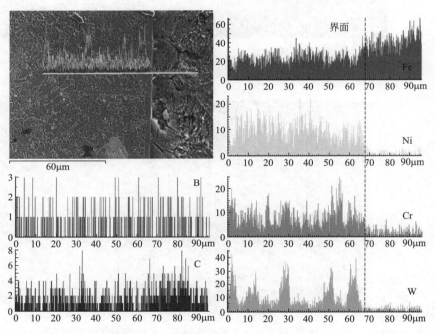

图 3.12　宽束激光熔覆层/Q550 钢宏观界面元素分布（$P=3.2\text{kW}$，$v=2.5\text{mm/s}$）

3.2.2　熔覆层/基体界面结构演变机理

图 3.13 所示为不同激光能量密度下制备的熔覆层界面平面晶及树枝晶形态，熔覆层 1#、2# 和 4# 的激光能量密度分别为 75.29J/mm²、62.75J/mm² 和 47.06J/mm²。在三者界面上均可观察到形成了一层薄薄的平面晶，宽度约为 2μm，但随着激光能量密度的降低，晶间析出相含量迅速增多，在平面晶前沿连续生长的树枝晶含量减少。在 1# 熔覆层

中，平面晶表面连续不断地生长出 γ-Ni 胞状晶，且胞状晶较为粗大，晶粒宽度超过了平面晶厚度。在 2♯ 熔覆层中，平面晶表面连续生长出的胞状晶数量减少，且晶粒宽度也变细。当激光能量密度进一步降低，在 4♯ 熔覆层中平面晶自身厚度变薄，而且表面只生长出偶现的 γ-Ni 胞状晶。

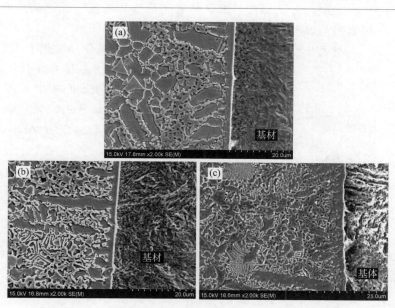

图 3.13　激光能量密度对熔覆层界面平面晶和树枝晶的影响

研究认为在固溶体凝固过程中，固液界面凝固时的组织形态取决于成分过冷区的宽度。在凝固界面上，产生成分过冷的条件为

$$\frac{G}{R} < \frac{mc_0}{D}\left(\frac{1-k_0}{k_0}\right) \tag{3.5}$$

式中，G 代表温度梯度，即液固界面前沿液相中的温度分布；R 代表结晶速度；m 为相图液相线斜率；c_0 为高溶质浓度；D 为液相中溶质的扩散系数；k_0 为溶质在液固两相中的分配系数。G/R 值越小，表示成分过冷度越大。在固液界面上，随着成分过冷度由小变大，组织形态将从平面晶向胞状晶、树枝晶发展。

根据 shengfeng zhou 等研究者的报道，激光熔覆层温度梯度可表示为[1]

$$G = \frac{2\pi K (T-T_0)^2}{\eta P} \tag{3.6}$$

式中，T 为液相温度；T_0 为 Q550 钢母材温度；K 为热导率；P 为激光功率；η 为激光吸收率。

而根据 De Hosson 等学者的研究，熔覆层固液界面上的凝固速度可表示为[2]

$$v_s = v\cos\theta \tag{3.7}$$

式中，v_s 为固液界面某位置上的凝固速度，即结晶速度 R；θ 为凝固方向与熔覆方向夹角；v 为激光熔覆速度。

凝固开始阶段，γ-Ni 相在 Q550 母材半熔化晶粒上发生非均质形核。

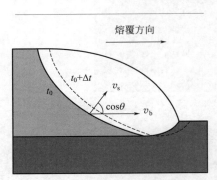

图 3.14　激光熔池内液固界面凝固速度与熔覆速度的关系

此时熔合线上具有非常大的温度梯度 G，而结晶速度 R 由于基本垂直于熔覆方向，参考式（3.5）可知，熔覆层底部的结晶速率 R 很小，因此 G/R 数值较大，不存在成分过冷，初始界面以平面晶方式生长。当平面晶生长到一定阶段后，结晶潜热的释放使固液界面前沿的温度梯度 G 减小，而随着固液界面深入熔覆层，凝固方向与熔覆方向夹角减小，使结晶速度 R 增大（参见图 3.14）。成分过冷开始出现，界面显微组织由平面晶转变为柱状晶或树枝晶[3]。

激光能量密度对熔覆层界面显微组织的影响主要通过以下方式。激光能量密度降低时，Q550 钢母材熔化量减少，从而降低了过渡到熔池底部 Fe 元素的含量。而 Fe 元素是促进 γ-Ni 相形成的元素，其含量的降低抑制了熔覆层界面前沿平面晶和树枝晶的生长。因此通过调整激光功率密度使母材少量熔化，有助于提高结合区平面晶和树枝晶组织的含量，使熔覆层与基体的冶金结合更为紧密。

3.3　Q550 钢/宽束熔覆层宏观界面剪切强度及断裂特征

Q550 钢表面制备的熔覆层在实际服役条件下一般承受磨损和冲击载荷，熔覆层受力状态较为复杂。镍基/陶瓷复合熔覆层具有较高硬度，但韧性储备一般，抵抗压应力能力较强，但受到剪切应力作用时，熔覆层容易产生剥落。因此除了熔覆层本身的使用性能外，熔覆层与基体界面的结合性能也需要重点关注。

受限于激光熔覆层特殊的结构形式，如母材熔化导致的弯曲界面、熔覆层厚度较薄等影响，难以制备标准样品评价其力学性能。一般认为，当熔覆层与基体界面形成连续、致密的平面晶时，即形成较为可靠的冶金结合。但对于熔覆层冶金结合的定量评价，国内外相关的文献报道较少。利用宽束激光制备的熔覆层具有母材稀释率低、熔合线界面平直、熔覆层单道厚度可达 1.5mm 等优点，利于制备剪切试样。因此拟通过剪切试验定量表征熔覆层/基体界面冶金结合强度，研究宽束激光工艺参数对界面结合强度的影响，并对界面断口进行分析，阐述熔覆层受到剪切载荷时裂纹萌生与扩展机制[4]。

3.3.1 宽束熔覆层界面剪切试验

采用 CMT-5150 型电子拉伸试验机和专用夹具进行熔覆层剪切试验。测试样品为表 3.3 中不同熔覆工艺参数下制备的各熔覆层，选择 Q550 钢母材作为对比试样。利用线切割设备在熔覆试样上切取 10mm×5mm×2mm 的剪切试样，熔覆层/基体界面位于 10mm×5mm 平面上部，剪切载荷作用于基体/熔覆层宏观界面上，载荷受力面积约 10mm^2。表 3.3 列出了剪切试样的工艺参数及剪切试验结果。将剪切载荷除以剪切截面积可以得到剪切应力，将剪切变形量除以试样厚度可以得到剪切应变，而试样剪切强度的计算机公式按下式

$$\sigma_c = F_{max}/S \tag{3.8}$$

表 3.3 不同宽束激光工艺参数下熔覆层剪切试验结果

试样编号	激光工艺参数			剪切面积 S /mm^2	最大载荷 F_{max}/N	剪切强度 σ_c /MPa
	P/kW	v/mm·s^{-1}	E_p/J·mm^{-2}			
1#-1	3.6	3	70.59	5.20×1.90	3608.93	383.29±18.02
1#-2				4.38×1.82	3199.11	
2#-1	3.2	3	62.75	4.68×1.98	2616.07	294.82±12.51
2#-2				4.68×2.02	2905.36	
3#-1	2.8	3	54.9	5.02×1.98	2483.04	279.75±29.94
3#-2				4.56×2.02	2852.68	
4#-1	2.4	3	47.06	4.98×1.78	408.04	78.08±32.05
4#-2				4.54×2.00	1000.07	

试样编号	激光工艺参数			剪切面积 S /mm^2	最大载荷 F_{max}/N	剪切强度 σ_c /MPa
	P/kW	v/mm·s^{-1}	E_p/J·mm^{-2}			
5#-1	2	3	39.22	4.52×2.22	579.46	86.63±28.88
5#-2				5.00×2.24	1293.75	
6#-1	3.2	2.5	75.29	4.82×2.20	3002.68	280.04±3.12
6#-2				4.74×2.14	2808.93	
7#-1	3.2	3.5	53.78	4.66×2.10	1395.54	144.79±2.18
7#-2				4.86×2.12	1514.29	
8#-1	3.2	4	47.06	4.62×2.14	2307.14	154.89±78.47
8#-2				4.96×2.00	758.04	
9#-1	3.2	5	37.65	4.72×1.80	896.43	81.86±23.65
9#-2				4.90×1.90	541.96	
0#-1	对照组 Q550 母材			5.2×1.58	3251.79	366.85±28.93
0#-2				6.02×1.76	3580.36	

对照组 Q550 钢的剪切载荷-剪切变形量曲线如图 3.15 所示。在剪切载荷-剪切变形量曲线上，AB 段为弹性变形阶段，BC 段为塑性变形阶段，CD 段为缩颈阶段。剪切开始时夹具装配存在间隙，OA 段夹具位移但剪切载荷基本不变，而后在 AB 段剪切载荷与剪切变形量同步增加，二者关系符合胡克定律，OA 为弹性变形阶段。当超过 B 点后，曲线斜率下降，此时剪切变形量增加而剪切载荷增加逐渐变慢，进入塑性变形阶段。到达 C 点后，剪切载荷达到最大值 F_{max}。在 CD 段剪切变形量继续增加而剪切载荷不断减小，直到 D 点试样发生断裂。由剪切载荷-剪切变形量曲线分析可知，Q550 钢的剪切断裂行为属于典型的塑性断裂，存在明显的塑性变形区和缩颈现象。以最大剪切载荷 F_{max} 计算得到 Q550 钢的剪切强度为（366.85±28.93)MPa。

试验组 1#～5# 宽束激光熔覆层的剪切载荷-剪切变形量曲线如图 3.16 所示。1#～5# 熔覆层宽束激光功率由 3.6kW 依次减小到 2.0kW，梯度为 0.4kW。在 1# 熔覆层剪切载荷-剪切变形量曲线上，可观察到大部分区域属于弹性变形阶段，曲线斜率较大，曲线末端出现斜率稍有下降，表明试样出现了少量的塑性变形。最大剪切载荷达到 3608.9N，甚至超过了 Q550 母材。2# 和 3# 熔覆层具有相似的剪切载荷-剪切变形曲线，在整个剪切过程中基本只出现弹性变形阶段，剪切载荷达到峰值后，试样突然断裂。由最大剪切载荷计算的 2# 和

3♯熔覆层剪切强度分别为（294.82±12.51）MPa 和（279.75±29.94）MPa。4♯和5♯熔覆层较为薄弱，承受的峰值剪切载荷在500N左右，且剪切载荷-剪切变形曲线不规律，试样同样在剪切载荷达到峰值后突然断裂。

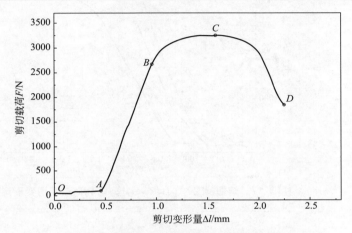

图 3.15　Q550 钢的剪切载荷-剪切变形量曲线

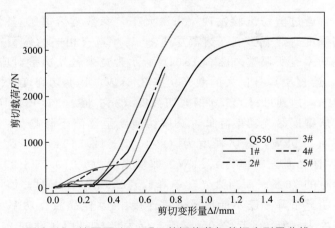

图 3.16　熔覆层 1# ~ 5# 剪切载荷与剪切变形量曲线

试验组 2♯、6♯～9♯宽束激光熔覆层的剪切载荷-剪切变形量曲线如图 3.17 所示。6♯～9♯熔覆层宽束激光扫描速度由 2.5mm/s 依次增大到 5.0mm/s。不考虑夹具装配间隙对剪切载荷-剪切变形量曲线的影响，6♯～9♯熔覆层其剪切载荷-剪切变形量曲线具有相似的规律，即在整个剪切变形过程中试样大部分时间处于弹性变形阶段，到达峰值剪切载荷后，试样突然断裂，基本不发生塑性变形，具有脆性材料的断裂特征。

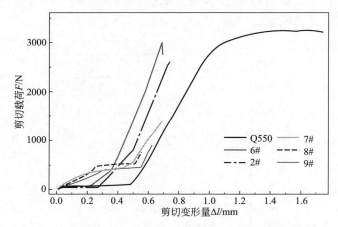

图 3.17　熔覆层 2# 、6# ~ 9# 剪切载荷与剪切变形量曲线

3.3.2　宽束激光工艺参数对熔覆层剪切强度的影响

通过剪切试验发现宽束激光工艺参数对熔覆层/基体宏观界面的剪切强度有显著影响。熔覆层 1♯~5♯ 具有相同的熔覆速度，而宽束激光功率有所调整。图 3.18(a) 所示为宽束激光功率对剪切强度的影响。1♯熔覆层具有最大的激光功率 3.6kW，其剪切强度（383.29±18.02）MPa，达到母材 Q550 钢剪切强度（366.85±28.93）MPa 的 105%。随着熔覆层激光功率降低，其剪切强度呈逐渐下降趋势。2♯样品激光功率为 3.2kW，剪切强度为（294.82±12.51）MPa，达到母材的 80%。3♯样品激光功率为 2.8kW，剪切强度为（279.75±29.94）MPa，达到母材的 76%。而当激光功率降低到 2.8kW 以下时，熔覆层界面剪切强度明显下降，已不能形成可靠连接。4♯样品激光功率为 2.4kW，剪切强度为（78.08±32.05）MPa，仅为母材剪切强度的 21%。5♯样品激光功率为 2.0kW，剪切强度为（86.63±28.88）MPa，仅为母材剪切强度的 24%。

图 3.18(b) 所示为激光扫描速度对熔覆层/基体界面剪切强度的影响。6♯熔覆层具有最低的激光扫描速度 2.5mm/s，其剪切强度为（280.04±3.12）MPa，达到母材 Q550 钢剪切强度（366.85±28.93）MPa 的 76%。随着宽束激光扫描速度的提高，熔覆层剪切强度呈下降趋势。

激光扫描速度为 3.0mm/s 时，2♯熔覆层剪切强度仍处于较高水平。激光扫描速度提高到 3.5mm/s 和 4.0mm/s 时，熔覆层剪切强度下降到 150MPa 左右，出现明显下降。当激光扫描速度进一步提高到 5.0mm/s 时，9♯熔覆层剪切强度仅为（81.86±23.65）MPa，熔覆层已无法形成可靠连接。

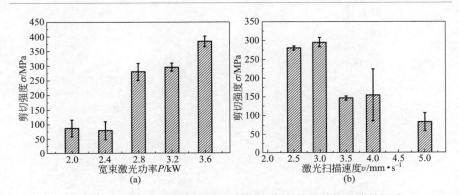

图 3.18 激光功率和扫描速度对熔覆层/基体界面剪切强度的影响

由以上分析可知，宽束激光功率和激光扫描速度对熔覆层剪切强度具有相似的影响，当减小激光功率或增大激光扫描速度时，熔覆层剪切强度都呈现明显降低趋势。结合 3.1.1 节中的讨论，利用激光能量密度这一指标可以综合激光功率和扫描速度两个方面的因素。提高激光功率或者降低激光扫描速度，其直接影响都是增大了激光能量密度，因此利用激光能量密度这一指标衡量宽束激光工艺参数对熔覆层剪切强度的影响更具有代表性[5]。图 3.19 所示为宽束激光能量密度对熔覆层基体界面剪切强度的影响。随着激光能量密度的增加，熔覆层剪切强度也呈逐渐升高的趋势，符合一次函数特征

$$\sigma_c = kE_\rho + b \tag{3.9}$$

式中，σ_c 为拟合的抗拉强度；E_ρ 为激光能量密度，定义见式(3.1)；k 为相关性系数，拟合值为 7.53；b 为常系数，拟合值为 -210.38。

图 3.19 中直线为拟合线，与散点图分布趋势吻合度较高。该拟合方程可以作为经验公式应用于宽束激光熔覆工艺参数的优化。从激光能量密度与熔覆层剪切强度的拟合线中可以判断，当宽束激光能量密度达到 55J/mm² 以上时，熔覆层剪切强度可以达到 200MPa 以上，可以认为形成了比较可靠的界面结合。

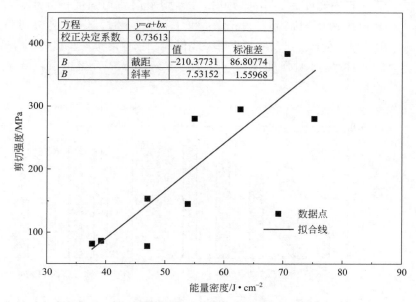

图 3.19　激光能量密度对熔覆层/基体界面剪切强度的影响

3.3.3　宽束熔覆层剪切断口形貌及断裂机制

从剪切应力-应变曲线分析得出 Q550 钢剪切断裂属于韧性断裂，而宽束激光熔覆层的剪切断裂属于脆性断裂。为进一步对熔覆层/基体界面的断裂机制进行分析，利用扫描电镜观察剪切试样的断口形貌。图 3.20 为对照组 Q550 钢的剪切断口形貌。

在图 3.20(a) 中的 Q550 宏观断口上可观察到，断口表面分为两个区别明显的区域，上部为剪切唇，下部为纤维区。剪切唇区的形成是由于剪切刃口在 Q550 钢上表面发生滑动，在图 3.20(c) 的放大图中可看到该区域出现了较多了犁沟，方向与剪切变形方向平行，Q550 钢表面出现垂直于划痕的横向裂纹。图 3.20(d) 为纤维区形貌，该区域占据 Q550 钢断口大部分面积，该区域主要为丰富的韧窝组织，在图 3.20(e) 的放大图中可观察到韧窝组织呈抛物线状，在剪切应力的作用方向上存在一定拉伸变形。

1♯～5♯熔覆层具有相同的熔覆速度，宽束激光功率从 3.6kW 依次降低到 2.0kW，其剪切断口宏观形貌如图 3.21 所示。Ni60/WC 宽束激光熔覆层的宏观剪切断口可分为两部分，上部为纤维区，表面较为平整；下部为放射区，表面较为粗糙且有金属光泽。1♯样品断口表面基本为平整的纤维区，从2♯熔覆层到5♯熔覆层，随着激光功率的下降，宏观剪切断口上的粗糙放射区面积不断增大。参考3.3.2节中所述激光功率与熔覆层剪切强度关系，可以发现以下的规律：提高激光功率，熔覆层剪切强度提高，断口表面纤维区占比增大。这表明纤维区为高韧性区，裂纹的萌生和扩展较慢，而放射区为低韧性区，裂纹扩展速度较快。

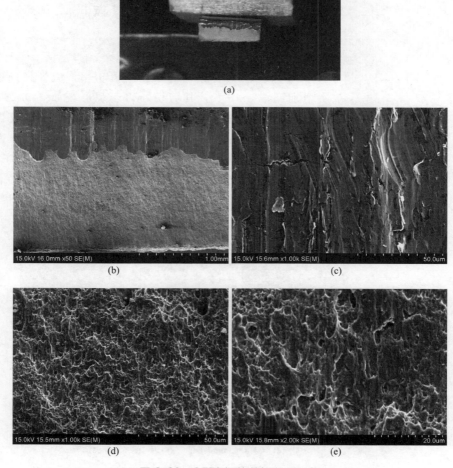

图3.20 Q550钢的剪切断口形貌

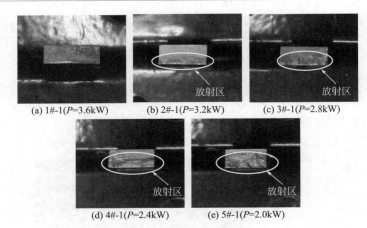

(a) 1#-1(P=3.6kW)   (b) 2#-1(P=3.2kW)   (c) 3#-1(P=2.8kW)

(d) 4#-1(P=2.4kW)   (e) 5#-1(P=2.0kW)

图 3.21   1# ~ 5# 熔覆层剪切断口宏观形貌

2♯及 6♯～9♯熔覆层具有相同的激光熔覆功率，激光扫描速度从 2.5mm/s 依次增加到 5.0mm/s，其剪切断口宏观形貌如图 3.22 所示。试样宏观剪切断口同样存在纤维区和放射区两部分。6♯试样剪切断口上放射区的比例最小，随着激光扫描速度增加，剪切断口上纤维区面积比例逐渐减小，而放射区的比例增大。熔覆层 9♯的剪切断口上基本全部为放射区，且中部有一条裂纹贯穿剪切面。参考 3.3.2 节中所述激光扫描速度与熔覆层剪切强度关系，可以发现如下规律：提高激光扫描速度，熔覆层剪切强度下降，断口表面放射区占比增大。

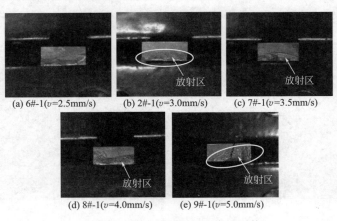

(a) 6#-1(v=2.5mm/s)   (b) 2#-1(v=3.0mm/s)   (c) 7#-1(v=3.5mm/s)

(d) 8#-1(v=4.0mm/s)   (e) 9#-1(v=5.0mm/s)

图 3.22   熔覆层剪切断口宏观形貌

1#熔覆层（$P=3.6\mathrm{kW},v=3\mathrm{mm/s}$）剪切断口形貌见图 3.23。宏观剪切面上部较为粗糙的区域为放射区，该区域放大后可观察到"菊花状"河流花样、扇形河流花样和不规则解离面。裂纹在放射区扩展速度较快，部分裂纹扩展为二次裂纹，在裂纹中间存在撕裂的熔覆层组织，如图 3.23(b) 所示。在粗糙区这种断口形貌表明该部位趋向于解理断裂。宏观剪切面下部较为平坦的区域为纤维区，该区域是初始裂纹萌发区域。可观察到断面上分布有非常均匀、规则的解离小平面。大量短小而密集的撕裂棱线条聚集在解离小平面之间，在图 3.23(d) 的放大图中可观察到，短小的撕裂棱线条交汇于一点，该点即为点状裂纹源，周围分布有多个不同角度的解离小平面。1#熔覆层纤维区这种断口形貌特征表明该部位趋向于准解离断裂。

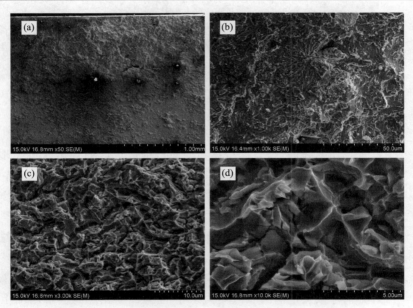

图 3.23　1# 熔覆层剪切断口形貌（$P=3.6\mathrm{kW},v=3\mathrm{mm/s}$）

2#熔覆层（$P=3.2\mathrm{kW}$，$v=3\mathrm{mm/s}$）见图 3.24，3#熔覆层（$P=2.8\mathrm{kW}$，$v=3\mathrm{mm/s}$）剪切断口形貌见图 3.25。二者具有类似的解离面，在 2#样品剪切断口放射区，可观察到扇形解离面和解离台阶。2#样品纤维区为取向不规则的解离小平面和高密度分布的短小撕裂棱。3#样品剪切断口上放射区的范围增大，放射区断口形貌以扇形解离面和平滑解离面为主，在图 3.24(c) 中还可观察到较多的二次裂纹以及撕裂的熔覆层组织。3#样品纤维区断口形貌也是以解离小平面为主，但断口表面不平整，解离小平面汇聚成的断裂面出现了高度的起伏。

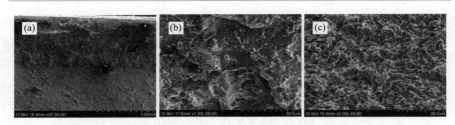

图 3.24　2# 熔覆层剪切断口形貌（$P = 3.2kW$, $v = 3mm/s$）

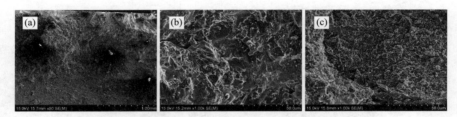

图 3.25　3# 熔覆层剪切断口形貌（$P = 2.8kW$, $v = 3mm/s$）

4#熔覆层（$P = 2.4kW$, $v = 3mm/s$）剪切断口形貌见图 3.26。随着激光功率降低，4#熔覆层剪切断口中放射区面积占比进一步增大，在图 3.26(a) 中还可观察到剪切断口界面上出现了大量的灰色椭圆状颗粒。如图 3.26(d) 所示，灰色颗粒断口表面为扇形花样和光滑解离面，颗粒内部出现了较多互相交错的二次裂纹，表明该区域是脆性断裂，具有极低的韧性。为确定灰色颗粒物相，利用 EDS 能谱测定灰色颗粒内部及周边熔覆层组织的元素成分，结果如图 3.27 所示。按原子百分比，灰色颗粒含有 C 元素 47.13%，含有 W 元素 52.47%。二者原子比接近 1∶1，因此判定该灰色椭圆状区域为未熔的 WC 颗粒。周边解离面上镍基熔覆层 EDS 元素分析表明，含有 C 元素约 20%，表明解离面的裂纹扩展沿着共晶碳化物进行。

4#熔覆层剪切强度仅为（78.08±32.05）MPa，与 1#～3#熔覆层相比剪切强度大幅下降，根据剪切断口形貌分析（图 3.27），大量残余 WC 颗粒在界面处沉积是引起剪切强度下降的主要原因。WC 颗粒具有高硬度和耐磨性，但是韧性极低。随着激光能量密度的下降，熔覆层中未熔 WC 颗粒含量增加，且由于 WC 颗粒密度较大，容易在界面上聚集。在界面收到剪切载荷作用时，低韧性的 WC 颗粒首先破碎，成为裂纹源。

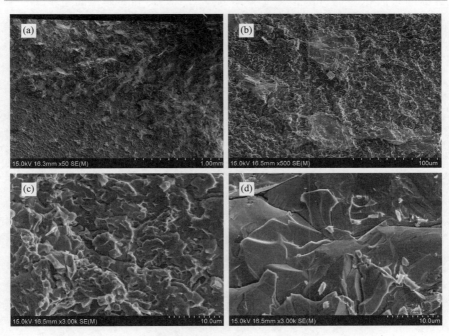

图 3.26 4# 熔覆层剪切断口形貌（ *P* = 2.4kW， v= 3mm/s ）

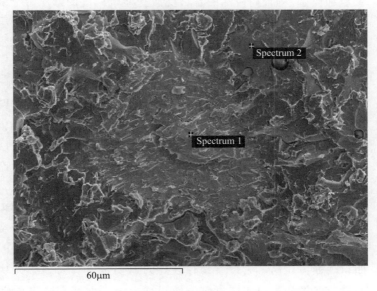

图 3.27

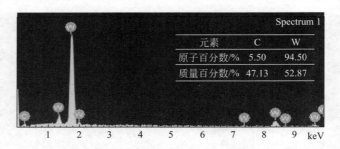

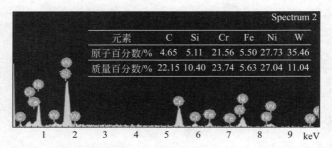

图 3.27　4# 熔覆层剪切断口 EDS 分析

在 3.2.1 节熔覆层/基体界面显微组织分析中，我们发现界面处 WC 颗粒和镍基平面/树枝晶的含量受激光能量密度的影响显著。当激光功率密度降低时，WC 颗粒在界面上含量提高，从而导致熔覆层剪切强度明显下降。图 3.28 和图 3.29 所示分别为 8# 和 9# 熔覆层剪切断口形貌，在两组熔覆层剪切断口表面的放射区可观察到大量的灰色 WC 颗粒。9# 熔覆层中还可观察到一条裂纹贯穿断口表面，这也是导致 9# 熔覆层剪切强度仅达（81.86±23.65）MPa 的原因。剪切断口上 WC 颗粒与周边熔覆层组织的解离面形貌见图 3.28 和图 3.29。WC 颗粒解离面光滑，裂纹从 WC 颗粒边界或内部扩展到周边的熔覆层组织中。熔覆层中二次裂纹的互相扩展，导致组织撕裂形成放射区，裂纹快速扩展后熔覆层整体断裂[6]。

通过剪切断口形貌分析发现，宽束激光熔覆层/基体界面在剪切应力作用下发生脆性断裂。但剪切断口却可以分为具有解理断裂特征的放射区和具有准解离断裂特征的纤维区。当激光功率密度较大时，纤维区在断口表面占比高，熔覆层具有较高的剪切强度。而当激光功率密度降低时，放射区在断口表面占比提高，特别是当低功率密度下熔覆层界面上出现较多未熔 WC 颗粒沉积时，熔覆层剪切强度迅速下降。

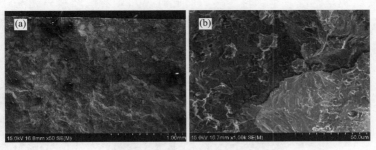

图 3.28　8# 熔覆层剪切断口形貌

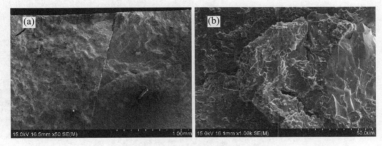

图 3.29　9# 熔覆层剪切断口形貌

在熔覆层剪切断口上，纤维区和放射区具有不同的断裂机制。当激光能量密度较高时，熔覆层剪切断口以纤维区为主，属于准解理断裂。其断裂机制见图 3.30。受到剪切应力作用，熔覆层首先发生弹性变形，此阶段剪切应力与应变成线性关系同步增加。当变形量达到一定程度后，熔覆层内部萌生出解离微裂纹，随着剪切应力进一步增加，微裂纹不断增加、扩展。第三阶段互相扩展的裂纹连接到一起，熔覆层在剪切应力作用下整体撕裂。最初萌生的微裂纹在断面上发展为解离小平面，而微裂纹扩展相互连接后形成了密集的短小撕裂棱[7]。

当激光能量密度较低时，熔覆层剪切断口以放射区为主，属于解理断裂。其断裂机制见图 3.31。在剪切应力作用下，熔覆层发生弹性变形，但界面上沉积的 WC 颗粒具有极低的塑性，基本不能发生弹性变形，因此在 WC 颗粒/熔覆层基体微观界面上，由于位错塞积导致该部位首先萌生裂纹。在剪切应力继续作用下，裂纹首先向 WC 颗粒内部扩展，因为 WC 颗粒韧性较低，裂纹迅速贯穿整个颗粒，导致 WC 颗粒破碎，形成较大的光滑解离面，在 WC 颗粒断口表面可观察到明显扇形花样和解离台阶。第二阶段为 WC 颗粒裂纹向熔覆层中扩展，在剪切应力作用下，熔覆层继续发生弹性变形，而此时 WC 颗粒已经破碎无法释放剪切应力，所以裂纹向熔覆层组织内扩展，以平衡剪切应力。第三阶段熔覆层内部裂纹迅速扩展，二次裂纹相互连接导致熔覆层整体断裂。

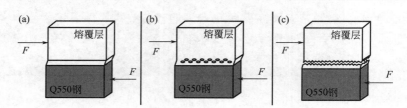

图 3.30　高激光能量密度下熔覆层准解理断裂机制

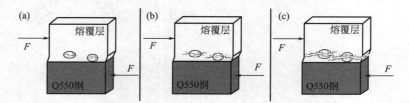

图 3.31　低激光能量密度下熔覆层解理断裂机制

通过熔覆层界面断裂机制分析可以发现，在激光能量密度较低的工艺条件下，WC 颗粒在界面上沉积对熔覆层界面结合强度存在明显的削弱，熔覆层在受到剪切载荷时，WC 颗粒首先破碎形成裂纹源，而后裂纹迅速向基体内扩展，导致熔覆层整体开裂，界面断裂机制为解理断裂。在激光能量密度较高时，熔覆层界面组织以镍基平面晶和树枝晶、晶间析出相为主，在受到剪切载荷作用时，解理微裂纹萌生位点分布均匀，且密度较大，在起裂阶段可以吸收较多的剪切内应力，使熔覆层/基体界面的结合能力显著提高，而界面断裂机制也转变为准解理断裂。

参考文献

[1]　Zhou S, Xiong Z, Dai X, et al. Micro-structure and oxidation resistance of cryomilled NiCrAlY coating by laser in-duction hybrid rapid cladding[J]. Surface

and Coatings Technology, 2014, 258: 943-949.

[2] Hemmati I, Ocelík V, Csach K, et al. Microstructure and phase formation in a rapidly solidified laser-deposited Ni-Cr-B-Si-C hardfacing alloy[J]. Metallurgical and Materials Transactions A, 2014, 45（2）: 878-892.

[3] Li J N, Wang X L, Qi W J, et al. Laser nanocomposites-reinforcing/manufacturing of SLM 18Ni 300 alloy under aging treatment［J］. Materials Characterization, 2019, 153: 69-78.

[4] Ivanov D, Travyanov A, Petrovskiy P, et al. Evolution of structure and properties of the nickel-based alloy EP718 after the SLM growth and after different types of heat and mechanical treatment

[J]. Additive Manufacturing, 2017, 18: 269-275.

[5] Thijs T, Kempen K, Kruth J P, et al. Fine-structured aluminium products with controllable texture by selective laser melting of pre-alloyed AlSi10Mg powder[J]. Acta Materialia, 2013, 61: 1809-1819.

[6] Ortiz A, Garcia A, Cadenas M, et al. WC particles distribution model in the cross-section of laser cladded NiCrBSi + WC coatings, for different wt% WC. Surface and Coatings Technology, 2017, 324: 298-306.

[7] Lin X, Cao Y Q, Wang Z T, et al. Regular eutectic and anomalous eutectic growth behavior in laser remelting of Ni-30wt% Sn alloys [J]. Acta Materialia, 2017, 126: 210-220.

第4章

激光熔覆金属
基/陶瓷复合
材料

4.1　激光熔覆材料

影响激光增材制造复合材料成形质量和性能的因素复杂，其中激光熔覆材料是一个主要因素。激光熔覆作为激光增材制造技术的基础和重要分支，相关研究对于提升激光增材复合材料的质量具有举足轻重的作用。熔覆材料直接决定熔覆层的服役性能，因此自激光熔覆技术诞生以来，激光熔覆材料一直受到研发人员和工程应用人员的重视。激光增材再制造是以激光熔覆技术为基础，对服役失效零件及误加工零件进行几何形状及力学性能恢复的技术。利用激光熔覆层可以满足材料对耐磨性、耐蚀性、隔热性和耐高温性能等的要求。根据其服役条件需求，灵活选择和设计激光熔覆材料是一个重要的问题。

4.1.1　激光熔覆材料的分类

按熔覆材料的初始供应状态，熔覆材料可分为粉末状、丝状、棒状和薄板状，其中应用最广泛的是粉末状材料。按照材料成分，激光熔覆粉末材料主要分为金属粉末、陶瓷粉末和复合粉末等。现在激光熔覆用的材料基本上是沿用热喷涂用的自熔合金粉末，或在自熔合金粉末中加入一定量 WC 和 TiC 等陶瓷颗粒增强相，获得不同功能的激光熔覆层[1]。热喷涂与激光熔覆技术具备许多相似的物理和化学特性，它们对所用合金粉末的性能要求也有很多相似之处。例如，合金粉末具有脱氧、还原、造渣、除气、湿润金属表面、良好的固态流动性、适中的粒度、含氧量要低等性能。然而激光熔覆与热喷涂对所用合金粉末的性能要求也有一些不同之处，列举如下。

① 热喷涂时为了便于用氧乙炔焰熔化，也为了喷熔时基材表面无熔化变形，合金粉末应具有熔点较低的特性。然而根据金属材料的物理性能，绝大多数熔点较低的合金具有较高的热胀系数，根据熔覆层裂纹形成机理，这些合金也具有较大的开裂倾向。

② 热喷涂时为了保证合金在熔融时有适度的流动性，使熔化的合金能在基材表面均匀摊开形成光滑表面，合金从熔化开始到熔化终了应有较大的温度范围，但在激光熔覆时，由于冷却速度快，枝晶偏析是不可避免的，熔覆合金熔化温度区间越大，熔覆层内枝晶偏析越严重，脆性温度区间也越宽，熔覆层的开裂敏感性也越大。

③ 与热喷涂相比，激光熔池存在时间较短，一些低熔点化合物如硼硅酸盐往往来不及浮到熔池表面而残留在涂层内，在冷却过程中形成液态薄膜，加剧涂层开裂，或者造成夹渣等熔覆层缺陷。

正由于激光熔覆与热喷涂对所用合金粉末性能要求存在较大差距，导致采用现有热喷涂用自熔合金粉末进行激光熔覆加工处理时所制备的熔覆层容易产生裂纹、气孔等缺陷。可见从改进热喷涂用自熔合金粉末成分方面入手，提升激光熔覆专用材料质量是急需解决的关键问题。

随着激光熔覆技术不断发展，熔覆材料也得到快速发展，原则上可应用于热喷涂的材料均可作为激光熔覆专用材料。激光熔覆材料可以从材料形状、成分和使用性能等不同角度进行分类。

（1）按材料形状分类

激光熔覆材料根据形状的不同，可分为丝材、棒材和粉末3种，其中粉末材料的研究和应用较为广泛。不同形状的激光熔覆材料分类见表4.1。

表 4.1　不同形状的激光熔覆材料分类

类别		熔覆材料
粉末	纯金属粉	Fe、Ni、Cr、Co、Ti、Al、W、Cu、Zn、Mo、Pb、Sn 等
	合金粉	低碳钢、高碳钢、不锈钢、镍基合金、钴基合金、钛合金、铜基合金、铝合金、巴氏合金
	自熔性合金粉	铁基（FeNiCrBSi）、镍基（NiCrBSi）、钴基（CoCrWB、CoCrWBNi）、铜基及其他有色金属系
	陶瓷、金属陶瓷粉	金属氧化物（Al 系、Cr 系和 Ti 系）、金属碳化物及硼氮、硅化物等
	包覆粉	镍包铝、铝包镍、镍包氧化铝、镍包 WC、钴包 WC 等
	复合粉	金属＋合金、金属＋自熔性合金、WC 或 WC-Co＋金属及合金、WC-Co＋自熔性合金、氧化物＋金属及合金、氧化物＋包覆粉、氧化物＋氧化物、碳化物＋自熔性合金、WC＋Co 等
丝材	纯金属丝材	Al、Cu、Ni、Mo、Zn 等
	合金丝材	Zn-Al-Pb-Sn、Cu 合金、巴氏合金、Ni 合金、碳钢、合金钢、不锈钢、耐热钢
	复合丝材	金属包金属（铝包镍、镍包合金）、金属包陶瓷（金属包碳化物、氧化物等）
	粉芯丝材	7Cr13、低碳马氏体等
棒材	纯金属棒材	Fe、Al、Cu、Ni 等
	陶瓷棒材	Al_2O_3、TiO_2、Cr_2O_3、Al_2O_3-MgO、Al_2O_3-SiO_2

（2）按材料成分分类

激光熔覆材料根据成分可分为金属、合金和陶瓷三大类，见表4.2。

表 4.2 激光熔覆材料按其成分分类

类 别		熔覆材料
金属与合金	铁基合金	低碳钢、高碳钢、不锈钢、高碳钼复合粉等
	镍基合金	纯 Ni、镍包铝、铝包镍、NiCr/Al 复合粉、NiAlMoFe、NiCrAlY、NiCoCrAlY 等
	钴基合金	纯 Co、CoCrFe、CoCrNiW 等
	有色金属	Cu、铝青铜、黄铜、Cu-Ni 合金、Cu-Ni-In 合金、巴氏合金、Al、Mg、Ti 等
	难熔金属及合金	Mo、W、Ta 等
	自熔性合金[①]	Fe-Cr-B-Si、Ni-Cr-B-Si、Ni-Cr-Fe-B-Si、Co-Cr-Ni-B-Si-W 等
陶瓷	氧化物陶瓷	Al_2O_3、$Al_2O_3-TiO_2$、Cr_2O_3、TiO_2-CrO_3、$SiO_2-Cr_2O_3-ZrO_2$ (CaO、Y_2O_3、MgO)、$TiO_2-Al_2O_3-SiO_2$ 等
	碳化物	WC、WC-Ni、WC-Co、TiC、VC、Cr_3C_2 等
	氮化物	TiN、BN、ZrN、Si_3N_4 等
	硅化物	$MoSi_2$、$TaSi_2$、$Cr_3Si-TiSi_2$、WSi_2 等
	硼化物	CrB_2、TiB_2、ZrB_2、WB 等

① 在合金中加入了硼、硅等元素，因自身具有熔剂的作用，故称自熔性合金。

（3）按材料功能分类

根据材料的性质以及获得的涂层性能，可以分为耐磨材料、耐蚀材料、隔热材料、抗高温氧化材料、自润滑减摩材料、导电材料、绝缘材料、打底层材料和功能材料等。

① 耐磨材料 耐磨材料主要用于具有相对运动且表面容易出现磨损的零部件，如轴颈、导轨、阀门、柱塞等。激光熔覆耐磨材料是非常重要的一类应用。利用激光熔覆在高磨损条件下服役的工件表面制备耐磨涂层可以显著提高设备的使用寿命。耐磨材料的类型及特性见表4.3。

表 4.3 耐磨材料的类型及特性

材料类型	特 性
碳化铬	耐磨、熔点1800℃
自熔性合金、Fe-Cr-B-Si、Ni-Cr-B-Si	耐磨、硬度 30～55HRC
WC-Co(12%～20%)	硬度>60HRC，红硬性好，使用温度低于600℃
镍铝、镍铬、镍及钴包 WC	硬度高，耐磨性好，可用于 500～850℃下的磨粒磨损

续表

材料类型	特 性
Al_2O_3、TiO_2	抗磨粒磨损,耐纤维和丝线磨损
高碳钢(7Cr13)、马氏体不锈钢、钼合金	抗滑动磨损

② 耐蚀材料　激光熔覆耐蚀材料常用于船舶、沿海钢结构、石油化工机械、铁路车辆等行业。利用耐蚀材料在工件或者设备表面制备耐蚀层可以提高设备的使用寿命,降低维护成本,且克服了传统电镀、化学镀工艺对环境污染大、涂层结合性能差、厚度薄等缺点。耐蚀材料的类型及特性见表 4.4。

表 4.4　耐蚀材料的类型及特性

材料	熔点/℃	特性
Zn	419	暗白色,涂层厚度 0.05～0.5mm,黏结性好,常温下耐淡水腐蚀性好,广泛应用于防大气腐蚀,碱性介质耐蚀性优于 Al
Al	660	黏结性好,银白色,广泛用于大气腐蚀,在酸性介质时耐蚀性优于 Zn,使用温度超过 65℃亦可用
富锌的铝合金	<660	综合 Al 及 Zn 的特性,形成一种高效耐蚀层
Ni	1066	密封后可作耐腐蚀层
Sn	230	与铝粉混合,形成铝化物,可用于耐腐蚀保护

③ 隔热材料　主要指氧化物陶瓷、碳化物以及难熔金属等。激光熔覆隔热材料可以根据工件的工作条件,制备单层或多层熔覆层;双层一般是底层为金属,表面层为陶瓷;喷涂三层时,底层为金属,中间为金属-陶瓷过渡层,表面层为陶瓷。零件表面有隔热材料的防护,工作温度可降低 10～65℃。隔热材料常用于发动机燃烧室、火箭喷口、核装置的隔热屏等高温工作部位。

④ 抗高温氧化材料　抗高温氧化材料可以在氧化介质温度 120～870℃下对零件表面进行防护。有些材料不仅可以抗高温氧化,还具有耐蚀等其他多种特性。表 4.5 列出了部分抗高温氧化材料的类型及特性。

表 4.5　抗高温氧化材料的类型及特性

材料	熔点/℃	特性
自熔性镍铬硼合金	1010～1070	耐蚀性好,亦耐磨
高铬不锈钢	1480～1530	封孔后耐蚀
Al_2O_3	2040	封孔后耐高温氧化腐蚀等

续表

材料	熔点/℃	特性
TiO₂	1920	层孔隙少,结合好,耐蚀
Cr	1890	封孔后耐蚀
Ni-Cr(20%～80%)	1038	抗氧化,耐热腐蚀
特种 Ni-Cr 合金	1038	抗高温氧化及耐蚀
Ni-Cr-Al＋Y₂O₃	—	高温抗氧化
镍包铝	1510	自黏结,抗氧化
镍包氧化铝、镍包碳化铬	—	工作温度 800～900℃,抗热冲击

⑤ 自润滑减摩材料　自润滑减摩材料的类型及特性见表 4.6。自润滑减摩材料常用于具有低摩擦因数的可动密封零部件。涂层的自润滑性好,并具有较好的结合性和间隙控制能力。

表 4.6　自润滑减摩材料的类型及特性

材料	特性
镍包石墨	用于 550℃,飞机发动机可动密封部件、耐磨密封圈及低于 550℃ 时的端面密封。润滑性好、结合力较高
铜包石墨	润滑性好,力学性能及焊接性能好,导电性较高,可作电触头材料及低摩擦因数材料
镍包二硫化钼	润滑性良好,用于 550℃ 以上可动密封处
镍包硅藻土	作为 550℃ 以上高温减摩材料,耐磨,封严,可动密封
自润滑自黏结镍基合金	属减摩材料,润滑性好

⑥ 导电、绝缘熔覆材料　熔覆材料中常用的导电材料是 Al、Cu 和 Ag。Al 涂层制备在陶瓷或玻璃上可作电介电容;Cu 导电性较好,在陶瓷或碳质表面作电阻器及电刷;Ag 导电性好,可作电器触点或印刷电路;绝缘层材料常采用 Al₂O₃。

⑦ 黏结底层材料　黏结底层材料能与光滑的或经过粗化处理的零件基材表面形成良好的结合。常用于底层以增加表面的黏结力,尤其是表面层为陶瓷脆性材料,基材为金属材料时,黏结底层材料的效果更明显。常用的黏结底层材料有 Mo、镍铬复合材料及镍铝复合材料等,其中最常用的镍包铝(或铝包镍),它不仅能增加面层的结合,同时还能在喷涂时产生化学反应,生成金属间化合物(Ni₃Al 等)的自黏结成分,形成的底层无孔隙,属于冶金结合,可以保护金属基材,防止气体渗透进行侵蚀。

⑧ 功能性材料　功能性材料是指具有特殊功能的材料，如 FeCrAl、FeCrNiAl 等。含某些稀土元素和铅的功能性材料，具有较好的防 X 射线辐射的能力。含 BN、B_6Si 的复合粉末可涂于中子吸收装置上。

4.1.2　激光熔覆用粉末

（1）自熔性合金粉末

在金属粉末中，自熔性合金粉末的研究与应用最多。自熔性合金粉末是指加入具有强烈脱氧和自熔作用的 Si、B 等元素的合金粉末。在激光熔覆过程中，Si 和 B 等元素具有造渣功能，它们优先与合金粉末中的氧和工件表面氧化物一起熔融生成低熔点的硼硅酸盐等覆盖在熔池表面，防止液态金属过度氧化，从而改善熔体对基材金属的润湿能力，减少熔覆层中的夹杂和含氧量，提高熔覆层的工艺成形性能。自开展激光熔覆技术研究以来，人们最先选用的熔覆材料就是铁（Fe）基、镍（Ni）基和钴（Co）基自熔性合金粉末。这几种自熔性合金粉末对碳钢、不锈钢、合金钢、铸钢等多种基材有较好的适应性，能获得氧化物含量低、气孔率小的熔覆层。三种自熔性合金粉末的比较见表 4.7。

表 4.7　自熔性合金粉末的特点

自熔性合金粉末	自熔性	优点	缺点
镍基	好	良好的韧性、耐冲击性、耐热性、抗氧化性，较高的耐蚀性	高温性能较差
钴基	较好	耐高温性最好，良好的耐热性、耐磨性、耐蚀性	价格较高
铁基	差	成本低	抗氧化性差

① 铁基合金粉末　铁基合金的最大的优点是来源广泛、价格低廉，且现在应用的工程构件的基材大部分都是钢铁材料，采用铁基熔覆材料，熔覆层具有良好的润湿性，界面结合牢固，可以有效地解决激光熔覆中的剥落问题。铁基合金粉末适用于要求局部耐磨而且容易变形的零件，熔覆层组织主要为富 C、B、Si 等的树枝晶和 Fe-Cr 马氏体组织。其最大优点是成本低且耐磨性能好，但也存在熔点高、合金自熔性差、抗氧化性差、流动性不好、熔层内气孔夹渣较多等缺点[2]。目前，铁基合金的合金化设计主要为 Fe、Cr、Ni、C、W、Mo、B 等，在铁基自熔性合金粉末的成分设计上，通常采用 B、Si 元素来提高熔覆层的硬度与耐磨性，Cr 元素可提高熔覆层的耐蚀性，Ni 元素可提高熔覆层的抗开裂能力。常见铁基合金粉末的化学成分见表 4.8，主要物理参数和使用特点见表 4.9。

表 4.8　常见铁基合金粉末的化学成分

粉末牌号	化学成分（质量分数）/%								
	C	Ni	Cr	B	Si	Cu	Co	Fe	其他
Fe30	1.0～2.5	30～34	8～12	2.0～4.0	3.0～5.0	—	—	余	—
Fe45	1.0～1.6	10～18	12～20	4.0～6.0	4.0～6.0	—	—	余	—
Fe55	1.0～2.5	8～16	10～20	4.5～6.5	4.0～5.5	—	—	余	—
Fe60	1.2～2.4	6～16	12～20	4.2～5.6	4.0～6.0	—	—	余	—
Fe65	2.0～4.0	—	20～23.5	1.5～2.5	3.0～6.0	—	—	余	—

表 4.9　铁基合金粉末的物理参数和使用特点

粉末牌号	物理参数					使用特点
	粒度/目	硬度（HRC）	熔点/℃	松装密度/g·cm⁻³	流动性/g·50s⁻¹	
Fe30	−150～+400	25～30	1050～1100	3.5	20	抗磨损，切削性能好，用于钢轨表面压塌、擦伤等的磨损修复和表面防护
Fe45	−150～+400	42～48	1050～1100	3.5	20	抗磨损，用于轴类等耐磨损机械零部件
Fe55	−150～+400	54～58	1050～1100	3.7	20	耐磨，用于滚机叶片、螺栓输入器、浮动油封面、轴承密封面、矿山机械、工程机械
Fe60	−150～+400	55～60	1050～1100	4.0	20	抗磨粒磨损性能高，主要用于石油钻杆接头、农机、矿机等
Fe65	−60～+200	60～65	1150～1200	4.0	25	抗高应力磨粒磨损性能高，用于矿机、石油钻杆接头、破碎机等设备零件

　　② 镍基合金粉末　镍基自熔性合金粉末以其良好的润湿性、耐蚀性、高温自润滑作用和适中的价格在激光熔覆材料中研究最多且应用最广。它主要适用于局部要求耐磨、耐热腐蚀及抗热疲劳的构件，所需的激光功率密度比熔覆铁基合金的略高。镍基自熔性合金的合金化原理是运用 Fe、Cr、Co、Mo、W 等元素进行奥氏体固溶强化，运用 Al、Ti 等元素进行金属间化合物沉淀强化，运用 B、Zr、Co 等元素实现晶界强化。C 元素加入可获得高硬度的碳化物，形成弥散强化相，进一步提高熔覆层的耐磨性；Si 和 B 元素一方面作为脱氧剂和自熔剂，增加润湿性，另

一方面，通过固溶及弥散强化提高涂层的硬度和耐磨性。镍基自熔性合金粉末中各元素的选择正是基于以上原理，而合金元素添加量则依据合金成形性能和激光熔覆工艺确定[3,4]。镍基合金粉末主要有以下几种类型。

a. 镍-铬系合金粉末　该种粉末种类较多，例如镍-铬耐热合金，它是在镍中加入一定质量比例铬制成的。镍-铬耐热合金在高温下几乎不氧化，是典型的耐热、耐蚀和耐高温氧化的材料。镍-铬耐热合金与基材金属的黏结性能良好，是一种极好的过渡层材料，既能增加基材防高温气体侵蚀的能力，又能改善涂层与基材材料的黏结强度。

b. 镍-铬-铁系合金粉末　此类粉末是在镍-铬中加入适当的铁，其耐高温氧化性能比镍-铬系合金稍差一些，其他性能基本上与镍-铬系合金接近，突出优点是价格比较便宜，可用作耐蚀工件的修补，也可做过渡层热喷涂粉末使用。

c. 镍-铬-硼-碳系合金粉末　此系合金由于含有硼、铬和碳等元素，硬度比较高，韧性也适中，喷涂后，涂层耐磨、耐蚀、耐热性较好，可用于轴类、活塞等的防腐修复。

d. 镍-铝合金粉末　镍-铝合金粉末常用来打底层，它的每个微粒都是由微细的镍粉和铝粉组成。激光熔覆时镍和铝之间产生强烈的化学反应，生成金属间化合物，并释放出大量的热，同时部分铝还会氧化，产生更多的热量。在此高温下，镍可扩散到基材金属中去，使涂层的结合强度显著提高。镍-铝复合粉末的膨胀系数与大多数钢材的膨胀系数接近，因此也是一种理想的中间涂层材料。

常见镍基合金粉末的化学成分见表 4.10，主要物理参数和使用特点见表 4.11。

表 4.10　常见镍基合金粉末的化学成分

粉末牌号	化学成分(质量分数)/%							
	C	Ni	Cr	B	Si	Fe	Co	其他
Ni20	≤1.0	余	4~6	0.4~1.6	1.5~2.5	≤5	—	—
Ni25	≤1.6	余	8~13	0.6~2.6	1.5~5.0	≤6	—	—
Ni35	≤3	余	8~14	1.0~4.0	3.5~5.5	≤8	—	—
Ni45	≤3	余	10~14	3.5~5.5	4.5~6.5	≤10	8~12	—
Ni60	1.0~2.0	余	14~18	2.5~4.5	3.5~4.5	≤17		

表 4.11　镍基合金粉末的物理参数和使用特点

粉末牌号	物理参数					使用特点
	粒度/目	硬度(HRC)	熔点/℃	松装密度/g·cm⁻³	流动性/g·50s⁻¹	
Ni20	−150～+400	18～23	1040	≥3.5	≤20	熔点低,耐急冷急热,切削性、耐热蚀性好,易加工。用于模具、铸铁、镍合金、钢、不锈钢零件,以及曲轴、轧辊、轴套、轴承座、偏心轮等零件
Ni25	−150～+400	20～30	1050	≥3.6	20	熔点低,耐急冷急热,切削性、耐热蚀性好,易加工。用于模具、轴类零部件
Ni35	−150～+400	30～40	1050	3.8	20	耐磨、耐蚀、耐热、耐冲击、易加工。用于模具冲头、显像管模具、齿轮、汽轮机叶片、各类轴承等
Ni45	−150～+400	40～50	1080	3.9	19	耐磨、耐高温、耐热、硬度中等、自熔性好。适用于修复排气阀密封面、活塞环、汽轮机叶片、气门等
Ni60	−150～+400	55～62	980	4.1	18	耐磨、耐蚀、耐热、金属间摩擦系数极小,用于金属加工模具、链轮、凸轮、拉丝滚筒、排气门、机械磨损件等

③ 钴基合金粉末　钴基自熔性合金粉末是以 Co 为基本成分,加入 Ni、Fe、Cr、Mo、W 以及 C、B 等元素组成的合金。Cr 元素能固溶在 Co 的面心立方晶体中,对晶体既起固溶作用,又起钝化作用,提高耐蚀性能和抗高温氧化性能。富余的 Cr 与 C、B 形成碳化铬和硼化铬硬质相,提高合金硬度和耐磨性。Mo,W 等元素的加入具有提高耐磨性的功能。Ni,Fe 元素可以降低钴基合金熔覆层的热胀系数,减小合金的熔化温度区间,有效防止熔覆层产生裂纹,提高熔覆合金对基材的润湿性。Mo,W 固溶在 Co 基材中,能使晶格发生大的畸变,显著强化合金基材,提高基材的高温强度和红硬性。过量的 W 还能与碳形成碳化钨硬质相,提高耐磨性。钴基合金的激光熔覆层组织为 Co-Cr 的 γ 相固溶体,弥散析出铬和钨的碳化物和硼化物。具有耐热、耐磨、耐蚀、抗高温氧化等优越性能。一般在 600℃以上仍具有很高的红硬性。钴基自熔性合金粉末具有良好的耐高温及抗蚀耐磨性能,常被应用于石化、电力、冶金等工业领域的耐磨、耐蚀及抗高温氧化等场合[5]。常见的钴基合金粉末的化学成分见表 4.12,主要物理参数和使用特点见表 4.13。

表 4.12　钴基合金粉末的化学成分

粉末牌号	化学成分(质量分数)/%								
	C	Ni	Cr	B	Si	Fe	Cu	Co	其他
Co42A	1.0~1.2	14~16	18~24	1.2~1.6	2.5~3.2	≤6	—	余	W:6.0~8.0
Co42B	1.0~1.2	14~16	18~24	1.2~1.6	2.5~3.2	≤6		余	Mo:4.0~6.0
Co50	0.3~0.7	26~30	18~20	2.0~3.5	3.5~4.0	≤12	—	余	Mo:4.0~6.0

表 4.13　钴基合金粉末的物理参数和使用特点

粉末牌号	物理参数					使用特点
	粒度/目	硬度(HRC)	熔点/℃	松装密度/g·cm^{-3}	流动性/g·50s^{-1}	
Co42A	−60~+200	40~45	1130~1200	3.5	32	高温耐磨、耐燃气腐蚀,用于高温排气阀顶保护、高温高压阀门等
Co42B	−60~+200	40~45	1130~1200	3.4	31	
Co50	−150~+400	40~55	1100	3.6	25	用于高温高压阀门、内燃机排气阀、密封面、链锯导板、耐空蚀,用于高温模具,汽轮机叶片等

④ 其他金属粉末　除以上几类激光熔覆材料体系,目前已研发的熔覆材料体系还包括铜基、钛基、铝基、镁基、锆基、铬基以及金属间化合物基材料等。这些材料多数是利用合金体系的某些特殊性质使其达到耐磨减摩、耐蚀、导电、抗高温、抗热氧化等一种或多种功能。

铜基激光熔覆材料主要包括 Cu-Ni-B-Si、Cu-Ni-Fe-Co-Cr-Si-B、Cu-Al$_2$O$_3$、Cu-CuO 等铜基合金粉末及复合粉末材料。利用铜合金体系存在液相分离现象等冶金性质,可以设计出激光熔覆铜基自生复合材料的铜基复合粉末材料。研究表明,铜基激光熔覆层中存在大量自生硬质颗粒增强体,具有良好的耐磨性[6]。

钛基熔覆材料主要用于改善基材金属材料表面的生物相容性、耐磨性或耐蚀性等。研究的钛基激光熔覆粉末材料主要是纯 Ti 粉、Ti6Al4V合金粉末以及 Ti-TiO$_2$、Ti-TiC、Ti-WC、Ti-Si 等钛基复合粉末。

镁基熔覆材料主要用于镁合金表面的激光熔覆,以提高镁合金表面的耐磨性能和抗腐蚀性能等。国外学者 J. Dutta Majumdar 等在普通商用镁合金上熔覆镁基 MEZ 粉末 (Zn:0.5%,Mn:0.1%,Zr:0.1%,Re:2%,其余为 Mg,均指质量分数)。使熔覆层显微硬度由 HV35 提高到 HV85~100,且因晶粒细化和金属间化合物的重新分布,熔覆层在质量分数 3.5%

的 NaCl 溶液中的抗腐蚀性能相比基材镁合金有极大提高。

（2）陶瓷粉末

激光熔覆陶瓷粉末近年来受到人们的关注。陶瓷粉末具有高硬度、高熔点、低韧性等特点，因此激光熔覆过程可将其作为增强相使用。陶瓷材料具有与金属基材差距较大的线胀系数、弹性模量、热导率等热物理性质，而且陶瓷粉末的熔点往往较高，因此激光熔覆陶瓷的熔池温度梯度差距很大，易产生较大的热应力，熔覆层中容易产生裂纹和空洞等缺陷。激光熔覆陶瓷涂层往往采用过渡熔覆层或者梯度熔覆层的方法来实现。多数陶瓷材料具有同素异晶结构，在激光快速加热和冷却过程中常伴有相变发生，导致陶瓷体积变化而产生体积应力，使熔覆层开裂和剥离。因此，激光熔覆陶瓷材料必须采用高温下的稳定结构（如 α-Al_2O_3、金红石型 TiO_2）或通过改性处理获得稳定化的晶体结构（如 CaO、MgO、Y_2O_3 稳定化 ZrO_2），这是激光加工技术成功制备陶瓷涂层的重要条件。

激光熔覆运用的陶瓷粉末种类较多，从化学成分上分类主要包括碳化物粉末、氧化物粉末、氮化物粉末、硼化物粉末等。这些陶瓷粉末具有不同的热物理化学性能，与金属黏结相的润湿性和相容性也不尽相同，使用时往往根据具体的要求进行选择。

① 碳化物粉末　常用的碳化物陶瓷粉末有 WC、TiC、ZrC、VC、NbC、HfC 等，这些材料不仅具有熔点高、硬度高、化学性能稳定等典型的陶瓷材料的特点，同时又显示出一定的金属性能：其电阻率与磁化率与过渡金属元素及合金相比，大多数碳化物的热导率较高，是金属性导体，这类碳化物又称为金属型碳化物。碳化物材料的硬度一般随使用温度的升高而降低，常温下 TiC 最硬，但随使用温度升高，硬度急剧降低。WC 在常温下具有相当高的硬度，至 1000℃ 其硬度也下降较少，具有优异的红硬性，是高温硬度最高的碳化物。由于碳化物熔点高、硬度高，且喷涂的碳化物颗粒与基材材料的附着力差，在空气中升高温度时容易发生氧化。因此，纯碳化物粉末很少单独用作激光熔覆粉末材料。通常需用 Co、Ni-Cr、Ni 等金属或合金作黏结相制成烧结型粉末或包覆型粉末供激光熔覆使用。

碳化钨（WC）是制造硬质合金的主要原材料，也是激光熔覆领域制备高耐磨涂层的重要材料。钨-碳二元系能形成 WC 和 W_2C 两种晶型的碳化物。WC 硬度高，特别是其热硬度高。它能很好地被 Co、Fe、Ni 等金属熔体润湿，尤以钴熔体对 WC 的润湿性最好。当温度升高至金属熔点以上时，WC 能溶解在这些金属熔体中，而当温度降低时，又能析出。

WC 这些优异的性能，使 WC 能用 CO 或 Ni 等作黏结相材料，经高温烧结或包覆处理，形成耐磨性很好的耐磨涂层材料。W_2C 的熔点和硬度都比 WC 高，它能与 WC 形成 W_2C+WC 共晶混合物，熔点降低，易于铸造，就是所谓的"铸造碳化钨"，其平均含碳量 3.8%～20%（质量分数）其中 W_2C 含量为 78%～80%（质量分数），WC 含量为 20%～22%（质量分数）。这种铸造碳化钨是成本较低的最硬最耐磨的一种材料。包覆型、团聚型、烧结型碳化钨粉末均可用作熔覆材料。

碳化钛（TiC）熔点很高，具有极高的硬度，是常温下使用的最耐磨材料之一。但随着使用温度升高，TiC 硬度急剧下降，超过 500℃时，其硬度非常低，因此 TiC 一般不用作高温耐磨材料。TiC 与 Co、Ni、Fe 等金属熔体的润湿性不好，很难获得 TiC 弥散分布在 Co、Ni、Fe 金属相的耐磨涂层中。但 TiC 能与部分硬质合金的铁合金成分结合，制成具有重要用途的钢结硬质合金，其最大特点是退火状态硬度低、易加工成型，然后通过淬火使其硬化，获得高耐磨制件[7]。

碳化铬（Cr_3C_2）具有较低的熔点和密度，常温硬度和热硬度都很高，与 Co、Ni 等金属的润湿性好，在金属型碳化物中抗氧化能力最高，在空气中要在 1100～1400℃才遭受严重氧化，耐蚀性优良，是综合性能优异的抗高温氧化、耐摩擦磨损和耐燃气冲蚀材料。纯 Cr_3C_2 粉末喷涂层的附着力不强，常作为耐高温复合粉末的原料组分来使用，如 NiCr-Cr_3C_2 复合粉末。

除上述 3 种金属型碳化物以外，可用来喷涂的金属型碳化物材料还有 ZrC、VC、NbC、HfC、TaC 和 Mo_2C。但这些碳化物由于成本高、用量少，应用有限，即使有特殊需要，一般应加入黏结相材料制成烧结粉末或复合粉末方宜进行喷涂。ZrC 与 HfC 的性能与 TiC 相似，熔点和硬度都很高。V、Nb、Ta 的碳化物，除形成 MC 型碳化物外，还生成 M_2C 型碳化物。只有 MC 型碳化物适合作涂层原料。NbC 和 TaC 有颜色，前者为淡紫色，后者为黄色。Mo_2C 在室温下性能稳定，在 500～800℃空气中可严重氧化。常用碳化物陶瓷粉末的物理性能见表 4.14。

表 4.14　常用碳化物陶瓷粉末的物理性能

陶瓷粉末	密度 /g·cm⁻³	硬度 （HV）	熔点 /℃	热胀系数 /10⁻⁶·K⁻¹	热导率 /W·m⁻¹·K⁻¹	电阻率 /10⁻⁶Ω·cm
WC	15.7	1200～2000	2776	5.2～7.3	121	22
W_2C	17.3	3000	2587	6.0	—	—
TiC	4.93	～3000	3067	7.74	21	68

续表

陶瓷粉末	密度/g·cm^{-3}	硬度（HV）	熔点/℃	热胀系数/10^{-6}·K^{-1}	热导率/W·m^{-1}·K^{-1}	电阻率/10^{-6}Ω·cm
Cr$_3$C$_2$	6.68	1400	1810	10.3	19.1	71
ZrC	6.46	2700	3420	6.73	20.5	42
VC	5.36	2900	2650	7.2	38.9	60
NbC	7.78	2000	3160	6.65	14	35
HfC	12.3	2600	3930	6.59	20	37
TaC	14.48	1800	3985	6.29	22	25
Mo$_2$C	9.18	1500	2520	7.8	21.5	71

② 氧化物粉末　氧化物及其复合氧化物陶瓷材料一般具有硬度高、熔点高、热稳定性和化学稳定性好的特点。氧化物陶瓷材料用作激光熔覆层材料可以有效地提高基材的耐磨损、耐高温、抗高温氧化、耐热冲击、耐蚀等性能。激光熔覆过程中应用的氧化物陶瓷材料主要有 Al$_2$O$_3$、TiO$_2$、Cr$_2$C$_3$、ZrO$_2$ 等。这些陶瓷材料由于熔点较高、热导率低，与金属粉末相比难以在激光束或者熔池中完全熔化，因此激光熔覆中纯氧化物陶瓷粉末的制备仍处于试验研究状态，并未大量应用。目前比较成熟的氧化物涂层制备方法主要为等离子喷涂或气相沉积技术。表 4.15 列出了常用国产氧化物陶瓷粉末的成分、主要性能和用途。

表 4.15　常用国产氧化物陶瓷粉末的成分、主要性能及用途

类型	牌号	主要化学成分(质量分数)/%	主要性能及用途
氧化铝及复合粉末	AF-251	Al$_2$O$_3$≥98.4	耐磨粒磨损、冲蚀、纤维磨损，840～1650℃ 耐冲击、热胀、磨耗、绝缘、高温反射涂层
	P711	TiO$_2$=3.0,Al$_2$O$_3$=97	
	P7112	TiO$_2$=13,Al$_2$O$_3$ 余	540℃以下耐磨粒磨损、硬面磨损、微动磨损、纤维磨损、气蚀、腐蚀磨损涂层
	P7113	TiO$_2$=20,Al$_2$O$_3$ 余	
	P7114	TiO$_2$=40,Al$_2$O$_3$ 余	
	P7115	TiO$_2$=50,Al$_2$O$_3$ 余	
氧化锆粉末	CSZ	ZrO$_2$=93.9,CaO=4～6	845℃以上耐高温、绝缘、抗热胀、高温粒子冲蚀，耐熔融金属及碱性炉渣侵蚀涂层
	MSZ	(ZrO$_2$＋MgO)≥98.45	
	YSZ	(ZrO$_2$＋Y$_2$O$_3$)≥98.25	1650℃ 高温热障涂层，845℃以上抗冲蚀涂层
氧化铬粉末	Cr$_2$O$_3$	Cr$_2$O$_3$=91,SiO$_2$=8,Al$_2$O$_3$=0.61	540℃以下耐磨粒磨损、冲蚀，250℃抗腐蚀、纤维磨损、辐射涂层

续表

类型	牌号	主要化学成分(质量分数)/%	主要性能及用途
氧化钛粉末	P7420	$TiO_2 \geqslant 98$	540℃以下耐黏着、耐腐蚀磨损、光电转换、红外辐射、抗静电涂层
	$TiO_2 \cdot Cr_2O_3$	$TiO_2 = 55, Cr_2O_3 = 45$	540℃以下耐蚀磨损、抗静电涂层
	TZN	$TiO_2 = 5 \sim 2, ZrO_2 = 80 \sim 90$, $Nb_2O_5 = 1$	红外及远红外波辐射涂层
	TZN-2	$TiO_2 = 5 \sim 20, ZrO_2 = 20$, $Nb_2O_5 = 3$	

③ 其他陶瓷粉末 氮化物陶瓷与碳化物陶瓷一样具有熔点高、硬度高、化学稳定性好、质脆等陶瓷化合物的特点，同时又显示出典型的金属特征，如具有金属光泽、热导率高等。目前常用的氮化物陶瓷粉末主要有 TiN、Si_3N_4、BN 等。

氮化钛（TiN）粉末具有浅褐色，熔点和硬度很高，化学性质稳定，耐硝酸、盐酸、硫酸三大强酸腐蚀，耐有机酸和各种有机溶剂腐蚀。TiN 可以使用纯组分喷涂也可以与 TiC 按一定比例复合或者混合使用。

氮化硅（Si_3N_4）是高强度高温陶瓷材料。整体 Si_3N_4 陶瓷是采用高温高压或热压烧结制造的，Si_3N_4 的热胀系数较低，抗热振性能好、硬度高、摩擦系数小，具有自润滑性能，耐摩擦性能优异。但是 Si_3N_4 在高温下容易分解，因此不适于单独用作喷涂材料，多为复合粉末的组分。

氮化硼（BN）是白色松散的粉末，有六方晶型和立方晶型两种晶体结构。六方晶型 BN 质地软，摩擦系数低，是优异的自润滑材料。在高温下六方 BN 可转变为立方晶型 BN。立方晶型 BN 硬度极高，接近金刚石，强度也很高，且具有优异的抗高温氧化性能，温度上升到 1925℃ 也不会分解，是优异的耐高温磨损材料。

硼化物陶瓷粉末材料具有典型的陶瓷特征：熔点高、硬度高、饱和蒸气压低、化学性能稳定。耐强酸腐蚀，抗高温氧化能力强，仅次于硅化物。常用的硼化物陶瓷粉末主要有：TiB_2、CrB_2、ZrB_2、VB_2、WB 等。氮化物、硼化物等陶瓷粉末化学成分与物理性能见表 4.16。

表 4.16 氮化物、硼化物等陶瓷粉末化学成分与物理性能

陶瓷粉末	密度 /g·cm^{-3}	硬度 (HV)	熔点 /℃	热胀系数 /10^{-6}·K^{-1}	热导率 /W·m^{-1}·K^{-1}	电阻率 /10^{-6}Ω·cm
TiN	5.21	>9	2950	6.61	7.12	1.65×10^7
α-Si_3N_4	3.44	9	1899	3.66	17.2	$>10^{13}$

陶瓷粉末	密度 /g·cm^{-3}	硬度 (HV)	熔点 /℃	热胀系数 /10^{-6}·K^{-1}	热导率 /W·m^{-1}·K^{-1}	电阻率 /10^{-6}Ω·cm
六方晶型 BN	2.27	2	3000	5.9	16.7～50.2	1.7×10^5
立方晶型 BN	3.48	10		10.15		
TiB$_2$	4.4～4.6	8	2890～2990	8.64	22.19	15.2
CrB$_2$	5.6	8～9	2150	11.2	30.98	21
ZrB$_2$	6.0～6.2	9	3000	9.05	24.08	—
VB$_2$	5.1～5.3	8～9	240	7.56	—	—
WB	16.0	8～9	2870～2970	7.38	46.89	

（3）复合材料粉末

复合材料粉末是由两种或两种以上不同性质的固相颗粒经机械混合而形成的。组成复合粉末的成分，可以是金属与金属、金属（合金）与陶瓷、陶瓷与陶瓷、金属（合金）与石墨、金属（合金）与塑料等，范围十分广泛，几乎包括所有固态工程材料。通过不同的组分或比例，可以衍生出各种功能不同的复合粉末，获得单一材料无法比拟的优良的综合性能，是热喷涂和激光熔覆行业内品种最多、功能最广、发展最快、使用范围最大的材料。

按照复合粉末的结构，一般可分为包覆型、非包覆型和烧结型。目前应用较多的是包覆型和非包覆型复合粉末。包覆型复合粉末的芯核颗粒被包覆材料完整地包覆；非包覆型粉末的芯核材料被包覆材料包覆的程度是不完整的。但这两种材料各组分之间的结合一般都为机械结合。按照复合粉末所形成涂层的结合机理和作用可分为增效复合粉末（或称自黏结复合粉末）和工作层复合粉末。复合粉末主要特点如下。

① 具有单一颗粒的非均质性与粉末整体的均质性的统一。就每一颗粒而言，它是由两个或更多的固相所组成的，各组分具有不同的物理化学性能，存在着明显的物相界面，因而是非均质性的；但对粉末整体而言，同一粒度范围的复合粉末，则具有相同的松装密度、流动性和喷涂工艺性能等特性，所获得的表面涂层具有均匀的综合物理化学性能。

② 可采用不同的制造方法制备出具有综合性能的涂层，特别是金属或合金与非金属陶瓷制成的复合粉末涂层，其性能更是其他加工方法难以达到的。广泛的材料组合使涂层具有多重功能，如硬质耐磨、减摩、自润滑、可磨耗密封、耐腐蚀、抗氧化、绝热、耐高温、导电、绝缘、生物、防辐射、抗干扰等功能。

③ 芯核粉末受到包覆层的保护，在涂层制备工艺过程中可避免或减少发生元素的氧化烧损和热分解等现象，保持芯核颗粒的几何形状和晶体结构，从而获得高质量的涂层。采用复合碳化物粉末制成的涂层，比采用混合粉末制成的涂层碳化物的失碳量明显降低，涂层硬度提高，耐磨性能增强。

④ 选择适当的组分配制复合粉末，使粉末组分间在高温下能够发生化学反应，生成的金属间化合物具有比粉末各组分更高的熔点，并产生大量的热量，使粉粒和基材表面受热，基材出现微观熔融薄层。当熔融粒子高速撞击基材表面时，粉末与基材表面便能形成牢固的"冶金"结合，从而能得到致密的涂层。在热喷涂时能够发生放热反应并生成金属间化合物的组元很多，但综合考虑资源、成本以及制造方法、涂层性能、环境污染等诸多因素，以 Ni-Al、Al-Cr、Ni-Si、Al-B、B-Cr 制备复合粉末比较合理，尤以 Ni-Al 复合粉末或复合金属线材在工业上的应用最为广泛[8]。

⑤ 复合粉末与混合粉末相比，不仅涂层性能优异，且熔覆速率和沉积效率也要高得多。在粉末的生产制备上组分和配比容易调整，性能比较容易控制，使用的设备较少，既可大批量生产，又可实验室进行少量试制。

采用不同的制备方法，能获得金属或合金非金属陶瓷制成的复合粉末，具有其他加工方法难以达到的优异的综合性能：在储运和使用过程中，复合粉末不会出现偏析，克服了混合粉末因成分偏析造成的涂层质量不均匀等缺陷；芯核粉末受到包覆粉末的保护，在热喷涂过程中能减少或避免元素氧化烧损或失碳等；能制成放热型的复合粉末，使涂层与母材之间除机械结合外，还存在冶金结合，增强了涂层的结合强度。复合粉末生产工艺简单，组合和配比容易调整，性能易控制。

硬质耐磨复合粉末的芯核材料为各种碳化物硬质合金颗粒，包覆材料为金属或合金。以不同成分组成和配比可制成多种硬质耐磨复合粉末，如 Co-WC、Ni-WC、NiCr-WC、NiCr-Cr$_3$C$_2$、Co-WTiC$_2$、Co-Cr$_3$C$_2$ 等。当加入自黏结性的镍包铝复合粉末后，可以增强涂层与基材的结合强度，提高涂层的致密性和抗氧化能力。表 4.17 列出了常用复合粉末的主要化学成分和性能。

表 4.17　常用复合粉末的主要化学成分及性能

类型	牌号	主要化学成分(质量分数)/%	主要性能及用途
镍包铝复合粉	FF01·01	Al＝9.0～11，Ni 余	黏结底层和中间涂层，但在酸、碱、中性盐电解质溶液中不耐蚀，用于抗高温氧化、黏着磨损、密封涂层
	FF01·03	Al＝17～20，Ni 余	

续表

类型	牌号	主要化学成分(质量分数)/%	主要性能及用途
镍包氧化铝粉	FF03・01	$Al_2O_3 = 20 \sim 25$，Ni 余	高温热障涂层的中间过渡层，耐高温磨损腐蚀涂层
	FF03・02	$Al_2O_3 = 40 \sim 45$，Ni 余	
	FF03・04	$Al_2O_3 = 60 \sim 65$，Ni 余	
	FF03・05	$Al_2O_3 = 80 \sim 85$，Ni 余	
钴包碳化钨粉	FF02・01	Co=8.5~9.5，C=5.3~5.6，W 余	用于碳钢、镁、铝及其合金基材上喷涂，耐低应力磨粒磨损、冲蚀磨损、微动磨损及硬面涂层
	FF02・02	Co=11.5~13.5，C=5.3~5.6，W 余	
	FF02・04	Co=16~18，C=4.85~5.15，W 余	
	FF02・07	Co=20~22，C=4.6~5.1，W 余	
镍包铜粉	FF04・01	Cu=30~33，Ni 余	耐海水、有机酸、盐溶液腐蚀涂层，抗黏着磨损涂层
	FF04・03	Cu=68~72，Ni 余	
镍包铬粉	FF05・01	Cu=18~22，Ni 余	900℃左右耐高温、抗氧化、耐蚀涂层
	FF05・03	Cu=58~62，Ni 余	

注：粉末粒度范围在 $-140 \sim +400$ 号中筛选。

（4）稀土及其氧化物粉末

稀土及其氧化物粉末在激光熔覆中作为改性材料使用，极少添加量就可明显改善激光熔覆层的组织和性能。目前研究较多的是 Ce、La、Y 等稀土元素及其氧化物 CeO_2、La_2O_3、Y_2O_3 等。纯稀土金属极易与其他元素反应，生成稳定的化合物，在熔覆层凝固过程中可以作为结晶核心、增加形核率，并吸附于晶界阻止晶粒长大，显著细化枝晶组织；稀土元素与硫、氧的亲和力极强，又是较强的内吸附元素，易存在于晶界，既强化又净化晶界，可在一定程度上阻碍内氧化层前沿的氧化过程；可明显提升抗高温氧化性能和耐蚀性能；稀土粉末还可有效改善熔覆层的显微组织，使硬质相颗粒形状得到改善并在熔覆层中均匀分布[9]。

4.1.3 激光熔覆用丝材

针对激光熔覆专用丝材的开发及研究较少，可借鉴热喷涂用丝材和线材的种类。应用于激光熔覆的丝材主要有有色金属丝、黑色金属丝和复合丝材，包括镍及镍合金、铝及铝合金、锡及锡合金、铜及铜合金、锌及锌合金、碳钢、低合金钢及不锈钢等。

（1）金属及合金丝材

① 镍及镍合金丝　镍合金中用作熔覆材料的主要为镍铬合金，这类

合金具有较好的抗高温氧化性能，可在 880℃高温下使用，是目前应用最广的热阻材料。常用镍及镍合金丝材的牌号、成分及特性见表 4.18。镍铬合金丝材还可耐水蒸气、二氧化碳、一氧化碳、氨、醋酸及碱等介质的腐蚀，因此镍铬合金被大量用作耐蚀及耐高温喷涂层。

表 4.18　镍及镍合金丝材的牌号、成分及特性

牌号	主要化学成分/%	丝材直径/mm	主要性能及应用
N6	C=0.1，Ni=99.5	1.6～2.3	非氧化性酸、碱气氛和各种化学药品耐蚀涂层
Cr20Ni80	C=0.1，Ni=80，Cr=20	1.6～2.3	抗 980℃高温氧化涂层和陶瓷黏结底层
Cr15Ni60	Ni=60，Cr=15，Fe 余	1.6～2.3	硫酸、硝酸、醋酸、氨、氢氧化钠耐蚀涂层
蒙乃尔合金	Cu=30，Fe=1.7，Mn=1.1，Ni 余	1.6～2.3	非氧化性酸、氢氟酸、热浓碱、有机酸、海水耐蚀涂层

②锌及锌合金丝　锌及锌合金丝材的牌号、成分及特性见表 4.19。在钢铁构件上，只要喷涂 0.2mm 厚的锌层，就可在大气、淡水、海水中保持几年至几十年不锈蚀。该技术被广泛应用于喷涂大型桥梁、塔架、钢窗、电视台天线、水闸门及容器等。

热喷涂时，为了避免有害元素对锌涂层耐蚀性的影响，最好使用纯度 99.85% 以上的纯锌丝，表面不应沾有油污等，更不能生成氧化膜。锌中加入铝可提高涂层的耐蚀性能，若铝含量为 30%，则锌铝合金涂层的耐蚀性最佳。但由于锌铝合金的延性较差，拉拔加工困难，各国使用的锌铝合金喷涂丝中含铝量一般控制在 16% 以下。

表 4.19　锌及锌合金丝材的牌号、成分及特性

牌号	主要化学成分（质量分数）/%	丝材直径/mm	主要性能及应用
Zn-2	Zn≥99.9	1.0～3.0	耐大气、淡水、海水等环境长效防腐
ZnAl15	Al=15，Zn 余	1.0～3.0	耐大气、淡水、海水等环境长效防腐，铝涂层亦可作导电、耐热、装饰等涂层
L1	Al≥99.7	1.0～3.0	
Al-Mg-R	Mg=0.5～0.6，Re 微量，Al 余	1.0～3.0	

③铝及铝合金丝　铝用作防腐蚀喷涂层时作用与锌相似。它与锌相比，密度小，价格低廉，在含有二氧化硫的气体中耐蚀效果比较好。在

铝及铝合金中加入稀土元素不仅可以提高涂层的结合强度，且能有效降低孔隙率。铝还可以用作耐热喷涂层。铝在高温作用下，能在铁基材上扩散，与铁发生作用形成抗高温氧化的 Fe_3Al，从而提高钢材的耐热性。铝喷涂层已广泛应用于储水容器、食品储存器、燃烧室、船体和闸门等。

④ 铜及铜合金丝　铝青铜的强度比一般黄铜高，耐海水、硫酸及盐酸腐蚀，有很好的抗腐蚀及耐磨性能。铝青铜采用电弧喷涂时与基材有很好的结合强度，形成理想的粗糙表面，又可以作为打底涂层。主要用于喷涂水泵叶片、气闸阀门、活塞、轴瓦表面，也可用于喷涂青铜铸件及装饰件等。磷青铜涂层较其他青铜涂层更为致密，有较好的耐磨性，主要用于修复轴类和轴承等易磨损部位，也可用作装饰涂层。

铜及铜合金丝材的牌号、成分及特性见表 4.20。

表 4.20　铜及铜合金丝材的牌号、成分及特性

牌号	主要化学成分 （质量分数）/%	丝材直径 /mm	主要性能及应用
T2	Cu＝99.9	1.6～2.3	导电、导热、装饰涂层
HSn60-1	Cu＝60,Sn＝1～1.5, Zn 余	1.6～2.3	黄铜件修复、耐蚀涂层
QAl9-2	Al＝9,Mn＝2,Cu 余	1.6～2.3	耐磨、耐蚀、耐热涂层、Cr13 涂层 黏结底层
QSn4-4-2.5	Sn＝4,P＝0.03, Zn＝4,Cu 余	1.6～2.3	青铜件、轴承的减摩、耐磨、耐蚀涂层

⑤ 碳钢及不锈钢丝　热喷涂中最常用的碳钢丝为高碳钢丝和碳素工具钢丝，主要用于常温下工作的机械零件滑动表面的耐磨涂层以及磨损部位的修复，如曲轴、柱塞、机床导轨和机床主轴等。碳钢丝的红硬性差，温度高于 250℃时硬度和耐磨性会有所降低。

热喷涂用不锈钢丝主要有马氏体不锈钢、铁素体不锈钢和奥氏体不锈钢，马氏体不锈钢丝 1Cr13、2Cr13、3Cr13 主要用于强度和硬度较高、耐蚀性不太强的场合，喷涂工艺较好，不易开裂。Cr17 等铁素体不锈钢丝在氧化性酸类、多数有机酸、有机酸盐的水溶液中有良好的耐蚀性。奥氏体不锈钢中 18-8 钢应用最广泛，有良好的工艺性，在多数氧化性介质和某些还原性介质中都有较好的耐蚀性，用于喷涂水泵轴、造纸烘缸等。但涂层收缩率较大，适于喷薄的涂层，否则容易开裂、剥落等。

常用碳钢及不锈钢丝材的牌号、成分及特性见表 4.21。

表 4.21　常用碳钢及不锈钢丝材的牌号、成分及特性

类别	牌号	主要化学成分/%	丝材直径/mm	主要性能及应用
碳钢	B2、C2	C=0.09～0.22,Si=0.12～0.30,Mn=0.25～0.65,Fe余	1.6～2.3	滑动磨损的轴承面超差修补涂层
	B3、C3		1.6～2.3	
	45钢	C=0.45,Si=0.32,Mn=0.65,Fe余	1.6～2.3	轴类修复、复合涂层底层、表面耐磨涂层
	T10	C=1.0,Si=0.35,Mn=0.4,Fe余	1.6～2.3	高耐磨零件表面强化涂层
不锈钢	2Cr13	C=0.16～0.24,Cr=12～14,Fe余	1.6～2.3	耐磨、耐蚀涂层
	1Cr18Ni9Ti	C=0.12,Cr=18～20,Ni=9～13,Ti=1	1.6～2.3	耐酸、盐、碱溶液腐蚀涂层

⑥ 其他有色金属及其合金丝　锡涂层常用作食品器具的保护涂层，但锡中含砷量不得大于 0.015%。在电子工业中，锡丝可用作软钎焊过渡涂层，在机械工业中，可作轴承、轴瓦及其他滑动摩擦部件的耐磨涂层。此外由于锡熔点较低，可在熟石膏等材料上喷涂，制造低熔点模具等。喷涂用锡丝的直径一般为 3mm 左右。铅锡合金丝可作为电子器件焊接表面的过渡涂层，用于耐蚀时需经封孔处理。锡、铅及其他金属丝的牌号、成分及特性见表 4.22。

表 4.22　锡、铅及其他金属丝的牌号、成分及特性

类别	牌号	主要化学成分（质量分数）/%	丝材直径/mm	主要性能及应用
锡及其合金	SN-2	Sn≥99.8	3.0	副食品及有机酸腐蚀涂层、木材、石膏、玻璃黏结底层
	CH-A10	Sb=7.5,Cu=3.5,Pb=0.25,Sn余	3.0～3.2	耐磨、减摩涂层
铅	Pb1、Pb2	Pb≥99.9	3.0	耐硫酸腐蚀、X射线防护涂层
其他金属	W1	W=99.95	1.6	抗高温、电触点抗烧蚀涂层
	Ta1	Ta=99.95	1.6	超高温打底涂层、特殊耐酸蚀涂层
	Cd-05	Cd=99.95	1.0～3.0	中子吸收和屏蔽涂层

(2) 复合丝材

用机械方法将两种或更多种材料复合压制成丝（线）材就称为复合丝材，主要有镍铝、不锈钢、铜铝复合丝材等。

镍铝复合丝供火焰喷涂用，得到的涂层性能基本上与镍包铝复合粉末相同。自结合不锈钢复合丝是由不锈钢、镍、铝等组成的复合丝，既利用镍铝的放热效应，使涂层与多种母材金属形成牢固结合，又因复合其他强化元素，改善了涂层的性能。这种涂层收缩率中等，喷涂参数容易控制，便于火焰喷涂。主要用于油泵转子、轴承、汽缸衬里和机械导轨表面的喷涂，也可用来修补碳钢或耐蚀钢磨损件。铜铝复合喷涂丝是一种自结合型青铜材料，涂层含有氧化物和铝铜化合物等硬质点，因此具有良好的耐磨性，主要用于铜及铜合金零部件的修补以及换挡叉、压配件、轴承座等工件的喷涂。

4.2 Ti-Al/陶瓷复合材料的设计

Ti-Al 金属间化合物是一种具有合理性价比与良好工艺性能的轻型结构材料。相对于纯钛，Ti-Al 金属间化合物具有高弹性模量、良好的耐磨性能、低密度、高抗氧化性以及较好的力学性能等特性。在钛合金基材表面激光熔覆纯 Al 或 Ti-Al 金属间化合物与陶瓷混合粉末，可在基材表面形成陶瓷相强化 Ti-Al 基复合涂层，该层可显著提高钛合金表面的显微硬度与耐磨性[10]。

激光熔覆技术制备耐磨涂层首要考虑因素为激光熔覆层与基材的热胀系数对熔覆层的结合强度，特别是抗开裂能力的影响。熔覆层与基材的热胀系数应当尽可能接近，防止激光熔覆层开裂。Ti 与 Al 为 Ti6Al4V 中的主要元素，可选择 Ti 与 Al 作为熔覆层合金系的基本元素。

图 4.1 所示为 Ti-Al 二元相图，可知 Ti 与 Al 在激光熔池中可发生化学反应生成多种具有较高硬度的化合物，如 Ti_3Al、$TiAl$ 及 Al_3Ti。Ti_3Al 易形成于高温区，且当液相中 Ti 含量较高（质量分数大于 65%）的情况下才产生。

Ti_3Al 是一种以 DO19 超点阵结构的 α_2 相为基的 $\alpha_2 + \beta$ 两相金属间化合物，具有密度低、比强度高、弹性模量高及优异的抗氧化性等特点，在新一代航空发动机结构中具有良好的应用前景。由 Ti-Al 二元相图可知，当液相中 Al 含量大于 62%，温度下降到约 1350℃时，Al_3Ti 可形成；当温度下降到 660℃ 以下时，Al_3Ti 转变为 α-Al_3Ti；当液相中 Al 含量为 35%～62% 时，温度下降到约 1470℃ 时，可形成 TiAl；TiAl 的各方面性能均与 Al_3Ti 类似，同样具有密度低、比强度高、弹性模量高等特点。

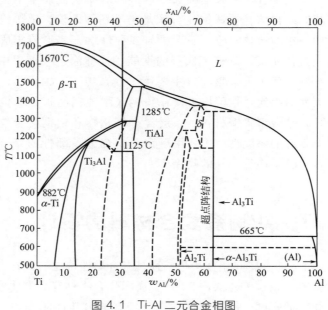

图 4.1 Ti-Al 二元合金相图

作为激光熔覆预置涂层黏结剂的水玻璃，其主要组成成分为 $Na_2O \cdot nSiO_2$。在激光熔覆过程中，部分 Si 从水玻璃中释放，Si 在 Ti-Al 相中具有低溶解度，易使 Ti_5Si_3 在激光熔覆层中产生，且 Ti_5Si_3 具有高硬度（约为 $1500HV_{0.2}$）与强抗氧化性。在熔覆层中形成 Ti_5Si_3 可显著改善 Ti-Al/陶瓷复合材料的耐磨性与耐高温性。

陶瓷相在 Ti-Al/陶瓷复合材料中弥散分布，对其起到弥散强化作用。但如陶瓷相含量过多，会增加熔覆层的脆性，从而降低其耐磨性。在激光熔覆工艺中，陶瓷含量需根据组织结构与性能要求严格控制。

4.2.1 组织特征

激光束能量密度呈高斯分布，熔池中部从激光中吸取的能量较多，周边则较少。因此，激光熔覆层呈中间深两边浅的形貌。图 4.2 为 TC4 钛合金上 Al＋30%TiC 与 Al＋40%TiC 激光熔覆层的宏观金相照片。如图 4.2(a) 所示，Al＋30%TiC 激光熔覆层与基材之间产生了良好的冶金结合，且无明显的气孔与裂纹产生。大量气孔与裂纹在 Al＋40％TiC 激光熔覆层中产生，如图 4.2(b) 所示。

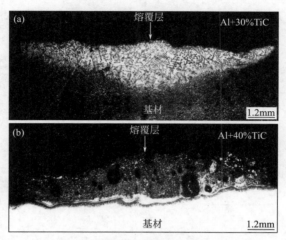

图 4.2　激光熔覆层的组织形貌

　　实际上，随着 TiC 含量增加，激光束通过涂层传导到基材的能量减少，基材熔化体积也随之减少，导致基材对熔覆层稀释率降低。尽管增加陶瓷相含量可有效提高激光熔覆层的硬度与耐磨性等，但其含量却并非越高越好。由于 TiC 熔点远高于熔覆层基材中 Ti-Al 金属间化合物的熔点，且 TiC 与 Ti-Al 金属间化合物之间的热胀系数、弹性模量及热导率相差很大。因此，熔池区域中温度梯度较大，易在局部产生较大应力。

　　激光熔覆层中 TiC 含量越高，裂纹越容易在熔覆层中产生，影响熔覆层与基材的结合质量。TiC 在 Al＋40％TiC 熔覆层中含量过高，导致激光熔池中大量能量被 TiC 吸收，熔池存在时间较短，熔覆过程中产生的部分气体来不及排出，使大量气孔在熔覆层中产生。

　　图 4.3 为 TC4 基材上 Al＋30％TiC 与 Al＋40％TiC 激光熔覆层的 X 射线衍射图谱。将该衍射结果与粉末衍射标准联合委员会（JCPDS）发布的标准粉末衍射卡进行对比可知，Al＋TiC 激光熔覆层顶部主要由 β-Al(Ti)、Ti_3Al、TiAl、Al_3Ti、Al_2O_3 及 TiC 组成，该相组成有利于改善 TC4 钛合金表面的耐磨性。XRD 测试结果表明，大量 Ti-Al 金属间化合物出现在 Al＋TiC 激光熔覆层中，这是由于激光熔覆过程中，基材对熔池产生稀释作用，大量 Ti 由基材进入熔池，进而与预置涂层中的 Al 发生化学反应而生成。

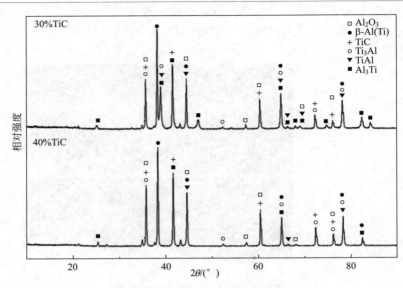

图 4.3　激光熔覆层的 X 射线衍射图谱

　　根据 Ti-C 二元合金相图（见图 4.4）分析可知，在熔池凝固过程中，当温度降到液相线以下时首先析出 TiC 初晶。由于熔覆层冷却速度很快，TiC 以树枝晶形式长大。因熔覆层的冷却速度极快，形核率增长速度大于 TiC 晶体长大速度，所以 TiC 枝晶非常细小。

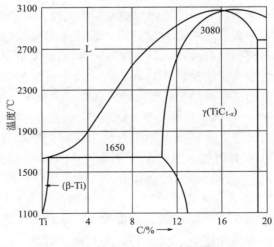

图 4.4　Ti-C 二元合金相图

在激光熔池高过冷度作用下，TiC 在 Al＋30％TiC 激光熔覆层中以树枝晶形式析出并生长 [见图 4.5(a)]。TiC 枝晶在生长过程中受熔体流动干扰，导致枝晶生长方向紊乱[11]。

TiC 在 Al＋40％TiC 激光熔覆层中呈未熔颗粒状，且裂纹出现在该熔覆层中，如图 4.5(b) 所示。这主要是因为熔覆层中产生的热应力超过了其材料的屈服强度极限，导致裂纹产生。

表面凹凸不平的 TiC 未熔颗粒在 Al＋40％TiC 激光熔覆层中产生，如图 4.5(c) 所示。这是由于激光熔覆过程中 Al＋40％TiC 熔池存在的时间较短，大颗粒来不及熔化，在冷却过程中被保留下来。TiC 颗粒因发生破碎熔解，颗粒边缘变得凹凸不平。

图 4.5(d) 表明，大量针状马氏体产生于 Al＋30％TiC 熔覆层的热影响区中。实际上，TC4 钛合金 $\beta \rightarrow \alpha$ 的相变转变温度从 882℃下降到850℃过程中，当冷却速度大于 200℃/s 时，以无扩散方式完成马氏体转变，基材组织中出现针状马氏体（α-Ti）。另外，由于 β 相中原子扩散系数大，钛合金热影响区的加热温度超过相变点后，β 相长大倾向特别大，易形成粗大晶粒。

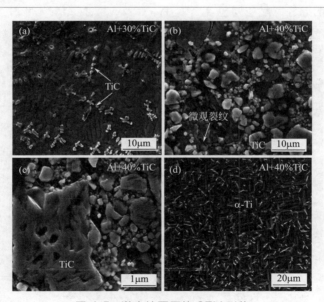

图 4.5　激光熔覆层的 SEM 形貌

EPMA 能谱分析（图 4.6）结果表明，主要有 Ti、Al、V 以及 C 元素分布于 Al＋40％TiC 激光熔覆层与基材中。

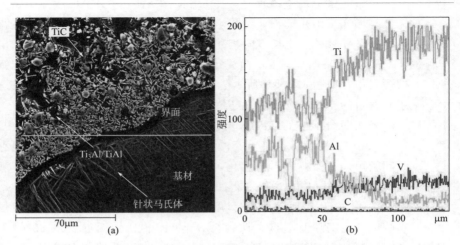

图 4.6　Al+ 40％TiC 激光熔覆层结合区组织形貌及 EPMA 能谱分析

大量未熔 TiC 颗粒出现在 Al＋40％TiC 激光熔覆层中。同时，在未熔 TiC 颗粒表层上，出现了许多针状晶 [见图 4.7(a)]。点 1 的 EDS 分析结果表明此针状晶主要包含 Al、Ti、C 及 V 三种元素 [见图 4.7(b)]。

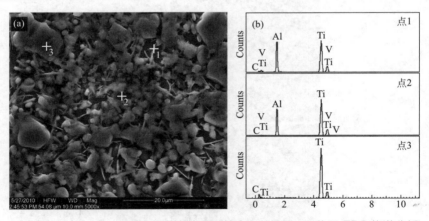

图 4.7　TiC 在 Al+ 40％TiC 激光熔覆层结合区的 SEM 形貌及 EDS 能谱分析

结合 XRD 结果可知，此针状晶主要由 TiC 及 Ti-Al 金属间化合物组成，具有很强的耐磨性。EDS 能谱分析结果表明，熔覆层基材主要包含 Al、Ti、C、V 四种元素。C 在点 2 中含量明显小于点 1 中含量，见表 4.23。结合 XRD 分析结果表明，该熔覆层基材主要由 Ti-Al 金属间化合物组成。点 3 的 EDS 能谱分析结果表明，Al＋40％TiC 激光熔覆层中的未熔大块为 TiC。

表 4.23　TiC 在 Al＋40％TiC 激光熔覆中的 EDS 结果

测试位置	化学元素含量(质量分数)/%			
	Ti	C	Al	V
点 1	44.25	12.67	39.33	3.74
点 2	53.48	3.50	39.07	3.96
点 3	76.26	23.74	—	—

4.2.2　温度场分布

模拟计算以 TC4 钛合金上激光熔覆 Al 涂层为研究对象，工艺参数：$P=0.9\text{kW}$，$v=5\text{mm/s}$，$D=4\text{mm}$。图 4.8 是不同激光扫描时间下的瞬态温度分布。

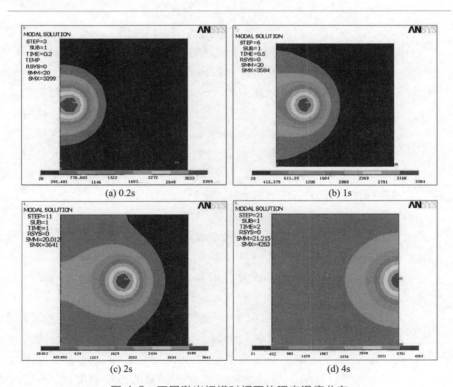

(a) 0.2s　　(b) 1s　　(c) 2s　　(d) 4s

图 4.8　不同激光扫描时间下的瞬态温度分布

在激光扫描的初始阶段，最高温度逐渐升高，在 0.2s 时最高温度为 3399℃。0.5s 时迅速升至 3584℃，最高温度增加了 185℃。1s 过后温度场进入准稳态，最高温度增加到 3641℃。激光熔覆过程快结束时温度迅速攀升，在 2s 时最高温升至 4263℃。这主要是由于激光熔覆过程中，试样边缘受到激光照射时间短，激光开始时扫描温度较低，由于热量积累，伴随扫描距离增加，激光照射点的最高温度逐渐增加。

材料内部热量主要散失方式是热传导，末端能量只能进行单向热传导，造成端部的热量大量积累，熔池深度和宽度迅速增加。被激光照射的地方温度很高，熔池温度最高点出现光斑中心。热源离开后，通过工件与周围介质的对流换热和工件内部的热传导，材料温度迅速降低，表现出典型的急热急冷特征。这一特征使得熔覆层组织的凝固速度很快，可形成微观组织细小致密的熔覆层。温度峰值后拖有一长尾，这是由于激光的移动，光斑移出的区域温度没来得及下降，光斑进入的区域迅速升温，导致光斑移出的等温区域比将要进入的区域大。熔池前方温度变化较为剧烈，熔池后方的温度变化则较为缓慢。

激光在钛合金表面所形成的熔池的温度分布，对于激光熔覆层中晶体的生长速率及方式、形核率大小及熔覆层的微观组织结构具有重要意义。

激光熔覆层表面沿扫描方向各点温度变化情况如图 4.9(a) 所示。各点有着基本相同的热循环曲线，只是达到最高温度的时间先后不同。随扫描距离的增加，光斑中心升温曲线逐渐趋于平缓，热加载时间逐渐变长。同时可看出，各点的升温速率明显大于冷却速率，冷却时各点温度趋近于试样的平均温度。激光照射时，在同一时刻沿激光扫描方向，邻近节点有的处于升温阶段，有的则处于冷却阶段，沿扫描方向存在较大温度梯度。各点热胀冷缩相互制约，必然产生较大的热应力，热应力则是激光熔覆过程产生裂纹的主要原因。

相关试验研究表明，预热熔覆层和基材对熔覆层与基材的结合及防止熔覆层组织裂纹、热应力等各方面的性能均起到很大的改善作用。热源能量的高斯分布使熔覆过程中同时进行了局部预热，从而提高了加工效率与质量。

图 4.9(b) 是熔覆层中心处沿深度方向各节点的温度变化曲线。加热初期在热传导作用下，各点温度共同缓慢上升。当光斑到达表面中心点时，该处温度急剧上升到峰值温度 3662℃，此时距离表面 2.1mm 处（5 点）温度为 746℃，熔覆层和基材存在强烈的温度梯度。光斑离开后，由于热传导作用，表层下的节点温度继续上升，5 点处滞后一段时间达到峰值 842℃，此点与激光扫描方向上温度变化一样，升温速率明显大于降温

速率，离表面越近，节点温度变化越剧烈。反之，节点温度则变化较平缓。当冷却进行到一定程度时，各点温度很快趋于相同。

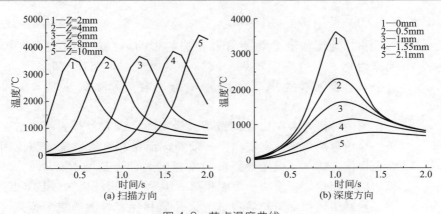

图 4.9　节点温度曲线

4.2.3　工艺参数的影响

钛合金表面激光熔覆过程中，影响激光熔覆层质量的工艺因素很多，如激光功率 P、光斑尺寸（光束直径 D 或面积 S）、光束构型和聚焦方式、工件移动速度或激光扫描速度 v、激光扫描多道搭接系数 α，以及不同填料方式确定的涂层材料添加量（如预置厚度 d 或送粉量 g）等。激光熔覆层质量主要靠调整 3 个参数来实现，即激光功率 P、激光束直径 D 和扫描速度 v[12]。

（1）激光功率

相同工艺条件下，激光功率越大，熔化的钛合金量越多，气孔产生的概率越小。随着激光功率增加，涂层深度增加，周围液态金属流向气孔，而使气孔数量逐渐减少甚至得以消除，裂纹数量也逐渐减少。当涂层深度达到极限深度后，随着功率提高，将引起等离子体增大，基材表面温度升高，导致变形和开裂现象加剧。激光功率过小，仅表面涂层熔化，基材未熔，此时熔覆层表面出现局部起球、空洞等外观，达不到表面熔覆的目的。

（2）激光束直径

激光束一般为圆形，熔覆层宽度主要取决于光斑直径的大小。光斑直径增加，熔覆层就会相应变宽。同时光斑尺寸不同会引起熔覆层表面能量分布变化，所获得的熔覆层形貌和力学性能存在较大差别。一般来说，在小尺寸光斑作用下，熔覆层质量较好，随着光斑尺寸的增大，熔覆层质量下降。但光斑直径过小，则无法获得大面积的熔覆层。

（3）扫描速度

扫描速度与激光功率有着相似的影响。扫描速度过高，粉末不能完全熔化，未达熔覆效果；扫描速度太低，熔池存在时间过长，粉末过烧，合金元素损失。同时，钛合金基材所承受的热输入量大会增加变形量。

国内外研究者在这方面做了大量工作，研究者认为激光熔覆参数不是独立地影响熔覆层宏观和微观质量，而是相互影响的。为说明三者的综合作用，提出了激光比能量的概念，比能量 $E_s = P/(Dv)$，即单位面积的辐照能量，需将功率密度和扫描速度等因素综合在一起考虑。

稀释率是评定激光熔覆层表面品质和合金过渡的主要依据之一，其定义为涂层材料和熔化的熔覆基材混合引起的涂层合金的成分变化。它可以用面积法或成分法计算。用面积法计算的稀释率又称几何稀释率

$$\lambda = [S_1/(S_1+S_2)] \times 100\%$$

式中，λ 为稀释率，S_1 为基材熔化面积，S_2 为熔覆层面积。上式可简化为

$$\lambda = [h/(H+h)] \times 100\%$$

式中，h 为基材熔深，H 为熔覆层深度。针对激光比能量研究表明，比能量减小有利于降低稀释率，同时它与粉末层厚度也有着不同的依赖关系。

在激光功率一定的条件下，所形成的激光熔覆层稀释率随光斑宽度增大而减小；当扫描速度和光斑宽度一定时，熔覆层稀释率随激光束功率增大而增大。同样，随着扫描速度增加，基材的熔化深度下降，基材对熔覆层的稀释率下降，一般认为在 10% 以下为宜。但稀释率并非越小越好，稀释率太小形成不了良好的结合界面。

多道熔覆中搭接率也是影响熔覆层表面粗糙度的重要因素，随着搭接率提高，熔覆层表面粗糙度降低，但搭接部分的表面均匀性很难得到保证。熔覆道之间相互搭接区域的深度与熔覆道正中的深度有所不同，从而影响整个熔覆层深度的均匀性。残余拉应力会叠加，使局部总应力值迅速增大，提升了熔覆层裂纹敏感性。预热和回火能显著降低激光熔覆层中产生裂纹的倾向。

钛合金表面激光熔覆的目的是为了提高钛合金的耐热性、耐蚀性及耐磨性等特性。因此，激光熔覆层的质量至关重要，宏观质量与微观质

量都需要获得较好的试验指标。良好的激光熔覆层具有光滑平整的表面形貌，且没有明显表面微裂纹产生。可通过观察钛合金激光熔覆层的表面形貌初步确定较为合理的工艺参数。

（4）激光比能量

Al+35％TiC 与 Al+45％TiC 激光熔覆层的稀释率与激光比能量的关系如图 4.10 所示，随着激光比能量的增大，材料的稀释率增大。这是由于激光比能量增大了基材熔化面积所致。稀释率随着 TiC 含量的增加而减小。TiC 含量增加，激光束通过复合涂层传导到基材的能量随之减少，基材熔化体积也相应减少，因而稀释率降低。选择合适的激光比能量，要综合考虑基材与涂层的结合情况以及熔覆层的表面质量。

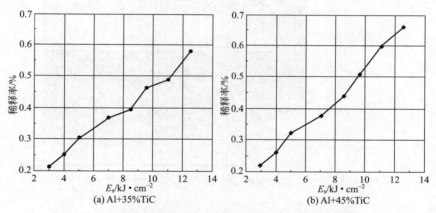

图 4.10　不同激光熔覆层中稀释率与激光比能量的关系曲线

Al+25％TiC 为预置涂层粉末时，采用氩气作为保护气体，其他工艺参数与试验结果如表 4.24 所示。对试样所做的金相形貌分析如图 4.11 所示，激光熔覆层的形貌呈"月牙状"。这是由于激光束能量密度为高斯分布，中心能量高、边缘低。表 4.24 与图 4.11 表明，当扫描速度一定时，随着激光功率增大，熔覆层的厚度逐渐增大。当激光功率一定时，激光束扫描速度越大，激光熔覆层厚度越小。

表 4.24　激光熔覆工艺参数与结果

试样号	1	2	3
功率/kW	0.9	0.9	0.9
速度/mm·s^{-1}	5	7.5	10
处理层最深深度/mm	2.3	1.4	0.6

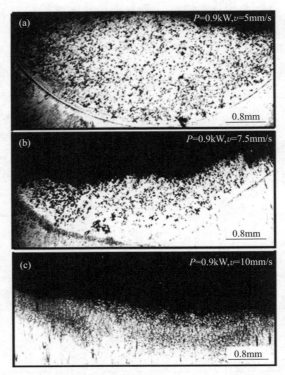

图 4.11　不同激光比能量作用下 Al+ 25％TiC 熔覆层的金相形貌

　　图 4.12(a) 为激光比能量为 $6kJ/cm^2$ 时，Al＋25％TiC 激光熔覆层的截面组织形貌，从图中可以看出较多裂纹在该熔覆层的结合区产生。当激光比能量上升为 $9.5kJ/cm^2$ 时，Al＋25％TiC 激光熔覆结合区组织形貌如图 4.12(b) 所示，在此激光比能量下熔覆层结合区质量良好，结合处无气孔等缺陷产生。在 Al＋35％TiC 激光熔覆层中，当激光比能量为 $6kJ/cm^2$ 时，大气孔与裂纹分别出现在 Al＋35％TiC 激光熔覆层熔覆区与结合区，如图 4.12(c)、(d) 所示。

　　当激光比能量为 $6kJ/cm^2$ 时，激光比能量偏低，熔池存在时间过短，熔池产生的气体没有充足的时间溢出，导致气孔产生。另一方面，熔池底部温度较低且黏度较大，处于熔池底部的颗粒可被黏滞力较大的熔体拖住进行充分熔化或与熔体中的某些元素反应。如果在熔化或反应过程中产生气体，则这些气体很难从凝固状态且黏稠度较大的熔池中逸出，因而滞留于熔池边缘处形成气孔。因此，在此激光比能量下，大量气孔于 Al＋35％TiC 激光熔覆层中产生。当激光比能量为 9.5kJ/cm^2 时，Al＋35％TiC 激光熔覆层与基材的交界处有明显的白亮冶金结合带产生，且没有气孔及裂纹产生，如图 4.12(e)、(f) 所示。这是因为随着激光比能量增大，熔池存在时间较长，预置合金粉末得到充分熔化，有利于激光熔覆层的质量改善。

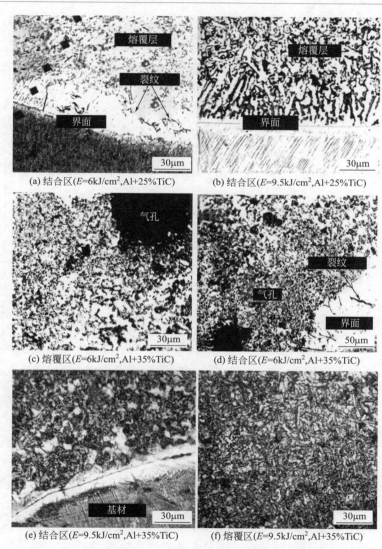

(a) 结合区(E=6kJ/cm^2,Al+25%TiC)　　(b) 结合区(E=9.5kJ/cm^2,Al+25%TiC)

(c) 熔覆区(E=6kJ/cm^2,Al+35%TiC)　　(d) 结合区(E=6kJ/cm^2,Al+35%TiC)

(e) 结合区(E=9.5kJ/cm^2,Al+35%TiC)　　(f) 熔覆区(E=9.5kJ/cm^2,Al+35%TiC)

图 4.12　Al+25％TiC 与 Al+35％TiC 激光熔覆层在不同激光比
能量条件下的组织形貌

图 4.13 表明，当激光比能量范围在 $5\sim10\mathrm{kJ/cm^2}$ 时，$\mathrm{Al}+25\%\mathrm{TiC}$ 激光熔覆层的显微硬度与激光比能量大小成正比。分析可知，在较低激光比能量条件下，$\mathrm{Al}+25\%\mathrm{TiC}$ 激光熔覆层质量较差且有气孔及裂纹产生，预置涂层粉末无法充分熔化并析出，导致熔覆层显微硬度较低。随着激光比能量增大，熔覆层质量得到明显改善，预置涂层粉末可充分熔化。在熔池冷却过程中，TiC 析出并弥散分布在 Ti-Al 基底上，对熔覆层起到弥散强化作用，可显著提高熔覆层的显微硬度。但当激光比能量过高时，熔池存在时间过长，TiC 生长时间也随之增长，熔覆层组织随之变粗，硬度降低。

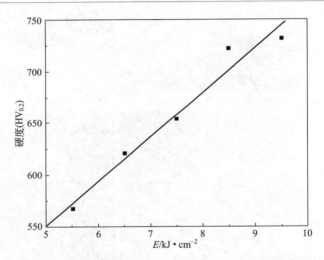

图 4.13 在不同激光比能量条件下 Al+25%TiC 激光熔覆层的显微硬度分布

4.2.4 氮气环境中 Ti-Al/陶瓷的组织性能

在钛合金基材表面进行激光氮化可大幅提高基材的硬度与耐磨性。激光氮化是在氮气环境中利用激光辐射熔化基材表面，并在钛合金表面形成组织致密的氮化层。在氮气环境中进行激光熔覆的过程中，尽管熔池内吹向熔池的保护气体、Marangoni 对流及对熔池搅拌能起到一定的促进扩散作用，但合金元素在熔池内仍充分扩散。钛合金激光氮化处理后所产生的钛的氮化物主要在激光熔覆层表层形成。

氮气作为保护气时，在钛合金上激光熔覆 $\mathrm{Ti_3Al}+\mathrm{TiB_2}$ 预置粉末可生成 $\mathrm{Ti_3Al}+\mathrm{TiB_2}/\mathrm{TiN}$ 复合涂层。图 4.14(a)～(c) 分别为氮气作为保

护气的环境中，激光功率 0.8～0.9kW，扫描速度 5mm/s 时，TC4 基材表面所产生的 $Ti_3Al+30\%TiB_2$、$Ti_3Al+40\%TiB_2$ 及 $Ti_3Al+50\%TiB_2$ 激光熔覆层的组织形貌。稀释率是决定熔覆层质量的重要因素，在一定的范围内稀释率提高有利于促进激光熔覆层与基材间的冶金结合。随着 TiB_2 陶瓷相在预置涂层中的增加，基材对激光熔覆层的稀释率降低，同时也降低了激光传输到基材的能量。激光熔覆过程中，TiB_2 在 $Ti_3Al+30\%TiB_2$ 及 $Ti_3Al+40\%TiB_2$ 熔池中可充分熔化，所以这两个熔覆层组织分布致密而均匀[13]。由于 TiB_2 具有高熔点，在熔池冷却过程中，TiB_2 首先析出，为其他晶粒析出提供了诸多形核点，细化了熔覆层的显微组织。

比较图 4.14(a)、(b) 可知，由于具有较高的 TiB_2 含量，$Ti_3Al+40\%TiB_2$ 激光熔覆层的显微组织较 $Ti_3Al+30\%TiB_2$ 熔覆层更为细化。

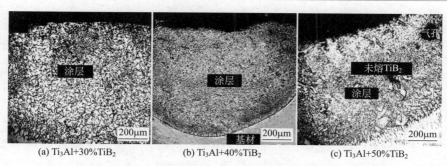

(a) $Ti_3Al+30\%TiB_2$ (b) $Ti_3Al+40\%TiB_2$ (c) $Ti_3Al+50\%TiB_2$

图 4.14　氮气环境中不同 TiB_2 含量的 Ti_3Al 基激光熔覆层的组织形貌

实际上，在 $Ti_3Al+40\%TiB_2$ 熔池中，高含量的 TiB_2 从激光中吸取了大量能量，使熔池表层形成的原始 TiN 陶瓷相颗粒熔解程度降低，其析出和长大也受到极大限制。另外，高含量的 TiB_2 使熔覆层结晶前的传质与传热过程加快，导致 TiN 析出相更加细小。而气孔及大量未熔 TiB_2 块状物则出现于 $Ti_3Al+50\%TiB_2$ 激光熔覆层中。这主要归因于过高的 TiB_2 含量使熔池的存在时间过短，稀释率降低。因此，TiB_2 无法充分熔化，气体也未能及时溢出，导致未熔 TiB_2 与气孔在熔覆层中产生 ［见图 4.14(c)］。

XRD 结果表明，在氮气环境下产生的 Ti_3Al-TiB_2 激光熔覆层主要包含 TiB_2、Ti_3Al、TiN 及 AlB_2 相 （见图 4.15）。这种相组合有利于提高基材的显微硬度与耐磨性。

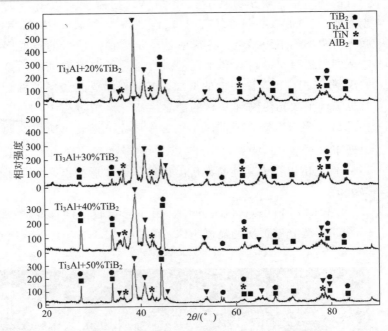

图 4.15　氮气环境中不同 TiB_2 含量激光熔覆层的 XRD 图谱

由于激光能量极高，部分 TiB_2 能够从激光中获取足够的能量，在激光所产生的熔池中分解为 Ti 与 B。同时，由于基材对熔池的稀释作用，大量 Ti 与 Al 从基材进入熔池。在熔池中，Ti、Al 与 B 可发生如下化学反应：

$$TiB_2 \longrightarrow Ti + 2B \tag{4.1}$$

$$Al + 2B \longrightarrow AlB_2 \tag{4.2}$$

以上反应中吉布斯自由能均为负值，表明反应可正常进行。在激光熔覆过程中，发生如下反应：

$$Ti + 1/2N_2 \longrightarrow TiN \tag{4.3}$$

TiN 主要分布于激光熔覆层表层，是重要的硬质强化相，对熔覆层耐磨性的提高起到重要作用。氮气环境中不同 TiB_2 含量的 Ti_3Al 基激光熔覆层的 SEM 形貌如图 4.16 所示。

当 Ti_3Al-TiB_2 预置合金粉末在氮气环境下被高能激光照射之时，合金粉末从激光中吸收能量并迅速熔化。比较图 4.16(a)、(b) 可知，TiN 析出相在氮气环境中产生的 Ti_3Al + 20％ TiB_2 激光熔覆层的尺寸明显大于其在 Ti_3Al + 40％ TiB_2 熔覆层的尺寸。当 TiB_2 在预置涂层中含量小于

50%时，激光熔覆层组织的细化程度与 TiB_2 在预置涂层中的含量成正比。SEM 分析表明，TiN 与 TiB_2 相间生长，起到抑制彼此枝晶生长的作用，这有利于细化激光熔覆层的组织结构[14]。

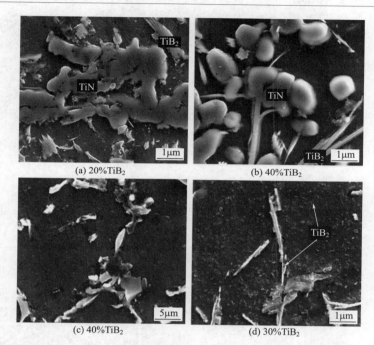

(a) 20%TiB_2

(b) 40%TiB_2

(c) 40%TiB_2

(d) 30%TiB_2

图 4.16　氮气环境中不同 TiB_2 含量的 Ti_3Al 基激光熔覆层的 SEM 形貌

图 4.16(c) 表明，大量硼化物聚集于熔覆层基底晶界处，起到细化及强化晶界的作用。不同形态的 TiB_2 析出相弥散分布于 $Ti_3Al+30\%$ TiB_2 激光熔覆层基底处，对熔覆层起到弥散强化的作用［见图 4.16(d)］。部分 TiB_2 析出相呈棒状，主要原因为部分 TiB_2 沿 c 轴优先生长。另一方面，由于激光熔覆层过冷度极高，TiB_2 生长时间有限，一部分 TiB_2 无法得到充足时间长大，导致大量极为细小的 TiB_2 析出相弥散分布在熔覆层中。

在氮气环境中生成的 $Ti_3Al+30\%TiB_2$ 激光熔覆层中，部分 TiB_2 晶体呈六棱状，如图 4.17(a) 所示。TiB_2 晶体中生长速率较快的晶面将被不断堆砌的新晶面所淹没，最终形成具有较低生长速度的晶面。所以 TiB_2 晶体将生长成为 (0001) 面，$\{10\bar{1}0\}$ 为棱面的六棱状形貌的晶体。图 4.17(b) 为 TiB_2[223] 晶带轴的选区电子衍射斑点。

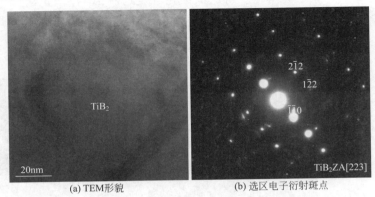

|(a) TEM形貌|(b) 选区电子衍射斑点|

图 4.17　氮气环境中 $Ti_3Al+30\%TiB_2$ 激光熔覆层 TEM 形貌

当激光功率由 $0.8\sim0.9kW$ 升高到 $0.95\sim1.15kW$ 时，氮气环境中产生的 $Ti_3Al+50\%TiB_2$ 激光熔覆层无气孔及裂纹产生，且与基材形成良好的冶金结合 [见图 4.18(a)]。在热影响区中形成的 α-Ti 针状马氏体也可改善钛合金表面的组织性能。在本试验条件下，氮气较难深入熔池底部，TiN 卵状析出相主要于熔覆层上层形成 [见图 4.18(b)]。

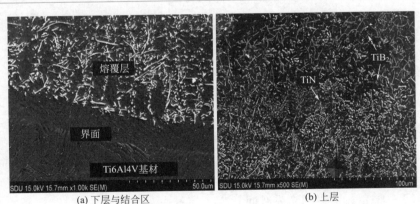

|(a) 下层与结合区|(b) 上层|

图 4.18　功率为 $0.95\sim1.15kW$ 时，氮气环境中
$Ti_3Al+50\%TiB_2$ 激光熔覆层 SEM 形貌

TiN 与 TiB_2 析出相非常细小，弥散分布于 $Ti_3Al+50\%TiB_2$ 激光熔覆层中，如图 4.19(a) 所示。点 1 的 EDS 结果表明，熔覆层中块状析出相主要包含 Al、Ti、N 及 V 元素。结合 XRD 结果可证实，该块状析出相主要由 TiN 以及少量 Ti-Al 金属间化合物组成。由于 TiN 具有较高的熔点

（2950℃），可推知 TiN 主要产生于析出相中部，而 Ti-Al 金属间化合物则主要存在于块状析出相表面。点 2 的 EDS 分析结果表明，片状析出相主要包含 Al、Ti、B 及 V 元素，B 原子的数量大约是 Ti 原子数量的两倍［见图 4.19(b) 与表 4.25］，这表明该片状析出相主要由 TiB_2 组成。

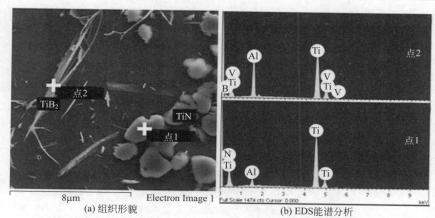

| | (a) 组织形貌 | (b) EDS能谱分析 |

图 4.19　功率 0.95~1.15kW 时氮气环境中 $Ti_3Al+ 50\%TiB_2$ 激光熔覆层的形貌及 EDS 能谱分析

表 4.25　$Ti_3Al+50\%TiB_2$ 激光熔覆层中不同点的 EDS 能谱分析结果

测试位置	主要化学元素成分(质量分数)/%				
	Ti	Al	B	N	V
点 1	62.90	4.16	—	32.94	—
点 2	29.32	12.09	56.92	—	1.67

4.2.5　稀土氧化物对 Ti-Al/陶瓷的影响

稀土氧化物 Y_2O_3 含量对 Ti-Al/陶瓷材料的组织结构及耐磨性产生重要影响。试验所用的材料和工艺参数见表 4.26。两个典型样品在激光熔覆过程中的激光功率与扫描速度一致，采用 0.4MPa 氩气侧吹法保护激光熔池。

表 4.26　激光熔覆工艺参数与材料

激光熔覆层	熔覆粉末成分 /%	激光功率 /kW	扫描速度 /mm·s^{-1}
$Al_3Ti-10C-TiB_2-5Cu-1Y_2O_3$	$69Al_3Ti-5Cu-15TiB_2-10C-1Y_2O_3$	0.8~1.2	5
$Al_3Ti-10C-TiB_2-5Cu-3Y_2O_3$	$67Al_3Ti-5Cu-15TiB_2-10C-3Y_2O_3$		

当1％Y_2O_3在预置涂层中加入，激光熔覆层组织明显细化［见图4.20
(a)］。图4.20(b) 表明，当预置涂层中 Y_2O_3 含量达3％时，析出相在高含
量的稀土氧化物的作用下很难生长，熔覆层组织更为细化。地毯状的小颗
粒薄膜出现在 Al_3Ti-10C-TiB_2-5Cu-3Y_2O_3 激光熔覆层基底。该区域的 EDS
能谱表明，主要有 B、Al、Ti 及 Cu 元素存在于该区域［见图4.20(c)、
(d)］。结合 XRD/EDS 分析结果表明，主要有 $Ti(CuAl)_2$、Ti_3Cu、Ti-Al 金
属间化合物及少量钛硼化合物存在于该区域。

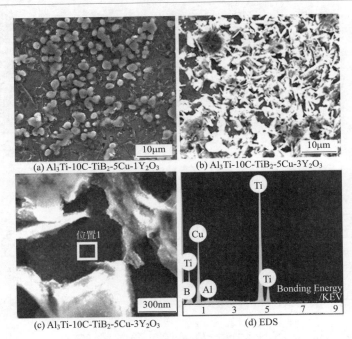

(a) $Al_3Ti-10C-TiB_2-5Cu-1Y_2O_3$　　(b) $Al_3Ti-10C-TiB_2-5Cu-3Y_2O_3$

(c) $Al_3Ti-10C-TiB_2-5Cu-3Y_2O_3$　　(d) EDS

图 4.20　激光熔覆层 SEM 组织与能谱分析

激光熔覆过程中，部分 Y_2O_3 会分解为 Y 与氧气。稀土元素 Y 的产
生减小了液态金属的表面张力与临界形核半径，使同一时间内的形核点
数目明显增加，有利于细化激光熔覆层组织。未发生分解的 Y_2O_3 一定
程度上阻碍了晶体生长，可进一步细化熔覆层组织。

如图 4.21(a) 所示，聚集态的 Y_2O_3 出现于 Al_3Ti-10C-TiB_2-5Cu-
3Y_2O_3 激光熔覆层基底晶界处，且高含量 Y_2O_3 使熔覆层具有极大脆性，
易导致裂纹产生[15,16]。如图 4.21(b) 所示，TiB 棒状析出相也出现在该激
光熔覆层中。TiB 与 Ti 之间存在如下位向关系：$(001)_{TiB}//(\overline{1}101)_{\alpha-Ti}$，
$(1\overline{1}1)_{TiB}//(\overline{1}012)_{\alpha-Ti}$ [113]。

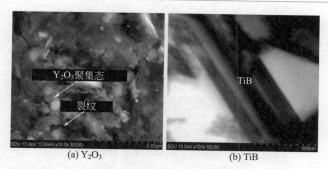

(a) Y_2O_3　　　　　　　　(b) TiB

图 4.21　Al_3Ti-10C-TiB_2-5Cu-3Y_2O_3 激光熔覆层的 SEM 组织

在 Al_3Ti-10C-TiB_2-5Cu-3Y_2O_3 激光熔覆层中颗粒状物质为 Y_2O_3，如图 4.22（a）所示，表明大量 Y_2O_3 在熔覆层局部区域发生了聚集。图 4.22（b）为 Ti_3Al［223］晶带轴与 Y_2O_3［210］的复合电子衍射斑点。分析表明基底 Ti_3Al 与 Y_2O_3 两相之间存在着如下取向关系：（001）Y_2O_3∥（110）Ti_3Al。根据 TEM 分析结果，针状马氏体组织出现在了激光熔覆层下部，见图 4.22（c）。图 4.22（d）为针状马氏体组织晶带轴的选区电子衍射斑点。

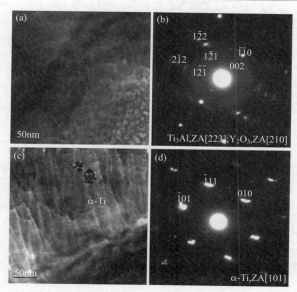

图 4.22　Al_3Ti-10C-TiB_2-5Cu-3Y_2O_3 熔覆层 TEM 形貌和选区电子衍射图

图 4.23(a) 所示为 Al_3Ti-10C-TiB_2-5Cu-$3Y_2O_3$ 激光熔覆层中 Ti_3Al 基底的高分辨晶格像，图中条纹间距 0.288nm，对应于其（110）晶面。图 4.23(b) 为该激光熔覆层中 TiC 相高分辨晶格像，其中条纹间距 0.249nm，对应于 TiC(111) 晶面。

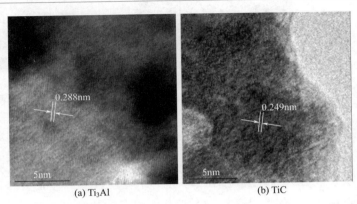

(a) Ti_3Al (b) TiC

图 4.23　Al_3Ti-10C-TiB_2-5Cu-$3Y_2O_3$ 激光熔覆层的高分辨电镜晶格像

4.3　Fe_3Al/陶瓷复合材料的设计

金属间化合物的研究始于 20 世纪 30 年代，主要集中于 Ni-Al、Ti-Al 和 Fe-Al 三大合金系。Ni-Al 和 Ti-Al 系金属间化合物，价格昂贵，主要用于航空航天等领域。与 Ni-Al 和 Ti-Al 系相比，Fe-Al 系金属间化合物具有成本低和密度小等优势，有较为广阔的应用前景。Fe-Al 系金属间化合物中最受关注的是 Fe_3Al 金属间化合物。目前，国内外研究者在其制备工艺、合金成分设计、室温脆性、高温强度等方面的研究已取得进展，并已开始针对纳米晶 Fe_3Al 及单晶 Fe_3Al 进行预研，以提高其力学性能和克服沿晶断裂。以 Fe_3Al 为基材的产品已在加热炉、热交换器、煤气化装置和汽车制造等方面得到应用，但焊接问题一直是制约 Fe_3Al 金属间化合物工程应用的主要障碍。

4.3.1　组织特征

Fe_3Al 金属间化合物的有序化温度较低。有序化进程是 Fe、Al 原子从无序到有序重新分布的过程，需要一定的时间，而焊接过程冷却速度很快，导致有序化过程不能充分进行，可能在焊接区保留部分不完全有序的 B2 型结构甚至无序 α-Fe(Al) 结构，对焊接区的组织性能有一定影响。

Fe$_3$Al 金属间化合物 DO$_3$ 与 B2 型有序点阵结构的晶胞如图 4.24 所示。它由 8 个体心立方点阵堆积而成，将晶胞中的四个点阵位置分别标以 α_1、α_2、β 和 γ。当 $\alpha_1 = \alpha_2 \neq \beta \neq \gamma$ 时为 DO$_3$ 型结构晶胞，Fe 原子占据 α_1、α_2 和 β 位置，Al 原子占据 γ 位置，多余的 Al 原子则占据 β 位置。当 $\alpha_1 = \alpha_2$，$\beta = \gamma$ 而 $\alpha_1 \neq \gamma$ 时为 B2 型结构晶胞，Fe 原子占据 α_1 和 α_2 位置，其余位置被 Fe、Al 原子随机占据。

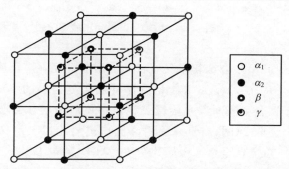

图 4.24　Fe$_3$Al DO$_3$ 型与 B2 型有序点阵结构的晶胞

在 Fe$_3$Al 的点阵结构中，原子间结合既有金属键，又有共价键和离子键，这种独特的晶体结构决定了它的特殊性能，既保留了金属材料的某些特性，如导热性、塑性，又具备许多与陶瓷材料相似的性能，如密度低、比强度高、抗高温氧化和耐蚀性好等[17,18]。

超点阵位错与反相畴界（APB）是有序合金中典型的线缺陷和面缺陷。如图 4.25 所示，在正常的点阵结构中，A 原子与 B 原子总是相互包围，当晶体中的位错发生滑移时沿滑移面产生界面，在界面两侧同类的原子彼此相对，这一界面即为反相畴界。通常将两超点阵位错及它们之间的反相畴界一起称为超位错。

研究表明，超点阵位错间距与反相畴界能之间成反比，而反相畴界能大小决定于近邻原子交互作用能的大小。降低最近邻原子间交互作用能有利于反相畴界能的减小。超点阵位错之间的间距随合金长程有序地降低而增长，有利于降低反相畴界能。因此，通过添加合金元素 M 并在 DO$_3$ 超点阵结构合理占位，改变 Fe-Al 原子对的结合状态，将单一的 Fe-Al 原子对转变为 Fe-Fe、Fe-Al、Al-M 原子对，降低 Fe$_3$Al

最近邻原子间的交互作用，提高超点阵位错的分解能力可有效改善其室温塑性。

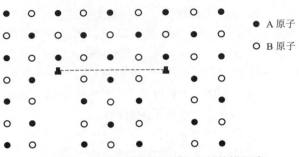

图 4.25　Fe$_3$Al 金属间化合物中超位错示意

Co 包 WC 合金粉末具有较高的耐磨性能，广泛应用于航空航天制造领域。SiC/CeO$_2$/Ce 等物相可显著细化复合层的组织结构。Fe$_3$Al 粉末适用于钛合金表面激光熔覆工艺，熔覆后可与钛合金基材形成良好的冶金结合。Fe$_3$Al 具有良好的耐高温、抗氧化以及耐磨损等性能。实验表明，在 TC4 钛合金上激光熔覆 Fe$_3$Al＋Co 包 WC/C＋SiC/nano-CeO$_2$ 混合粉末可形成金属基陶瓷颗粒强化复合层，可显著改善 TC4 钛合金表面的耐磨性能。但在熔覆过程中，C 与 Ti 在熔池中反应生成过量 TiC 陶瓷硬质相，影响了复合层的耐磨性能及表面形貌。而 C 加入量过少，尽管可以降低复合层中 TiC 含量，却抑制了陶瓷硬质相对熔覆层的强化作用。激光熔覆过程中 Ti 与 Cu 反应生成 Ti-Cu 间金属化合物，可降低复合层中的复合梯度并提高耐磨性能。激光熔覆过程中 Cu 与 Ti 在熔池中反应生成 Ti$_2$Cu，阻碍了过量 TiC 硬质相的产生，改善了复合层的组织结构与耐磨性能。基于上述原因，可用 Cu 改善钛合金基材 Fe$_3$Al＋Co 包 WC/C＋SiC/CeO$_2$ 激光熔覆复合层的性能。

激光熔覆的实质是将具有特殊性能（如耐磨、耐蚀、抗氧化等）的粉末预先喷涂在金属表面或同激光同步送粉，在激光束作用下迅速熔化及快速凝固，在基材表面形成无裂纹、无气孔的冶金结合层的一种表面改性技术。激光熔覆陶瓷颗粒强化复合层是一种提升钛合金表面耐磨性能的有效手段。

试验材料包括基材与熔覆材料两部分，其中基材为 TC4 钛合金，熔覆材料包括：Fe$_3$Al（纯度 ≥99.5％，50～200 目），C（纯度 ≥99.5％，50～100 目），Co 包 WC（纯度 ≥99.5％，50～100 目，wt.％20Co），

CeO_2（纯度≥99.5％，10～50 目），SiC（纯度≥99.5％，250～400 目）以及 Cu（纯度≥99.5％，50～150 目）。钛合金熔覆试样尺寸为 10mm×10mm×10mm，预置涂层厚度为 0.8mm。激光熔覆之前预置涂层制备：将钛合金基材表面用砂纸磨平，用水玻璃（$Na_2O \cdot nSiO_2$）作为黏结剂将熔覆粉末调成糊状，再将糊状混合物均匀预涂覆于基材上，晾干。

试验采用上海激光所生产的横流式 CO_2 激光加工设备进行激光熔覆。激光熔覆设备包括：激光器（最大功率为 1500W，功率连续可调）、光学系统和工作台。利用 CO_2 受激发后产生的激光作为试验所用的激光源，通过光学系统将光束进行传输、聚焦及功率检测。通过可见光同轴瞄准，找准工件的加工部位；工作台用于固定工件并使之按要求相对于激光束做相对运动，完成激光束在工件表面的扫描过程，即激光熔覆过程，熔覆时用 0.4MPa 氩气侧吹法保护熔池。

磨损试验用 MM200 型盘式滑动磨损试验机，采用环-快滑动干磨损方式。多道搭接的激光熔覆试样尺寸为 10mm×10mm×30mm。摩擦表面经磨削加工，粗糙度 Ra 为 1～2.5μm。磨盘材料为 W18Cr4V 调质钢，表面硬度为 HRC62，磨轮外径为 40mm，内径为 20mm，磨轮宽度为 10mm，摩擦副转速为 400r/min，摩擦表面线速度为 0.84m/s。用分析天平测量磨损失重量 Δm。

用 HM-1000 型显微硬度计测定激光熔覆层的显微硬度；用 DMAX/2500PC 型 X 射线衍射仪（XRD）判定激光熔覆层的相组成；用 QUANTA200 型扫描电镜（SEM）观察分析激光熔覆层的显微组织特征。

图 4.26 为 TC4 钛合金上 Fe_3Al-WC-C 与 Fe_3Al-WC-C-Cu 激光熔覆层的 X 射线衍射谱。由图可知，激光熔覆后，Fe_3Al-WC-C 熔覆层由 γ-Co 固溶体以及 Fe_3Al、Ti_3Al、TiC、Ti_2Co、WC、α-W_2C、$M_{12}C$（W_6Co_6C）、SiC 等化合物组成，有利于提高 TC4 基材的耐磨性能。γ-Co 固溶体、Fe_3Al、TiAl、Al_3Ti、TiC、Ti_2Co、Ti_2Cu、WC、α-W_2C、$M_{12}C$（W_6Co_6C）、SiC、Ti_5Si_3 和 V_3Al 化合物产生在了 Fe_3Al-WC-C-Cu 熔覆层中。图 4.26 表明 Ti_3Al 衍射峰出现于 Fe_3Al-WC-C 熔覆层的 X 射线衍射谱中。

由于基材对激光熔池的稀释作用，大量 Ti 由 TC4 基材进入熔池中，形成富 Ti 熔池。TiAl/Al_3Ti 衍射峰出现在 Fe_3Al-WC-C-Cu 熔覆层的 X 射线衍射谱中，Ti_3Al 衍射峰则未出现。XRD 结果表明，Cu 与 Ti 在熔池中反应生成 Ti_2Cu。Ti_2Cu 的产生消耗了熔池中大量 Ti，导致非富 Ti 熔池产生，因此 Ti_3Al 衍射峰消失。分析认为，非富 Ti 熔池的产生一定程度上阻碍了 Ti 与 C 在熔池内部的化学反应，所以 Fe_3Al-WC-C-Cu 熔覆层中 TiC 衍射峰值低于其在 Fe_3Al-WC-C 的峰值[19]。

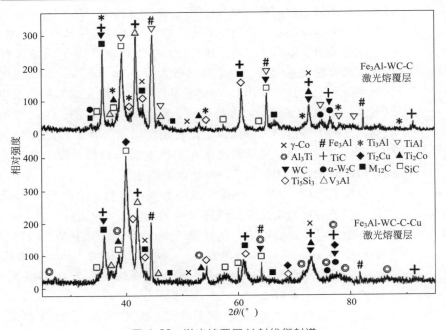

图 4.26　激光熔覆层 X 射线衍射谱

当高能密度的激光束照射预置涂层时，一部分 SiC 与 Ti 在熔池中发生化学反应生成 Ti_5Si_3/TiC。SiC 与 Ti 反应表达式：

$$8Ti + 3SiC \longrightarrow Ti_5Si_3 + 3TiC$$

因此，Ti_5Si_3 衍射峰出现在了熔覆层的 X 射线衍射谱中。未参加此反应的 SiC 可对熔覆层起到细化作用。

4.3.2　微观分析

图 4.27(a) 所示，Fe_3Al-WC-C 激光熔覆层与基材间产生冶金结合。激光熔覆过程中，大量 Ti 由基材进入熔池。熔池最靠近基材的部位，即基材与熔池的结合区存在大量 Ti，此区域有利于 Ti 与 C 反应生成 TiC。激光束能量呈高斯分布，熔池底部从激光中吸收能量较低，温度也较低。由于 TC4 基材对结合区有显著的冷却作用，使结合区具有极高的冷却速度。较低温度与极高的冷却速度导致该区域中 TiC 无法在短时间内得到

足够能量，只有部分熔化并重新凝固，呈如图 4.27(a)～(c) 所示的 TiC 树枝形态。WC 具有高密度（15.63g/cm^3），激光熔覆过程中，一部分 WC 迅速下沉到熔池底部。因为熔池底部低温与极高冷却速度两个原因，导致未溶 WC 陶瓷硬质相在熔覆层底部产生［图 4.27(c)］。

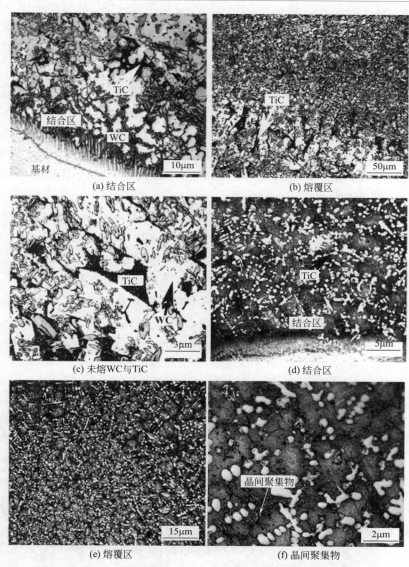

(a) 结合区　　　　　　　　　　(b) 熔覆区

(c) 未熔WC与TiC　　　　　　　(d) 结合区

(e) 熔覆区　　　　　　　　　　(f) 晶间聚集物

图 4.27　Fe$_3$Al-WC-C（a，b，c）与 Fe$_3$Al-WC-C-Cu（d，e，f）
激光熔覆层的组织形貌

　　Fe$_3$Al-WC-C-Cu 激光熔覆层与基材同样实现了冶金结合，如图 4.27（d）所示。Fe$_3$Al-WC-C-Cu 熔覆层与基材的结合区中没出现未熔陶瓷颗粒。结合 XRD 分析可知，在预置涂层中加入 Cu 降低了 TiC 在熔池中的含量。随着 TiC 含量减少，熔化过程中 TiC 从激光中吸取的能量随之降低，可知，Fe$_3$Al-WC-C-Cu 熔池中，TiC 从激光束中吸取的能量少于其在 Fe$_3$Al-WC-C 熔池中吸取的能量。因此，Fe$_3$Al-WC-C-Cu 熔池可以从激光中获得足够的能量，利于陶瓷硬质相充分熔化并析出。图 4.27（e）所示，TiC 树枝晶弥散分布于 Fe$_3$Al-WC-C-Cu 激光熔覆层中，对熔覆层起到弥散强化作用，有利于提高其耐磨性能。图 4.27（f）表明许多析出物丛聚在熔覆层的基底的晶界上，部分未熔 CeO$_2$ 粒子极易聚集在基底的晶界上，对基底中晶体的生长起到一定的阻碍作用。激光熔覆过程中，由于熔池中各部位受热不均匀，许多细小的 CeO$_2$ 无法熔化而在熔池的冷却过程中成为晶体结晶的成核点，对熔覆层起到显著的细化作用。

　　图 4.28（a）为 Fe$_3$Al-WC-C-Cu 熔覆区中树枝晶的 SEM 照片。根据 EDS 能谱分析结果［图 4.28（c）］可知，该树枝晶中主要包含 C、Al、Ti、Si、V、Cu、W 元素。结合 XRD 分析可知，该树枝晶主要包含 TiC 硬质相及少量 WC、V$_3$Al、Ti$_2$Cu 与 SiC 等化合物。TiC 粒子的大小与冷却速度成反比，TiC 析出物形貌亦取决于熔覆层的冷却速度。冷却速度为 7.1×10^5 K/s 时，TiC 树枝晶得到充分生。熔池冷却过程中，在 TiC 高熔点（3200℃）与熔池中所产生的较高负自由能作用下，TiC 优先从熔池中析出，TiC 在熔覆层中为初生相。

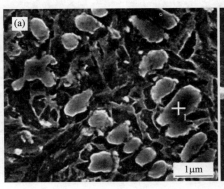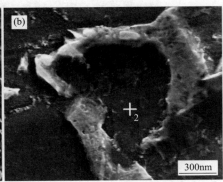

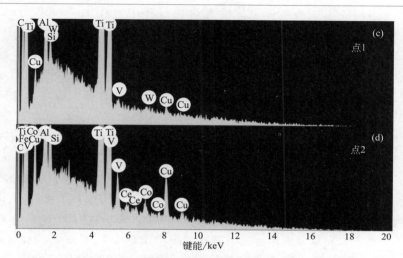

图 4.28 Fe₃Al-WC-C-Cu 激光熔覆层 SEM 组织形貌以及点 1 与点 2 所含元素

点 2 的 EDS 能谱分析表明 ［图 4.28(b)、(d)］，熔覆层基底主要包含 C、Al、Ti、Fe、Si、Co、Ce、Cu、V 元素。结合 XRD 分析结果，可知熔覆层底部由 Fe₃Al、TiAl、Al₃Ti、Ti₂Cu、Ti₅Si₃、Ti₂Co、V₃Al 以及小部分 TiC/Fe₃Al 枝晶间共晶组成。激光熔覆过程中，部分 CeO₂ 发生分解，其反应式如下：

$$CeO_2 \longrightarrow Ce + O_2 \uparrow$$

微量活性 Ce 离子易吸附于晶核表面，使晶体长大受到抑制。稀土的加入减小了液态金属的表面张力与临界形核半径，同一时间内的形核点数目明显增加。此外，适量稀土（0.5%～1.5%）可以增加液态金属的流动性，减小凝固过程中的成分过冷，降低成分偏析，减弱枝晶生长方向性，使组织均匀化。

图 4.29(a) 为 Fe₃Al-WC-C 激光熔覆层的 SEM 照片。结合点 3 的 EDS 与 XRD 分析结果可知，该层基底主要包含 Fe₃Al/Ti₃Al/Ti₂Co 化合物。结合之前的 XRD 分析可知，此基底中还包含少量 TiC/Fe₃Al 共晶及 Ti₅Si₃ 化合物。点 4 的 EDS 结果表明该熔覆层的块状析出物主要包含 C、Al、Si、Ti、V、Co、W、Ce 元素。Fe₃Al-WC-C 熔覆层的块状析出物由 TiC、SiC、Ti₂Co 以及钨碳化合物组成。TiC 在 Fe₃Al-WC-C 熔覆层的含量明显高于其在 Fe₃Al-WC-C-Cu 熔覆层中的含量。TiC 与基底中所含化合物的热胀系数、弹性模量和热导率相差很大，在激光辐照后所形成的熔池区域的温度梯度很大，产生较高应力，且 TiC 含量越高，越

容易产生裂纹。所以，激光熔覆过程中产生大量 TiC 导致微裂纹在 Fe_3Al-WC-C 熔覆层中出现。TiC 在 Fe_3Al-WC-C 熔池中吸取了大量能量，导致部分 CeO_2 粉末颗粒无法从熔池中获取足够能量而熔化。熔池极高的冷却速度与较低温度，使未熔化的 CeO_2 无法及时充分扩散而发生聚集。熔覆层中 CeO_2 高度聚集的地方具有很大脆性，易产生微裂纹 [见图 4.29(b)]。

图 4.29(c) 表明，块状未熔 WC 陶瓷颗粒出现在 Fe_3Al-WC-C 激光熔覆层底部。针状晶出现在未熔 TiC 陶瓷颗粒周围 [见图 4.29(d)]，这种针状晶具有很强的耐磨性能。激光熔覆后，针状马氏体出现在基材热影响区中 [见图 4.29(e)]。TC4 钛合金从 882℃ 下降到 850℃ 的冷却过程中，发生 $\beta \rightarrow \alpha$ 相变。在此过程中，当冷却速度大于 200℃/s 时，以无扩散方式完成马氏体转变，基材组织中出现 α-Ti 针状马氏体。Fe_3Al-WC-C 熔池从激光束中获取能量较低。该熔池的凝固是一个极快速的过程，熔覆过程中产生的部分气体来不及排出，在激光熔覆层中形成气孔。

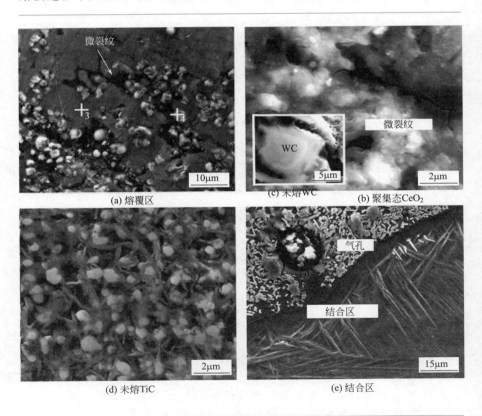

(a) 熔覆区　　(c) 未熔WC　　(b) 聚集态CeO_2

(d) 未熔TiC　　(e) 结合区

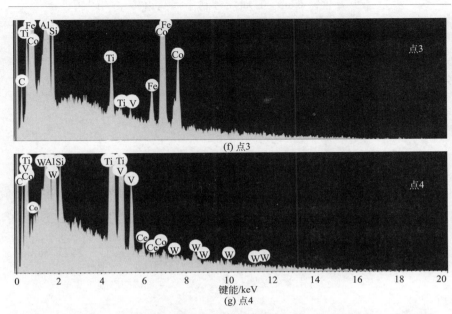

图 4.29　Fe₃Al-WC-C 激光熔覆层 SEM 组织形貌以及点 3 与点 4 各所含元素

4.3.3　耐磨性评价

在 Fe_3Al、Ti_3Al、TiC、Ti_2Co、WC、α-W_2C 等相及 SiC/CeO_2 对熔覆层的细化作用下，Fe_3Al-WC-C 激光熔覆层显微硬度 $1150\sim 1250HV_{0.2}$，约为 TC4 基材（约 $360HV_{0.2}$）的 $3\sim4$ 倍。Fe_3Al-WC-C-Cu 激光熔覆层的显微硬度 $1380\sim1500HV_{0.2}$。Fe_3Al-WC-C-Cu 激光熔覆层具有较高硬度，主要归因于预置粉末在熔覆过程中的充分熔化及 Ti_2Cu 相的产生。

磨损试验所加载荷 5kg，图 4.30 表明 Fe_3Al-WC-C 与 Fe_3Al-WC-C-Cu 激光熔覆层均显著提升了 TC4 钛合金表面耐磨性能，质量磨损率分别为 TC4 基材的约 1/2 和 1/5。由图可见，Fe_3Al-WC-C 熔覆层的磨损失重明显高于 Fe_3Al-WC-C-Cu 熔覆层的磨损失重。分析认为，Fe_3Al-WC-C 熔覆层较差的耐磨性能主要归因于气孔、微裂纹以及未熔硬质相在其内部的产生。Fe_3Al-WC-C-Cu 熔覆层具有优良耐磨性能的原因归因于高质量的组织结构及 Ti_2Cu 的产生。当稀土的加入量较少时，晶界得到强化，晶界附近位错的移动性较晶粒之间的滑移传递容易，有利于促进摩擦过程中表面微裂纹顶部的应力松弛，增加裂纹扩展阻力，从而减轻磨损。

少量稀土氧化物 CeO_2 的加入有利于提高熔覆层的耐磨性能。

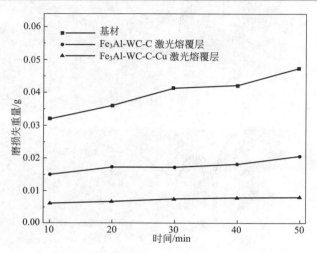

图 4.30　激光熔覆层以及 TC4 基材的磨损失重曲线

图 4.31 示出激光熔覆层磨损表面形貌。可见，Fe_3Al-WC-C 激光熔覆层存在较深的脱落坑以及黏着撕脱痕迹。而 Fe_3Al-WC-C-Cu 激光熔覆层则较为平整，磨痕细密。

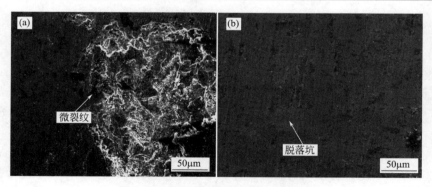

图 4.31　激光熔覆层的磨损表面形貌

大量脆性相在 Fe_3Al-WC-C 熔覆层中产生，在外力作用下熔覆层表面易产生新的裂纹，并发生部分脱落现象。Fe_3Al-WC-C 熔覆层硬度较低，磨盘表面微凸体在摩擦载荷作用下可压入其表面，发生犁削作用。大量未熔粉末颗粒保留在 Fe_3Al-WC-C 熔覆层中，这些粉末颗粒在磨盘的作用下易脱离熔覆层形成脱落坑。由于 Fe_3Al-WC-C-Cu 激光熔覆层硬度较高，磨盘表面微凸体的型削作用较弱，因此 Fe_3Al-WC-C-Cu 激光熔覆层磨痕细而浅。Cu 的加入使预置涂层从激光中得到足够能量，在 TC4 钛合金表面充分熔化，改善了熔覆层的质量。因此，在磨盘作用下，由于硬质相强化、细晶强化以及高质量熔覆层结构，Fe_3Al-WC-C-Cu 熔覆层表面未出现大脱落坑与裂纹。以上表明，Fe_3Al-WC-C-Cu 激光熔覆层具有良好的抗塑性变形与耐磨性能。

分析可知，在 TC4 钛合金上激光熔覆 Fe_3Al＋Co 包 WC/C＋SiC/CeO_2 预置混合涂层可形成金属陶瓷复合层，有利于提高 TC4 基材的耐磨性能。该复合层由 γ-Co 固溶体以及 Fe_3Al、Ti_3Al、TiC、Ti_2Co、WC、α-W_2C、$M_{12}C$(W_6Co_6C)、SiC 等化合物组成。SiC/CeO_2 细化了该复合层的组织结构。Cu 可改善该金属陶瓷复合层的组织结构，Cu 还可与因稀释作用而进入熔池的 Ti 发生反应并生成 Ti_2Cu，阻碍过量 TiC 硬质相产生在熔覆层中，使熔覆层具有良好的组织结构。Cu 的加入可显著提高 Fe_3Al＋Co 包 WC/C＋SiC/CeO_2 激光熔覆层的硬度与耐磨性能，熔覆层质量磨损率为 TC4 基材的 1/5。该熔覆层具有的优良耐磨性能归因于无微观缺陷的组织结构、硬质相强化及细晶强化作用。

参考文献

[1]　Gu D D, Meng G B , Li C, et al. Selective laser melting of TiC/Ti bulk nano-composites：Influence of nanoscale reinforcement[J]. Scripta Materialia 2012, 67（2）: 185-188.

[2]　朱庆军, 邹增大, 王新洪. 稀土 RE 对激光熔覆 Fe 基非晶复合涂层的影响. 焊接学报, 2008, 29（2）: 57-60.

[3]　Lin X, Cao Y Q , Wang Z T, et al. Regular eutectic and anomalous eutectic growth behavior in laser remelting of Ni-30wt% Sn alloys [J]. Acta Materialia, 2017, 126: 210-220.

[4]　Fu G Y, Liu S, Fan J W. The design of cobalt-free, nickel-based alloy powder（Ni-3）used for sealing surfaces of nuclear power valves and its structure of laser cladding coating[J]. Nuclear Engineering and Design, 2011, 241（5）: 1403-1406.

[5]　Shu F Y, Yang B, Dong S Y, et al. Effects of Fe-to-Co ratio on microstructure and mechanical properties of laser cladded FeCoCrBNiSi high-entropy alloy coatings[J]. Applied Surface Science, 2018, 450: 538-544.

[6]　Li J N, Su M L, Wang X L, et al. Laser deposition-additive manufacturing of ce-

ramics/nano crystalline inter metallics reinforced microlaminates. Optics and Laser Technology, 2019, 117: 158-164.

[7] Gu D D, Hagedorn Y C, Meiners W, et al. Poprawe. Densification behavior, microstructure evolution, and wear performance of selective laser melting processed commercially pure titanium[J]. Acta Materialia, 2012, 60: 3849-3860.

[8] Wei C T, Maddix B R, Stover A K, et al. Reaction in Ni-Al laminates by laser-shock compression and spalling[J]. Acta Materialia, 2011, 59 (13): 5276-5287.

[9] 杨尚磊, 张文红, 李法兵, 等. 纳米 Y_2O_3-Co 基合金激光熔覆复合涂层的分析[J]. 焊接学报, 2009, 30 (2): 79-82.

[10] Li J N, Chen C Z, Squartini T, et al. A Study on wear resistance and microcrack of the $Ti_3Al/TiAl$ + TiC ceramic layer deposited by laser cladding on Ti-6Al-4V alloy [J]. Applied Surface Science, 2010, 257 (5): 1550-1555.

[11] Lei Y W, Sun R L, Tang Y, et al. Numerical simulation of temperature distribution and TiC growth kinetics for high power laser clad TiC/NiCrBSiC composite coatings[J]. Optics and Laser Technology, 2012, 44 (4): 1141-1147.

[12] 董世运, 徐滨士, 梁秀兵, 等. 铝合金表面激光熔覆铜合金层中的裂纹及其有限元分析 [J]. 中国表面工程, 2001, 53 (4): 15-17.

[13] Li J N, Chen C Z, Cui B B, et al. Surface modification of titanium alloy with the Ti_3Al+ TiB_2/TiN composite coatings [J]. Surface and Interface Analysis,

2011, 43 (12): 1543-1548.

[14] Chatterjee S, Shariff S M, Padmanabham G, et al. Study on the effect of laser post-treatment on the properties of nanostructured Al_2O_3-TiB_2-TiN based coatings developed by combined SHS and laser surface alloying[J]. Surface and Coatings Technology, 2010, 205 (1): 131-139.

[15] Tian Y S, Chen C Z, Chen L X, et al. Effect of RE oxides of the microstructure of the coatings fabricated on titanium alloys by laser alloying technique [J]. Scripta Materialia, 2006, 54 (5): 847-852.

[16] Li J, Luo X, Li G J. Effect of Y_2O_3 on the sliding wear resistance of TiB/TiC-reinforced composite coatings fabricated by laser cladding[J]. Wear, 2014, 310 (1-2): 72-82.

[17] Ma H J, Li Y J, Puchkov U A, et al. Microstructural characterization of welded zone for Fe_3Al/Q235 fusion-bonded joint[J]. Materials Chemistry and Physics, 2008, 112 (3): 810-815.

[18] Li Y J, Ma H J, Wang J. A study of crack and fracture on the welding joint of Fe_3Al and Cr18-Ni8 stainless steel [J]. Materials Science and Engineering: A, 2011, 528 (13-14): 4343-4347.

[19] Li J N, Gong S L, Li H X, et al. Influence of copper on microstructures and wear resistance of laser composite coating[J]. International Journal of Materials and Product Technology, 2013, 46 (2-3): 155-165.

第5章

激光熔覆非
晶-纳米化
复合材料

激光技术可针对不同服役条件，利用激光束加热温度高及冷却速度快等特点，在金属表面制备非晶-纳米化增强金属陶瓷复合材料，从而达到航空材料质量提升的目的。例如在钛合金表面制备激光非晶-纳米化增强金属陶瓷复合材料，将陶瓷材料优异的耐磨性能与金属材料的高塑韧性有机地结合起来，可大幅度延长航空钛合金的使用寿命。关于激光增材制造产品，其整体性能还有很大的上升空间，可将纳米、非晶及准晶等多物相及多种类复合材料引入此类产品中，将对其质量提升起到非常重要的作用。

5.1 非晶化材料

激光制备非晶化复合材料是利用高能激光束流直接在金属表面快速加热，依靠金属本体的快速热传导冷却而得到非晶化复合材料，与以往制备时的复杂工艺相比较，工艺简单且可以使基材表面发生非晶化，可大幅提高材料的表面性能及寿命，又可节约大量贵重金属，该方法可制备复合材料及进行材料表面改性，具有非常好的应用前景[1,2]。关于连续激光熔覆制备非晶化复合材料早于 20 世纪 80 年代就已有相关报道，有学者在低碳钢表面激光熔覆 Ni-Cr-P-B 非晶合金，且把合金成分控制在一个较为狭窄的范围内，获得了较为单一的非晶合金涂层[3]。相关研究表明，在 Cu 基材表面激光熔覆 PdCuSi 合金，熔覆区呈多层结构状态，表层存在约 $5\mu m$ 厚的非晶层。激光熔覆是一个融传热、传质、熔化和凝固的综合物理冶金过程。由于激光快速加热和急速冷却的工艺特点，使所熔材料的熔化与凝固过程偏离了平衡状态，从而使熔覆层组织的形成机制及规律产生了相应变化。在激光预熔非晶合金系中，其中的组元数量、性能及纯度都将对所制备非晶合金形成能力产生极大影响。

非晶态合金作为一种具有优异性能的新型材料，是当前材料领域的研究热点之一。1938 年 Kramer 用蒸发沉积方式制备出非晶薄膜。1960 年，美国加州理工学院 Duwaz 教授发明了直接将金属急速冷却制备非晶合金的方法——喷水冷却法（Splating cooling），大量非晶合金体系被陆续发现。目前，已经发现的块体非晶合金基于合金体系分类，有 Pd、Pt、Ce、Nd、Pr、Ho、Mg、Ca、Cu、Ti、Fe、Co、Ni 和 Zr 基等，从组成非晶态合金的组元数来看，从简单的二元系一直到含有 8 个组元（$Fe_{44.3}Co_5Cr_5Mo_{13.8}Mn_{11.2}C_{15.8}B_{5.9})_{98.5}Y_{1.5}$，都可以是非晶态。非晶合金具有高屈服强度、大弹性应变极限、无加工硬化现象及高耐磨性等力学性能；优良的抗多种介质腐蚀的能力；优异的软磁、硬磁及独特的膨胀特性等物理性能。Fe基非晶合金作为一种具有极大应用前景的非晶合金，具有优异的力学性能和物理性能，及其相对于其他合金体系的廉价性使得其越来越受到人们的重视，其抗拉强度在室温下高达 1433MPa，约是传统铁晶体抗拉强度（630MPa）的 2.27 倍，维氏硬度达 3800，抗压强度达 1360MPa[4]。2003 年，美国橡树岭国家实验室使 Fe 基非晶的尺寸从过去的毫米级推进到厘米级。此后，哈尔滨工业大学进一步将 Fe 基块体非晶合金的尺寸提高到 16mm。目前这种材料还没有大范围推广应用，主要归因于其制备过程难以控制，在实际应用中被限制在如薄带、细丝等低维度形状。

激光熔覆技术可利用激光对材料表面进行改性，尤其是同步送粉的激光熔覆。激光熔覆的功率密度一般为 $1\times10^4\sim1\times10^6\,W/cm^2$，冷却速度为 $1\times10^4\sim1\times10^6\,K/s$，作用区深度 0.2~2mm。如此高功率密度和冷却速度，只使熔覆层材料完全熔化，而基材熔化层极薄，这就极大地避免了基材对熔覆层合金的稀释。利用其产生的温度梯度，足以使玻璃形成能力强的合金系形成非晶相。由于激光熔覆是在空气中进行的，合金层不可避免会受到氧化和烧损等损失及污染，故使用激光熔覆制备 Fe 基非晶层时，得到的涂层大都是非晶、纳米晶及细小树枝晶的复合材料。

5.1.1 非晶化原理

非晶合金又称金属玻璃，是将液态金属急速冷却使结晶过程受阻而形成的材料体系。一般具有以下几个基本特征：①结构上呈现拓扑密堆的长程无序，但也分布着几个晶格以内大小的短程有序；②不存在晶界、位错、层错等结构缺陷；③物理、化学和力学性能呈各向同性；④热力学上处于亚稳态，有进一步转变为稳定晶态的倾向。因此，非晶合金具有许多独特性能，如优异的磁性和耐磨性、较高的强度、硬度和韧性，高电阻率和机电耦合性能等；在机械加工、化工电子、国防军工等重要国民经济领域具有广阔的应用前景。

（1）制备方法

目前，制备非晶合金的方法主要有：铜模铸造法、吸铸法、高压铸造法、挤压铸造法、水淬法、定向凝固法、机械合金化法等。然而，传统的非晶合金制备方法存在着一些不足，如机械合金化法进行合金化时所需时间较长，生产效率较低；而水淬法由于冷却速率较低，一般只能应用于非晶形成能力高的合金体系；此外，大部分方法所制备的非晶合金尺寸受限，块体非晶合金制备困难。

近年来，国内外研究者们利用激光快热快冷的特点，在金属材料表面制备具有优异性能的非晶材料方面取得了一些成果和进展。激光熔覆技术是利用预置粉末法或同步送粉法将涂层粉末放置在被熔覆的基材上，经高能密度激光束扫描后使涂层粉末和基材表面同时熔化并快速凝固，从而形成与基材呈冶金结合的表面涂层的工艺过程，具有冷却速率快（高达 $10^6 K/S$）、涂层与基材易形成冶金结合、热影响区小、工件变形小、易于实现自动化、无污染等一系列特点。激光熔覆制备非晶化材料是近三十年发展起来的一种新工艺，与其他非晶化材料制备技术相比，利用激光熔覆法所制备的非晶化材料存在明显优势，如涂层中裂纹和气孔等缺陷较少、涂层稀释率低、熔覆层的尺寸控制精度高且尺寸不受限等，该技术适用于制备所有非晶材料体系且生产效率高、易实现较大规模的工业化应用，目前已成为制备非晶材料的主要方法之一。

随着非晶合金研究的逐步深入，微合金化技术已被应用于开发和研究新型非晶合金系，特别是在提高非晶合金的玻璃形成能力方面，如在 PdNiP 非晶合金中使用 Cu 进行微合金化后，形成的 PdNiCuP 非晶合金具有目前为止最大的玻璃形成能力，其最大的临界直径可达 $7\sim8cm$，临界冷却速率降低到 $0.02K/s$[3]。在非晶合金中，原子间的结合特性、电子结构和原子尺寸的相对值是决定合金玻璃形成能力（GFA）的内部因素。金属与合金的晶体结构一般比较简单，原子之间以无方向性的金属键结合，在一般条件下凝固时熔体原子很容易改变相互结合和排列的方式而形成晶体。只有在很高的冷却速度下才能"冻结"熔体原子的组态形成金属玻璃。很多晶态的非金属化合物的原子键和相应的平衡相结构正好相反，因而即使以很低的冷却速度冷却也能形成非晶态。金属或合金的 GFA 还与其电子结构的特点和价电子浓度有关。

（2）动/热力学解析

在热力学上，根据 Inoue 经验三原则，各组元之间具有负混合焓，其中三种主要组元之间具有较大的负混合焓，这加剧了冷却过程中的晶化相之间的相互竞争。合金组元数量的增多引起液相熵值增大和原子随机堆垛密度的增加，利于焓值和固/液界面能的降低，即多组元非晶合金形成的"混乱原理"。此外，大块非晶合金的过冷熔体一般还具有较低的形核驱动力，导致了较低的形核速率并且提高其玻璃形成能力（GFA）。块体非晶合金在过冷液体中呈现出低结晶驱动力，低驱动力则导致低的形核率，因而能组织晶相形核结晶，其玻璃形成能力就高。要得到小的驱动力需要熔化焓小，而熔化熵则要尽量大（需要体系的混乱度增加）。

由于 ΔS_f 是与微观状态数成正比，所以大的熔化熵应该与多组元合金相联系。多组元体系中不同大小的原子的合理匹配会引起紧密随机排列程度的增加，这一理论是与混沌原理和 Inoue 经验三原则一致的。

对于激光熔覆制备 Fe 基非晶复合材料，其组元也应满足该原则。研究表明，由过渡族金属与类金属形成的非晶态合金（熔覆制备 Fe 基非晶化材料的合金大多属于此类），不管它们处于熔融态还是化合物状态，当相应的纯组元形成非晶态合金时，始终显示出负的混合热。这意味着合金内的原子之间存在很强的相互作用，使得熔融态或固态合金中存在很强的短程序。试验证明：伴随各类金属原子增加，合金系的 GFA 增加，这是由原子间强的相互作用引起的。

在动力学上，强玻璃形成能力的熔体在过冷状态下一般具有较高黏度及慢运动状态，这极大地延缓了熔体中的稳定形核过程。因为晶体的形核和长大需要原子团进行长距离的扩散以形成长程有序的晶体结构，只要过冷熔体有足够大的黏度以很低的冷却速度冷却也能形成非晶态。但是每种体系的熔体其临界黏度和冷却速度不同。具有热力学生长优势相的生长因为过冷熔体中组元原子极低的移动能力而受到抑制，过冷液相中晶化相的形核和生长就变得困难，因此具有很大的玻璃形成能力并提高了过冷液相的热稳定性。在过冷液相中原子的长程扩散是以原子基团的运动为主，同时还存在明显的单原子跳跃，降低了原子扩散的能力。熔体急冷法制备非晶合金就是以快速的冷却速率达到抑制晶化相形核、长大，形成接近氧化物玻璃的高黏度的过冷熔体来抑制原子的长程扩散和重新分布，从而将熔体"冻结"形成非晶态。激光熔覆制备 Fe 基非晶材料就属于此类方法[5]。熔体只要冷到足够低的温度不发生结晶，就会形成非晶态。

5.1.2　材料及工艺影响

微合金化元素可以分为两类。第一类为非金属元素 C、Si、B 等，此类元素一方面极易与主要金属组元形成高熔点的化合物，引起非晶合金的玻璃形成能力降低；另一方面，由于其原子半径极小，微量加入非晶合金系可增加原子堆垛密度进而增强过冷液相的稳定性，可有效提高非晶合金的玻璃形成能力。另一类则是金属元素，如 Fe、Co、Ni、Al、Cu、Mo、Nb、Y 等。其实，不同微合金化元素对相同的合金系具有不同的影响，相同微合金化元素对不同的合金系所起的作用也不尽相同。另外，微合金化元素具体含量也对非晶合金系的玻璃形成能力有极大影响。

　　激光非晶化将对金属材料表面改性起到非常显著的作用。研究表明，在锆合金基材表面激光熔覆 Fe 基非晶合金粉末，将极大加深基材表面的非晶化程度，整个涂层呈现非晶与晶化相共存的相结构[6]。如图 5.1 所示，该非晶化涂层与基材已产生良好的冶金结合，有大量不同形状的块状晶化相在涂层中产生，这些晶化相弥散分布于非晶基底上。图 5.1(a)、(b) 显示，有部分 Fe 基非晶合金粉末中的元素已熔于基材表面的稀释区，同样，基材也将对涂层产生显著稀释作用，将有大量 Zr 元素从基材进入涂层。Zr 属于强碳化物形成元素，合金化过程中所生成的碳化物稳定且不易长大，质点细小，可有效阻止晶界移动，细化涂层组织。另外，Zr 具有极强的玻璃形成能力，因此该类元素进入熔池有利于非晶相的产生[7]。图 5.1(c)、(d) 表明该稀释区域尺寸大约为 $5\sim10\mu m$。

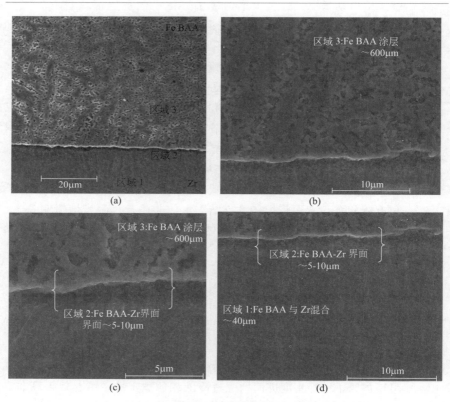

图 5.1　Zr 合金表面 Fe 基非晶合金激光熔覆涂层与基材

　　图 5.2 表明，Fe 基非晶合金粉末经激光非晶化处理，硬度随着离基材距离越来越近呈明显下降趋势；而到了稀释区时，硬度急剧下降，也

是因基材对涂层的稀释作用，导致非晶相明显减少的原因。

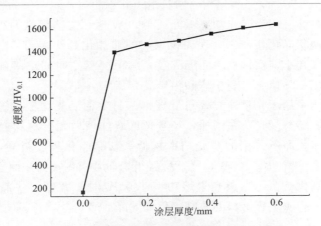

图 5.2　Fe 基非晶合金涂层显微硬度分布

在低碳钢基材上激光熔覆 Ni-Fe-B-Si-Nb 合金粉末也将对基材表面产生明显的非晶化作用。如图 5.3 所示，当激光功率在一定范围内，随着

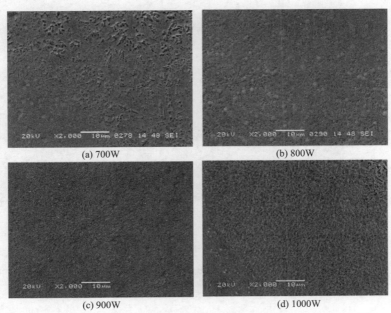

(a) 700W　　　　　　　　　　　(b) 800W

(c) 900W　　　　　　　　　　　(d) 1000W

图 5.3　不同功率下低碳钢上激光熔覆
Ni-Fe-B-Si-Nb 合金粉末形成涂层的 SEM 相貌

激光功率升高，涂层中网状晶化相的数量呈明显上升趋势；当激光功率为 700W，涂层晶化相的网状组织并不明显，组织较为模糊，呈明显非晶化趋势；但当激光功率上升到 1000W 时，之前模糊的组织基本消失，大量网状晶化相产生，表明该涂层的非晶化趋势减弱。事实上，随着激光功率减小，在钢材表面形成激光熔池的存在时间也将随之减少，加速了熔池冷却速率，利于非晶相形成[8]。

采用激光重熔方式对低碳钢基材上的激光熔覆层进行处理。研究表明，随着激光功率增加，经激光重熔处理后复合材料的非晶化趋势更加明显，即所采用的激光功率越低，其非晶化程度越高[9]。图 5.4 表明，激光重熔功率 700W，复合材料组织非常模糊，如一面平镜，即呈明显的非晶化结构；当激光重熔功率 1000W 时，大量网状晶化相组织再次出现，表明复合材料的非晶化程度下降。

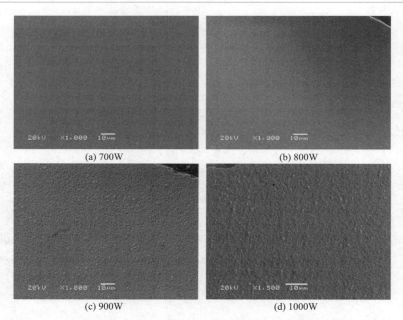

(a) 700W   (b) 800W

(c) 900W   (d) 1000W

图 5.4　不同功率下低碳钢上激光重熔 Ni-Fe-B-Si-Nb 合金形成涂层的 SEM

对于制备 Fe 基非晶-纳米化复合材料，其主要的微合金化元素还是依据现有的块体非晶体系。主要可以分为三类：一类是非金属元素 C、Si、B、P 等，这些元素一方面易于金属元素形成化合物而促进熔覆层结晶，导致熔覆层合金非晶形成能力降低，另一方面，根据 Inoue 经验三原则，原子直径比需要大于 13%，这些小原子元素的加入增加了原子堆垛密度，增强了熔覆层合金的非晶形成能力；另一类是金属元素，如 Fe 基合金中常出现的这一类元素，原子直径一般处于中等位置，是非晶合金的主要元素[10]；第三类是稀土元素，此类元素的原子半径一般都比较大，进一步满足了非晶制备原则中原子直径比的要求，且这一类元素是良好的脱氧剂，在传统的 Fe 基非晶制备工艺中，只需添加极少量此类元素就可极大地提高合金的非晶形成能力。

5.1.3　非晶化材料发展方向

　　激光熔覆技术制备非晶化材料方面的研究经历三十余年发展，在非晶体系开发、激光工艺及涂层性能优化等方面积累了大量的实验数据和理论基础，但至今尚未大规模应用于实际工业生产中。目前，国内外学者对激光熔覆非晶化材料的研究主要集中在碳钢、钛合金、镁合金等金属基材上熔覆 Fe 基、Zr 基、Ni 基、Cu 基非晶化材料或非晶化复合材料的显微组织和性能方面，并探讨了粉末成分和激光工艺参数的影响，但对于如何有效调控激光熔覆非晶化材料的组织性能及其相关基础理论仍需深入探讨和研究。未来，利用激光技术制备非晶化材料的研究可主要集中在以下几个方面。

　　（1）激光熔覆非晶化材料的成分设计和控制

　　非晶化材料的成分设计不同于块体非晶的成分设计。非晶化材料成分由于受基材外延生长层成分及熔池流动传质过程的影响，往往会偏离设计的名义成分，这对成分敏感的非晶合金制备是非常不利的。同时，在高温激光熔覆过程中不可避免地存在合金元素发生部分氧化和烧损等问题。因此，要想制备高质量的激光非晶化材料必须在块体非晶合金成分设计的基础上，结合激光熔覆技术本身的工艺特点，设计出适合激光熔覆条件下形成的非晶合金体系成分。

　　添加微合金化元素/增强相是进一步提高激光熔覆非晶化材料性能的有效途径之一。微合金化元素及其含量对材料非晶形成能力和纳米晶第二相的析出存在明显影响，其中微合金化元素的作用主要有：改变合金的结晶体系，降低材料中晶化相的比例；增大体系原子尺寸差异、体系混乱度以及体系的长程无序性；降低氧含量，从而提高材料的非晶形成能力。但过高的微合金化元素含量会导致合金较大地偏离其共晶成分，材料的非晶形成能力下降。故合理选择微合金化元素和含量并建立相关微合金化理论模型来有效提高非晶形成能力及掌控纳米晶第二相的形态学和晶体学特征是一个亟待解决的关键科学问题。

对于增强相的添加，一方面在高温激光过程中增强相可释放出相应的原子，产生微合金化作用；另一方面，增强相需要吸收部分热量而熔化，降低了基材的稀释率，两者均可提高材料的非晶形成能力。同时由于增强相本身性能优异，故可明显改善其性能。添加的增强相含量不能过多，否则热量不足以完全熔化高熔点的增强相，残留的粉末颗粒可成为异质形核中心，导致材料的非晶形成能力下降。对于通过外加或内生增强方式，如何有效控制增强相的尺寸、结构、体积分数和分布等是提高非晶合金材料性能的关键。

在新型非晶化材料体系开发方面，近年利用激光熔覆技术主要集中在熔点较高的 Fe 基、Zr 基、Ni 基、Cu 基等非晶化材料，在应用于低熔点基材如镁合金、铝合金等金属材料表面时因物理性能差异较大导致涂层-基材间应力较大和结合力较差等问题[11]。而目前有关激光熔覆制备低熔点非晶化材料如 Al 基和 Mg 基非晶体系方面的研究鲜见，因而可设计非晶形成能力较高的铝基和镁基非晶粉末用于低熔点基材的激光熔覆处理。此外，多功能性和多元体系的非晶合金成分设计是今后激光熔覆非晶化材料的重要发展方向。如高性能多组元高熵合金由于组成元素之间存在原子尺寸差异，易引起晶格发生畸变使原子呈无序排列，从而形成非晶相，可参考高熵合金成分设计原则来获得非晶化复合材料。

（2）激光熔覆非晶化材料的工艺设计和优化

激光熔覆工艺参数与非晶化材料组织，特别是材料中的非晶含量有较大关系。一般认为，材料中非晶含量首先随着激光功率的增大而升高，达到峰值后呈下降趋势，这主要是由于过低的激光功率会导致涂层中成分不均匀而不利于非晶形成，但过高激光功率会导致层间稀释率过大且容易发生晶化从而降低非晶含量。对于扫描速率的影响，较大的扫描速率会导致熔池冷却速度加快而易于获得较高的非晶含量，但部分学者指出对于非晶形成能力较强的合金体系，较低的扫描速率即可获得较高的非晶含量，较大的扫描速率反而导致熔池凝固时间太短，合金元素不能发生充分扩散而引起局部成分不均匀，偏离非晶形成的成分范围，从而降低非晶含量。此外，目前国内外对其他激光熔覆工艺参数如光斑大小、预置粉末厚度或同步送粉速率对非晶化材料形成影响方面的研究报道较少。因此，揭示典型激光工艺参数对非晶形成能力和涂层性能的影响规律和微观机制，以及如何通过调控激光工艺参数来掌控复合材料中非晶相的比例，是激光熔覆非晶化材料的一个重要研究方向。

同时，激光熔覆是获得大面积、大厚度非晶化材料的有效途径，而激光多道熔覆和激光多层熔覆中搭接部位的微观组织控制是激光熔覆制备高质量非晶涂层的关键技术问题之一。此外，对激光熔覆非晶化材料进行后续激光快速重熔或热处理有望获得综合性能优异的非晶-纳米化复合材料，后续激光快速重熔或热处理方式对非晶组织以及纳米晶相析出的影响仍需进一步深入研究。

（3）激光熔覆非晶化材料的基础理论研究

激光熔覆制备非晶化材料是一种非平衡的动态过程，其快热快冷过程中的相变热力学、动力学、扩散行为和界面行为等需要用相关相变理论和界面理论来解释。因此，需探讨激光熔覆条件下的凝固行为，特别是一些亚稳相和非晶的形成规律，系统研究在远离平衡条件下的凝固动力学和结晶学，丰富和完善快速凝固理论。深入探究激光熔覆非晶化材料过程中的相变和界面行为，真正解决基材与涂层、基材与第二相颗粒等的结合强度等重要问题，并逐渐建立起合理有效的数学模型，从而为获得优异的非晶化材料奠定理论基础。此外，激光非晶化内在机制的研究是今后研究的重点之一。因此，可利用计算机仿真技术，模拟实际制备条件，并采用先进的分析软件如有限元技术模拟物质与激光束相互作用的温度场和熔覆层的应力场分布，为熔覆过程中的工艺参数优化提供理论参考和依据。

5.2　纳米晶化材料

纳米晶化材料具有独特的结构特征，含有大量的内界面，因而可能表现出许多与常规材料不同的理化性能。而在激光制备的非晶-纳米化复合材料中包含大量纳米晶相及非晶相，这对于提高材料的综合性能及发展高性能材料具有巨大的潜在优势。这利用了激光辐射材料时相互作用能量高、作用时间短、加热与冷速度极快的特点，可高效且易控制地在形状复杂的制品表面形成大面积纳米晶化复合材料。激光方法制备纳米晶化复合材料与传统制备方法相比，其制造成本降低，效率提高，而且所制备材料在组织结构及性能方面都有很大不同[12]。

1999年，卢秉恒院士提出金属材料表面纳米化的概念，通过特定的方法直接在金属材料的表层形成纳米晶粒结构，以优化和提高相应材料的综合机械性能和使用寿命。2000年，徐滨士院士提出纳米表面工程的概念，将纳米材料、纳米技术和表面工程技术相结合，采用特定的加工技术或手段，以期在固体材料的表面得到具有纳米特征的表面。卢秉恒院士所提出的金属材料表面纳米化的概念是指在金属材料的基材上采用表面自纳米化的方法，在零件表面形成与基材成分一致的纳米晶粒结构；而徐滨士院士所提出的"纳米表面工程"是一个范围更为宽广的概念，是指充分利用纳米材料和纳米技术提升改善传统表面工程，通过特定的加工技术或手段改变固体材料表面的形态、成分、结构，使其纳米化，从而优化和提高材料表面性能。这里对基材，表层的成分、形成方式以及与基材的结构关系都没有限制，只强调了表层材料的纳米化，笔者认为也应当广义地理解这个纳米化，可以是表层材料完全纳米化、部分纳米化、混合纳米化或是只含有一定的纳米颗粒成分。

5.2.1 纳米晶化原理

材料表面纳米化的方法有多种，通常归为三大类：一是表面涂层或沉积，如使用物理气相沉积、化学气相沉积或激光熔覆、热喷涂等方法在零件表面沉积一层纳米结构表层，材料成分可以与基材相同也可以不同，可以是单一成分也可以是复合成分，特点是晶粒均匀尺寸可控，但沉积层与基材结合强度通常较差，一般有明显分层；二是表面自纳米化，就是直接使零件表层的材料晶粒组织细化到纳米量级，其实现方法主要有表面机械处理法和非平衡热力学法，其特点是处理层和基材没有明显分界，晶粒由表及里逐渐增大，且处理后外形尺寸基本不变；三是表面自纳米化与化学处理相结合的混合方式，即将表面纳米化技术与化学处理相结合，在纳米结构表层形成时，对材料进行化学处理，在材料的表层形成与基材成分不同的固溶体或化合物，特点是形成纳米晶粒结构的同时附加特殊性能，并且处理后的外形尺寸也基本不变。

在各类表面纳米化技术中有一大类，是利用激光表面处理技术和纳米技术相结合实现纳米特性的表面层，可以统称为激光纳米表面工程技术，就是直接或主要利用激光这种特定的技术手段并结合其他辅助手段，直接改变或是添加材料改变被处理固体材料表面的形态、成分或结构，使其形成含有纳米晶粒或一定纳米颗粒成分的表层。在不特别说明的情况下，是指对金属基材进行激光表面改性处理实现纳米特性表层的技术。

目前，已有诸多涉及利用激光技术制备纳米晶化复合材料的方法，多采用直接添加纳米级颗粒或各类纳米管的方法来实现，激光所产生熔池的高速急冷特性来抑制所添加纳米相的长大从而形成纳米晶化复合材料。也可利用化学方法经激光诱导来制备纳米晶化材料，如利用各化学元素在激光熔池中的原位生成化学反应生成纳米多晶相，再利用熔池的急冷特性，从而制备出所需的纳米晶化复合材料。该研究是一种新颖、快捷、节能环保的加工方法，同时可有效增强激光 3D 打印技术与轻质金属材料的实用性。

以 Cu 添加于 TA15-2 钛合金表面的预熔粉末为例，Cu 可使 TA15-2 钛合金激光合金化涂层进一步纳米化。在 TA15-2 表面进行激光同轴送粉熔覆 Stellite12-B_4C 混合粉末可制备耐磨复合材料。伴随 Cu 的添加，该激光合金化涂层的纳米化程度极大提升，利用其在激光熔池中化学反应生成 $AlCu_2Ti$ 超细纳米晶相来极大抑制颗粒长大的过程，亦是大量纳米多晶体在激光熔池中产生的过程。另外，在 TA15-2 钛合金基材表面进行激光同轴送粉熔覆 Ni60A 基或 Stellite 基陶瓷/稀土氧化物也可生成纳米晶化复合材料。

激光纳米化将对金属材料表面改性起到非常显著的作用，如在 AISI4130 合金结构钢上激光合金化 $Fe_{48}Cr_{15}Mo_{14}Y_2C_{15}B_6$ 粉末，将形成组织结构致密的复合材料。复合材料的 TEM 证实，其中包含大量纳米晶。经衍射环标定证实，该纳米晶相为 $Cr_{23}C_6$（见图 5.5）[13]。

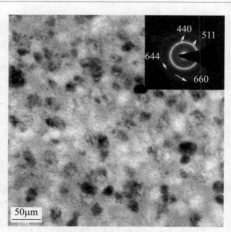

图 5.5　AISI4130 激光合金化 $Fe_{48}Cr_{15}Mo_{14}Y_2C_{15}B_6$ 复合材料的 TEM 及对应电子衍射环

5.2.2　陶瓷与稀土氧化物的影响

稀土有"工业黄金"之称，由于其优良的光、电、磁等物理特性，能与其他材料组成性能各异、品种繁多的新型材料。在冶金过程中加入适量稀土元素及其氧化物对金属材料有较好的晶粒细化作用。稀土及其氧化物已在材料表面改性领域广泛应用。在激光待加工处理预熔粉中加入适量稀土氧化物，可有效促使复合材料中非晶相及纳米晶相生成。

当基材为 TA15-2 钛合金，在其表面激光熔覆 Ni60A-B_4C-TiN-CeO_2 混合粉末形成复合材料。图 5.6(a) 所示棒状析出相为 B_4C 在激光熔池发生分解所生成的硼化物 SEM 形貌。硼化物具有较高熔点，在激光熔池急速冷却过程中该类化合物首先析出，为其他晶粒析出提供形核点，有利于涂层组织结构细化。通常硼化物在激光熔覆层中呈现如片状、棒状或网状等形貌，在该激光复合材料中所生成的硼化物呈纳米棒状结构。图 5.6(b) 表明，大量纳米晶在该复合材料中产生。因该激光熔池包含多元合金系，且含有多种大原子半径和小原子半径元素。因小原子半径合金元素在复合材料中产生压应力，大原子半径元素在复合材料中产生拉应力，这两种应力场可相互作用从而有效降低合金体系应力，形成相对稳定的短程有序原子基团，有利于促进纳米晶相的形成。另外，激光熔覆是快速加热急冷的过程，在该过程中大量物相无法获得充足时间长大，易形成纳米晶。CeO_2 加入熔覆层时，晶界得到强化，晶界附近位错移动性也相应增强。激光加工过程中，所加 CeO_2 可在很大程度上阻碍纳米颗粒及纳米棒在激光熔池中长大，利于复合材料纳米结构产生。另外，CeO_2 在激光熔池中会分解为 Ce 与 O_2，微量活性 Ce 离子易吸附于晶核表面，使纳米晶长大受到极大抑制，利于激光熔覆复合材料纳米结构的产生，如 TiB 陶瓷纳米棒生长就在一定程度上受到稀土氧化物阻碍，从而保持细小的一维纳米结构[14]。

图 5.6(b)、(c) 表明，大量纳米晶颗粒与纳米棒在涂层基底处发生聚集。激光熔池具有扩散和对流两种传质形式，熔池在快速凝固过程中，亚稳定相得不到向稳定相转变的激活能而可能保存下来。随着凝固速率进一步提高，亚稳定相的析出可能被抑制，已成形晶核来不及长大熔池就已凝固，形成纳米晶。另一方面，由于纳米颗粒具有极大的比表面积，易发生聚集形成第二相粒子以降低系统界面能量。稀土氧化物也能在激光所制备的复合材料中对材料的纳米化起到非常重要的作用。当在 TC4 钛合金上激光熔覆 Al_3Ti-TiB_2-Ni 包 WC-Al_2O_3-Y_2O_3 混合粉末时可形成纳米化复合材料。图 5.7(a) 表明，Ti-B 纳米棒出现于该复合材料的局部，在复合材料基底处则出现大量纳米颗粒 [见图 5.7(b)]。对由该复合材料中部取出的超薄片进行进一步 TEM 分析，TiB_2 晶体以条状形式析出并生长 [见图 5.7(c)]。图中场斑点和多晶衍射环都是 TiB_2 的衍射斑点，其 [101] 晶带轴的选区电子衍射斑点也示于该图，而另外一部分 TiB_2 相则在复合材料中生成纳米多晶体，沿（002），（101）及（100）面生长。另外，该选区还包含大量 Y_2O_3，其 [210] 晶带轴的电子衍射

斑点示于图 5.7(d)。

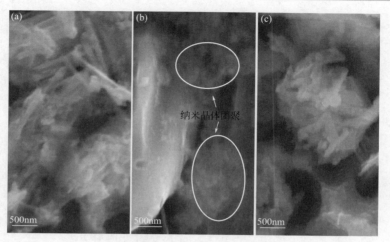

图 5.6 TA15-2 钛合金激光熔覆 Ni60A-B$_4$C-TiN-CeO$_2$ 复合材料不同位置的 SEM

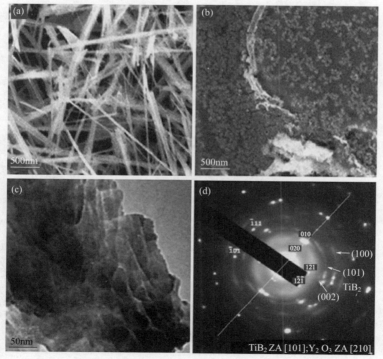

图 5.7 钛合金上激光熔覆 Al$_3$Ti-TiB$_2$-Ni 包 WC-Al$_2$O$_3$-Y$_2$O$_3$ 涂层组织结构分析

实际上，激光束中能量分布不均匀，中间温度高，而光束边缘温度较低。因此，被激光束边缘所照射的 Y_2O_3 无法充分熔化，还可保持其原有形貌。因熔池中熔液对流的作用以及这些未熔的 Y_2O_3 在高温下具有高扩散性，这类粒子可迅速扩散到熔池各个部位，将阻碍上晶体生长，利于纳米晶生成。另外，图中心较亮的衍射环表明该熔覆层还包含非晶物质。

5.2.3 纳米晶化材料缺陷

激光熔池具有扩散和对流两种传质形式，熔池在急速凝固过程中，亚稳定相得不到向稳定相转变的激活能而可能保存下来；随着凝固速率进一步提高，亚稳定相析出也可能被抑制，已成形的晶核来不及长大熔池就已凝固，从而形成纳米晶；由于纳米颗粒具有极大的比表面积，易发生聚集，形成第二相粒子以降低系统界面能量[15]。

图 5.8(a) 为激光熔覆制备复合材料中发生聚集现象的纳米颗粒，团聚现象会造成纳米颗粒分布不均，在很大程度上影响纳米颗粒对复合材料的增强作用。图 5.8(b) 表示，当一定量非晶相加入后，纳米晶团聚现象更为明显，以至形成了一个尺寸较大的块状物。图 5.9 表明，聚集态纳米粒子还经常在晶化相前聚集，对于阻碍晶化相长大具有一定的作用。这些团聚状纳米粒子对于复合材料也可起到一定增强作用，但由于分布不均匀，因此无法保证复合材料性能的稳定性。

(a) 聚集态纳米粒子　　　　　(b) 非晶相加入后聚集态纳米粒子

图 5.8　激光熔覆制备复合材料 SEM

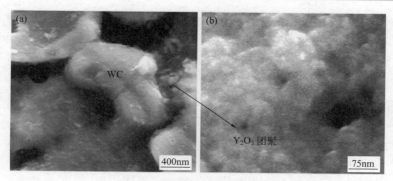

图 5.9 聚集态纳米粒子阻碍于晶化相

图 5.10 表明，用激光处理 Au-C 形成纳米化复合材料，当 Au 含量比较少时，团聚现象还不算严重，当 Au 含量超过一定含量时，具有较大尺寸的纳米团聚物随之产生，这归因于大量纳米晶的产生造成系统界面能量的急剧上升[16]。

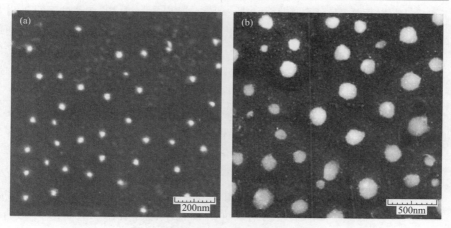

图 5.10 Au-C 激光纳米化复合材料

表面处理技术的应用历史悠久，但表面工程技术从概念提出到发展成为完整的学科体系时间较短，到现在也只有几十年，激光技术和纳米技术与表面工程技术相结合的激光纳米表面工程技术，虽然其所使用的各种激光表面处理技术，如激光辐照、激光重熔、激光熔覆和激光冲击，已经有很多的研究资料并取得了丰硕成果，但运用这些技术进行表面纳米化处理的研究还比较少，并且也没有系统化，这一领域还有很多的研究工作可做。

首先，各种激光纳米表面工程技术的纳米化机理，有待于进一步深入研究。例如激光辐照，目前极少见到有讨论激光辐照表面纳米化成因的文献，激光熔覆制备纳米涂层的研究相对较多，但这一方法所涉及到的内容较为繁杂，比如粉末体系、预制涂层的制备、激光熔覆原位生成纳米涂层等方面的机理和影响因素又各不相同，到目前也并没有形成系统的理论。激光重熔和激光冲击的纳米化原理从根本上来说是不同的，激光重熔本质上可以说是非平衡热处理，这是其纳米化的主要原因，激光冲击则是高压冲击波引起的错位结构通过滑移引起塑性变形造成晶粒细化，这可能是其表面纳米化的主要原因[17]。在激光重熔纳米化的过程中，由于采用了水下重熔工艺，可以认为水就相当于激光冲击处理中的约束层，整个激光重熔的过程也伴有激光冲击的作用机理，所以激光纳米表面工程的过程可能是多因素共同作用的结果，这些机理都有待于进一步研究。

其次，使用各种激光纳米表面工程技术处理不同材料时的工艺参量选择和优化问题，需进一步研究形成完善而系统的结论。进行激光纳米工程技术的研究，最终还是希望能取得实际应用。例如，如果可以使用激光辐照进行材料表面纳米化处理，意义将十分重大。采用不同激光纳米化方法，处理不同材料时，工艺参量的优化和选择是保证激光纳米工程技术处理质量和效率的前提，所以有必要对其进行系统而深入的研究。

再次，各种激光纳米工程处理技术，针对处理后材料的各种性能有必要进行系统研究。虽然作为单独的激光处理技术，这方面的相关研究已经很多，但针对激光处理后形成纳米表面的性能研究还比较零散，也比较少。通常认为表面纳米化后材料的耐磨性、硬度、耐蚀性等都会有相应提高，但不同材料采用不同激光纳米工程技术处理后，激光的处理过程对所获得的表面是否有什么不利的影响，还需进行深入的研究。

最后，各种激光纳米表面工程技术的综合应用，需进一步研究，就是在进行表面纳米化处理时将一种或几种激光纳米工程技术组合起来进行。例如，激光重熔后进行激光辐照，激光熔覆后进行激光重熔或者激光重熔后进行激光辐照与激光冲击等。这样形成复合的激光纳米表面工程处理技术。

总之，一般认为材料表面纳米化处理后，各种使用性能会有不同程度的提高。采用激光处理的方式进行材料表面纳米化，相对于其他方式如机械研磨，镀覆，物理、化学气相沉积等有其独特的优势。

5.3 非晶-纳米晶相相互作用

在激光制备的复合材料中同时存在非晶与纳米晶相，如两者产生有机结合，相互作用，将极大改善复合材料的综合性能。飞行器和舰船等重要军事武器都面临极端的服役条件，包括磨损、高温、腐蚀等，非晶-纳米化复合材料可更为有效地解决上述问题，因此它在军事领域具有巨大的应用潜力。非晶态合金兼有一般金属与玻璃的特性，因而具有独特的物理化学性能与力学性能，如极高的强度、韧性、抗磨损及耐蚀性。将纳米晶与非晶同时应用于钛合金表面的激光熔覆涂层中将极大提高其表面性能。

研究表明，镍基高温合金表面含 $2\%CeO_{2p}$ 的 NiCoCrAlY 激光熔覆涂层具有极高的抗高温氧化性能，氧化质量增重较未加纳米颗粒时减少一半以上，涂层进入稳态氧化所需时间极短，仅为未加纳米颗粒涂层的 1/20。

5.3.1 相互作用机理

在激光非晶合金中原子之间的键合特性、电子结构、原子尺寸的相对大小、各组元的相对含量都是决定合金玻璃形成能力的重要因素。金属与合金的晶体结构一般比较简单，原子之间以无方向性的金属键来结合，所以在一般条件下凝固时熔体原子极容易改变相互结合和排列的方式而形成非晶。只有在很高的冷却速度下，才能"冻结"熔体原子的组态形成金属玻璃。而激光熔池恰好具有高速的冷凝特性，该特性也可极大抑制熔池中晶化相长大从而有利于纳米晶相的产生，所以在激光熔覆材料极易产生非晶-纳米化趋势。

当在基材 TA15 钛合金上激光熔覆 Ni60A-Ni 包 WC-TiB_2-Y_2O_3 混合粉末时，用透射电镜对由涂层中部取出的薄膜样品进行观察分析，其TEM 图像表明，由于激光熔覆具有加热及冷却速度快的特点，熔体成分在宏观上保持均匀的同时，在微观上却存在着微区内成分不均匀的现象 [见图 5.11(a)]。对箭头所指区域进行电子选区衍射，如图 5.11(b) 所示，电子选区衍射图谱呈现为表征非晶相的漫散晕环加纳米晶相的多晶衍射环，按透射电镜的相机常数计算、标定，此晶化相为 TiB_2 多晶体，该多晶体沿 (100)，(101)，(002) 平面生长，证明纳米颗粒在涂层中存在。图 5.11(c) 为涂层表层的 X 射线衍射图。由该图可知，涂层表层主要包括 γ-(Fe，Ni)、Ti-B、WC、α-W_2C 及 $M_{12}C$ 相。

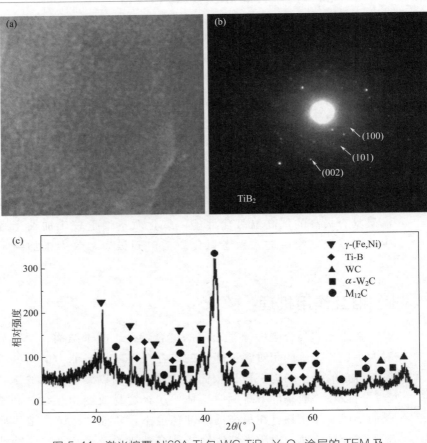

图 5.11　激光熔覆 Ni60A-Ti 包 WC-TiB₂-Y₂O₃ 涂层的 TEM 及
其对应的选区电子衍射斑点和 XRD 分析

另据之前分析可知，涂层所含成分较为复杂，还包含少量 Ti-Al 金属间化合物以及 Mo、Zr 及 V 元素的碳化物等相。衍射图还表明宽漫散衍射峰出现在 2θ 为 $15°\sim30°$、$36°\sim47°$ 以及 $70°\sim80°$，且有几个尖锐的晶化衍射峰叠加在漫散衍射峰之上，证明涂层中同时存在非晶相与其他晶化相。由此可见，激光复合材料中的晶化相形状、大小各不相同，并与非晶相相间分布。纳米晶相不仅镶嵌于非晶相上，也分布于晶化相之中，整个涂层为非晶、纳米晶及其他晶化相共存，这种相组成也有利于涂层组织结构的致密及其组织性能的提高。非晶-纳米晶相界面具有高结合能，可在很大程度上抑制纳米晶生长，从而有利于超细纳米晶的形成。另外，严重的晶格畸变可能在复合材料中产生。由于有限大小晶粒自由能状态会受到其边界的影响，当晶粒度变小之后，晶粒总自由能相对于完整晶格来说会增加。纳米晶自由能增加，促使基材中点缺陷浓度增加，成为点缺陷的过饱和状态，引起复合材料发生晶格畸变。

在钛合金上激光合金化 Stellite12-Zn-B_4C 混合粉末，可形成非晶-纳米化增强复合材料。图 5.12(a) 表明，复合材料中部组织为细小树枝晶，枝晶间存在大量共晶组织，该部位还存在部分块状初生相。激光合金化过程中，由于 Stellite12 粉末包含的 Ni 与 γ-Fe 同为面心立方晶格结构，可无限互溶，Ni 优先与 γ-Fe 形成固溶体晶核，晶核不断从处于熔融状态的熔池中吸收大量 Ni 原子而长大，并使大量 Ni 元素发生聚集，在熔合区形成富 Ni 网状 γ-(Fe，Ni) 奥氏体相。在共晶区中，除含有大量 Fe、Ni 元素外，还有少量 Si、Fe、Mo、Cr、Zr 等元素。B_4C 等加入可显著细化涂层晶界处网状共晶结构。另外，由于熔覆过程中熔池各位置受热不均匀，许多细小的陶瓷相无法充分熔化而在熔池冷却过程中成为晶体结晶成核点，对涂层起到显著细化作用。而大量共晶组织的形成也有利非晶相在复合材料中产生。图 5.12(b)、(c) 所示，由于激光熔覆具有加热及冷却速度快的特点，熔体成分微观上存在微区内成分不均匀现象，对所选区域进行 HRTEM 测试，图中高分辨条纹相表明该区域存在非晶相。图 5.12(d) 表明，另有大量纳米颗粒在复合材料基底处产生，对该区域进行 HRTEM 分析表明，该区域不只存在纳米晶还存在大量非晶区，纳米晶相主要镶嵌于非晶区域中，而非晶相的存在会极大抑制纳米晶相长大，利于复合材料的纳米化［见图 5.12(e)］。

5.3.2 磨损形态

当在基材 TA15 钛合金上激光熔覆 Ni60A-Ni 包 WC-TiB_2-Y_2O_3 混合粉末，所制备的激光熔覆涂层的显微硬度如图 5.13 所示。结果表明，涂层的显微硬度范围在 1250～1400 $HV_{0.2}$，较 TA15 基材（约 390$HV_{0.2}$）提高了约 2.5 倍。涂层显微硬度提高主要归因于 WC、TiB_2 等硬质相、细晶强化、固溶强化以及非晶-纳米晶综合作用的结果；另外，由于激光熔覆过程中基材对熔池强烈的稀释作用，涂层的显微硬度分布延涂层深度呈明显下降趋势。

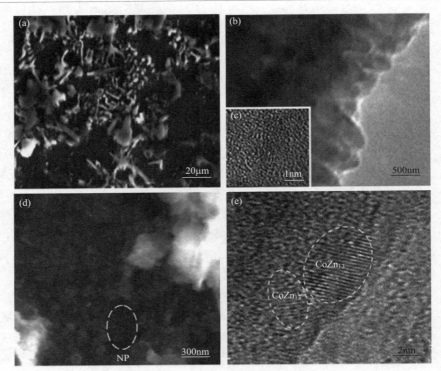

图 5.12　激光合金化 Stellite12-Zn-B$_4$C 涂层的 TEM 及 HRTEM 分析

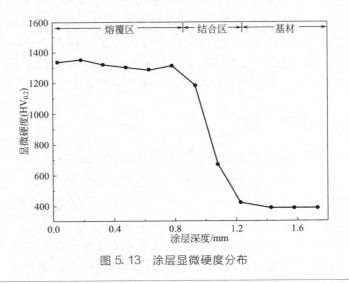

图 5.13　涂层显微硬度分布

　　摩擦系数是摩擦过程中的一个重要参数，它直接反映出材料的抗磨损性能。经典摩擦理论表明，随着摩擦表面硬度的增加，摩擦系数减少，磨损量也随之减少，摩擦系数的高低表征了激光熔覆涂层的减摩性能，反映了其摩擦特性。图 5.14（a）表明，涂层的摩擦系数明显低于 TA15 的摩擦系数，这是由于涂层相比基材具有较高的显微硬度。随载荷增加，涂层摩擦系数呈明显下降趋势，而 TA15 合金的摩擦系数曲线却一直保持稳定。此过程中涂层摩擦系数的降低表明在不同载荷作用下，涂层相对基材表现出更好的耐磨损性能。图 5.14（b）的磨损试验结果表明，当载荷 49N，经 40min 干滑动摩擦后，涂层的磨损体积约为 TA15 基材的 1/12，表明涂层较 TA15 基材表现出更好的耐磨性。在未添加润滑剂的干摩擦条件下，一般通过提高材料的硬度来提高其耐磨性，而处于重载时，则需同时考虑材料的韧性以及硬度，防止折断。涂层的耐磨性不仅与涂层的硬度有关，还需考虑增强相形态与性能。如先前分析所述，涂层中存在大量高硬度、高韧性以及形态细小的纳米颗粒增强相；磨损过程中，由于纳米颗粒增强相的存在，涂层表面还可产生加工硬化，从而提高涂层的耐磨性；此外，Ni60A 包含大量 Cr、Fe、Ni 等元素，在高能量密度的激光照射下，部分元素将固溶于 γ-Ni 中，提高涂层强度与硬度；而平整光滑且孔隙率低的熔覆层与均匀致密的组织结构也利于其耐磨性能的提升。

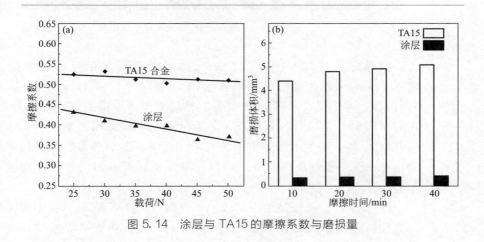

图 5.14　涂层与 TA15 的摩擦系数与磨损量

　　图 5.15（a）为载荷 49N，经 40min 干滑动摩擦后 TA15 钛合金的 SEM 磨损形貌。可推断 TA15 合金的磨损过程为显微切削与黏着损失，呈典型的黏着磨损形貌。

　　涂层磨损形貌较为光滑平整［见图 5.15（b）］。当脱落磨屑在摩擦副表面积聚时，磨损机制就会向磨粒磨损方式发生缓慢变化。由于磨屑尺寸较小，硬度较低的磨屑会在试样表面形成一些细小犁沟；而后，在磨损过程中，试样表面经过反复塑性变形而剥落；而硬度较高的磨屑则会直接在试样表面造成微观切削，形成大而深的犁沟。图 5.15(c) 为涂层磨损表面经溶液腐蚀后的 SEM 形貌，表明大量纳米颗粒存在于涂层磨损表面，纳米颗粒的存在使涂层磨损表面光滑，利于摩擦系数与磨损量降低。

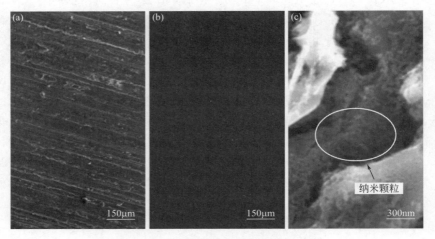

图 5.15　TA15 合金与涂层的磨损形貌

　　钛合金上 Ni60A-B$_4$C-TiN-CeO$_2$ 激光熔覆涂层的显微硬度分布如图 5.16(a) 所示，表明显微硬度范围为 1350～1500HV$_{0.2}$，较 TA15-2 基材（约 380HV$_{0.2}$）提高 3～4 倍。涂层显微硬度提高的原因极为复杂，主要可归因于 TiC、TiN、TiB$_2$ 及 Ti(CN) 等硬质相、细晶强化、固溶强化以及非晶-纳米晶综合作用的结果。然而，由于激光熔覆过程中基材对熔池的强烈稀释作用，激光熔覆涂层显微硬度分布沿涂层深度呈下降趋势。

　　图 5.16(b) 磨损试验结果表明，当载荷 49N，经 40min 干滑动摩擦后，涂层磨损体积约为 TA15-2 基材的 1/10，表明涂层较基材表现出更好的耐磨损性。

　　图 5.17(a) 为经过滑动摩擦后，TA15-2 钛合金基材表面的 SEM 磨损形貌。可推断 TA15-2 合金的磨损过程为显微切削与黏着磨损并存，呈典型的黏着磨损形貌。

　　涂层的磨损形貌则较基材金属更为光滑平整［见图 5.17(b)］。

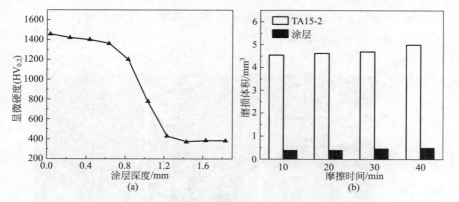

图 5.16　涂层的显微硬度分布与磨损体积

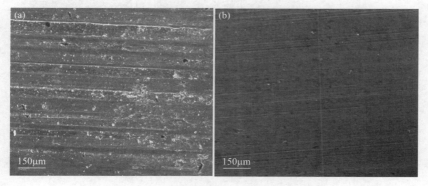

图 5.17　TA15-2 合金与涂层的磨损形貌

5.4　非晶-纳米化复合材料的设计

5.4.1　非晶包覆纳米晶

中国航空制造技术研究院与山东大学合作，采用直接熔覆含 Ce-Al-Ni 非晶材料预熔涂层的方法制备非晶-纳米化复合材料，证实了一种新型非晶包覆纳米晶（ASNP）材料的存在。该材料在钛合金表面激光涂层中可呈颗粒状 [见图 5.18(a)]、棒状 [见图 5.18(b)] 及块状 [见图 5.18(c)]。图 5.18(d) 所示为 ASNP 材料的生成过程，可见在钛合金表面激光熔覆过程中，棒状或纳米颗粒首先在熔池中产生，但 Ce-Al-Ni 非晶化

材料则围绕该类纳米材料析出，待熔池冷却后便在激光熔覆层中形成了
ASNP 材料。ASNP 材料的组织结构较纳米晶材料更为粗大，但也表现
出较强的耐磨损性能[17]。

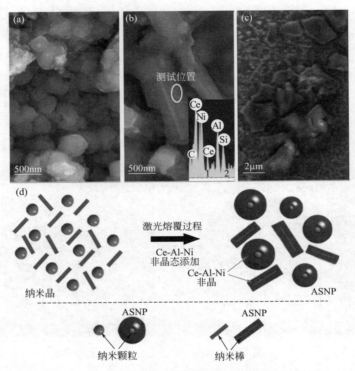

图 5.18　ASNP 在激光涂层中的 SEM 像及其生成过程

中国航空制造技术研究院与山东大学还通过合作在 TC4 钛合金上制
备出 ASNP 增强激光非晶-纳米化复合材料。该研究将非晶态玻璃成分添
加于 TC4 表面金属/陶瓷混合粉末中形成预置涂层，后用激光直接辐射
该涂层形成具有极高硬度的非晶-纳米化复合材料。研究中采用 SEM 针
对添加与未添加非晶玻璃的激光复合材料做了比较（见图 5.19），表明非
晶玻璃添加前，在复合材料基底处产生大量呈弥散分布的纳米颗粒；而
非晶玻璃添加后，大量微米级别的球状析出物产生。可见，非晶玻璃的
添加导致纳米颗粒迅速长大。

激光熔覆是一个极快速的动态熔化与凝固过程，该工艺制备非晶合
金就是以快速冷却来抑制晶化相形核及长大，形成非晶相。大量纳米晶
相产生使晶界自由能提高，导致涂层中点缺陷密度提高与晶格畸变发生。

而一些具有小原子半径的非金属元素，如 Si、B、C 等元素因之前预置粉末熔化或基材的稀释作用而进入熔池，同样增加了原子堆垛密度，利于增强过冷液相稳定性，促使非晶相产生，从而对纳米颗粒形成包覆。

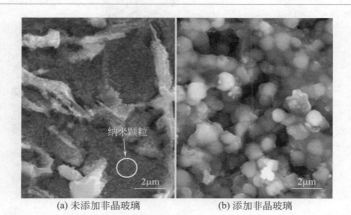

(a) 未添加非晶玻璃　　　　　　　(b) 添加非晶玻璃

图 5.19　未添加与添加非晶玻璃激光非晶-纳米化复合材料的 SEM

如图 5.20(a)、(b) 所示，对添加非晶玻璃后所形成的复合材料中的 ASNP 做进一步 HRTEM 及 EDS 分析证实，ASNP 的表面主要包含非晶相，该非晶相主要包含添加的非晶玻璃成分，如含有大量 O、Na、Si、Ca 元素。

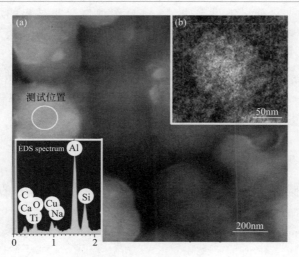

图 5.20

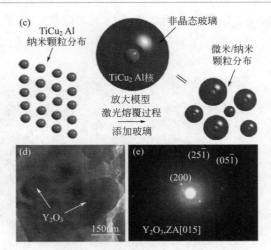

图 5.20　HRTEM 及 EDS 分析复合材料中的 ASNP

　　中国航空制造技术研究院还在 Fe_3Al 基激光熔覆金属/陶瓷复合材料中制备出大量纳米棒［见图 5.21（a）］及纳米颗粒［见图 5.21（b）］。采用 TEM 对从 Fe_3Al 基激光熔覆金属/陶瓷复合材料中部取出的薄膜进行观察分析表明，由于激光合金化具有加热及冷却速率快的特点，熔体成分在宏观上保持均匀的同时，在微观上却存在微区内成分不均匀现象［见图 5.21（c）］。图 5.21（d）选区电子衍射（SAED）分析结果表明，SAED 图中包含非晶相的漫散晕环与纳米晶相的多晶衍射环，表明该选区存在大量非晶及纳米晶相。经标定，此晶相为纳米多晶体，沿（200），（220），（311）及（400）面生长。非晶及多晶环出现于 SAED 图也表明，当部分非晶相刚开始发生结晶时，激光熔池就已完成凝固。SAED 图也证实该复合材料主要包含纳米棒、纳米颗粒及大量非晶相。

5.4.2　碳纳米管的使用

　　碳纳米管（CNTs）具有许多传统材料所不具备的优越性能。现代工业中激光合金化技术已被广泛应用于合金表面改性领域中，可采用该技术制备激光快速成形 CNTs 增强微叠层材料。通过实验证实，当激光功率未达一定值时，部分 CNTs 可原样存在于激光增材制造复合材料下部[18]。

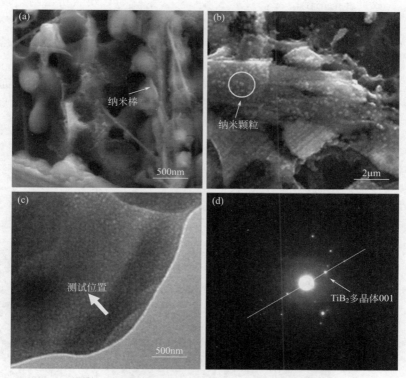

图 5.21　Fe₃Al 基激光熔覆涂层的 SEM、局部 TEM 和对应电子衍射图

　　TA7 钛合金为基材，其名义化学成分（质量分数）：5％Al，2.5％ Sn，0.5％Fe，0.08％C，0.05％N，0.015％H，0.2％O，余为 Ti。熔覆材料：Stellite SF12（纯度≥99.5％，50～150μm）、单壁 CNTs（纯度≥99.5％，直径 1.2～2.5nm），Cu（纯度≥99.5％，20～100μm），其中 Stellite SF12 名义化学成分：1％C，19％Cr，2.8％Si，9％W，3％ Fe，13％Ni，余为 Co。激光快速成形工艺在配有四轴电脑数控的 YAG（HL3006D）激光加工设备完成，实验环境为真空。将熔覆材料成分配比（质量分数）97％Stellite SF12-3％CNTs 混合粉末熔覆前烘干并通过机械混粉器充分混合，粉末用水玻璃溶液调成糊状，将其均匀涂敷于钛合金表面，自然风干后形成下层涂层。将熔覆材料成分配比（质量分数）94％Stellite SF12-3％CNTs-3％Cu 混合粉末熔覆前进行同样处理，自然风干后与下层涂层一并形成叠层预置层，经激光快速成形处理后微叠层复合材料。

　　如图 5.22(a) 所示，激光快速成形工艺后微叠层与 TA7 基材之间形成良好的冶金结合，大量未熔 CNTs 紧贴 TiC 块状析出物出现于微叠层下部，见图 5.22(b)。激光束极高的温度导致大量 CNTs 在微叠层下层被完全熔化，大量 C 元素进入激光熔池之中，而后，C 与 Ti 在熔池中发生化学反应，生成 TiC 相。

如图 5.22(c) 所示，非晶界面位于微叠层上层与下层界面之间，由于激光辐射所产生的熔池具有急冷特性，利于非晶相产生，大量细小卵状析出物出现于非晶界面之上，在 Cu 作用下其组织结构较下层组织更为细化。实际上，Cu 与 Al、Ti 元素在激光高温熔池中发生原位生成化学反应生成 $AlCu_2Ti$ 超细纳米粒子，该粒子对激光合化层具有极强的细化作用。然而，在紧贴卵状析出物区域未观察到未熔 CNTs，可归因于激光束已完全熔化该区域的 CNTs，见图 5.22(d)。

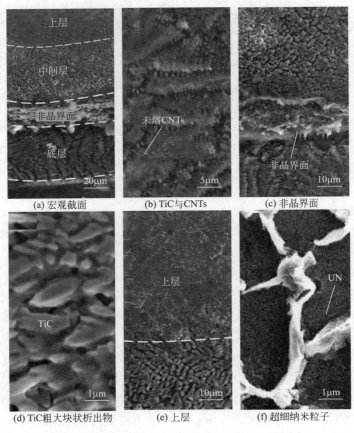

图 5.22　微叠层扫描电镜图（激光功率 720W）

图 5.22(e) 所示，该类卵状析出物未在微叠层上层出现。由于激光束能量具有高斯分布规律，激光熔池温度从上到下呈明显下降趋势。因此，上层所含 CNTs 极易被激光束熔化，在微叠层上层基底处还存在着大量超细纳米颗粒，见图 5.22(f)。而散漫的"馒头峰"出现于图 5.23 (d)，证实了非晶相的存在。

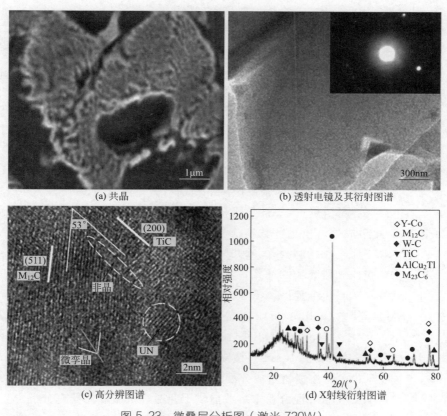

(a) 共晶

(b) 透射电镜及其衍射图谱

(c) 高分辨图谱

(d) X射线衍射图谱

图 5.23　微叠层分析图（激光 720W）

在微叠层上层还观察到共晶组织，见图 5.23(a)。通常情况下合金的熔点明显低于纯金属熔点，当液态合金的元素构成接近共晶成分时其熔点最低。图 5.23(b) 呈现出界面区域 TEM 及该区域所对应的电子衍射斑点，非晶环出现表明该区域有非晶相产生。图 5.23(c) 的高分辨条纹图谱表明 $M_{12}C(Co_6W_6C)$ 与 TiC 相所处区域非常接近，两者之间晶体取向差 53°，为大角晶界。分析还表明，该晶界上还存在狭长非晶区域，表明部分超细纳米粒子在微叠层中被非晶相包围，而超细纳米粒子是通过溶解/析出机制及异质化形核而形成的。高分辨条纹图谱还证明有微孪晶存在于微叠层上层。微孪晶的产生未吞噬整个晶粒，晶粒中所含弗兰克尔局部缺陷（伯格斯矢量 1/6＜112＞）位于微孪晶的晶界处。微孪晶晶面具有较低界面能。微孪晶的产生主要归因于位错核心与堆积层错的综合作用结果。

5.4.3　多物相混合作用分析

纳米材料具有独特的结构特征，含大量内界面，表现出诸多与常规晶体材料不同的物理化学性能，如较好耐磨损、高温、腐蚀等。非晶态合金亦兼具独特的物理化学性能与力学性能，如高强度、韧性、抗磨损及耐蚀性。本节提出将 Stellite SF12-B_4C-NbC-Sb 混合粉末激光熔覆于 TA15 基材表面改善基材耐磨性。试验表明，通过该方法可在基材表面制备具有极强耐磨损性的非晶-纳米化增强复合材料。本节分析了 TA15 钛合金表面激光熔覆层的组织结构与摩擦磨损性能，为激光熔覆技术在工业零部件生产与修复领域提供了理论与试验依据[19]。

试验材料包括基材与熔覆材料两部分。基材为 TA15 钛合金，其名义化学成分（质量分数）：6.06％Al，2.08％Mo，1.32％V，1.86％Zr，0.09％Fe，0.08％Si，0.05％C，0.07％O，余为 Ti。熔覆材料：StelliteSF12（纯度≥99.5％，50～200 目）、B_4C（纯度≥99.5％，50～200 目）、NbC（纯度≥99.5％，50～100 目）及 Sb（纯度≥99.5％，1～30 目），其中 Stellite SF12 的名义化学成分：1.00％C，19.00％Cr，2.80％Si，9.00％W，3.00％Fe，13.00％Ni，余为 Co。钛合金熔覆试样尺寸：10mm×10mm×10mm（微观组织分析）与 10mm×10mm×35mm（磨损测试）。将熔覆材料成分配比（质量分数）80％Stellite SF12-10％B_4C-7％NbC-3％Sb 混合粉末熔覆前烘干并通过机械混粉器充分混合。混合粉末用水玻璃溶液调成糊状，将其均匀涂敷于钛合金表面，预置涂层厚度 0.7mm，自然风干。

用激光器对钛合金试样的预置涂层面进行激光熔覆工艺处理，工艺参数：激光功率 0.7～0.9kW，光斑直径 4mm，扫描速度 2～8mm/s，多道搭接率 30％，激光熔覆在氩气保护箱中进行。熔覆试验后，将制备好的涂层采用 ENC-400C 切片划片机切割成金相和磨损试样。采用 HM-1000 型显微硬度计测定激光熔覆层的显微硬度分布；采用 CSM950 型扫描电子显微镜观察熔覆层的微观组织形貌；用 JEM-2010 高分辨透射电镜对从熔覆层上层取出的金属薄膜试样的高倍组织形貌进行观察和电子选区衍射分析；用 MM-200 型盘式摩擦磨损试验机对熔覆层进行室温干滑动摩擦试验，磨轮为 20%Co-WC 硬质合金，硬度≥80HRA，磨损过程中试样固定，磨轮线速度 0.95m/s。

图 5.24(a) 为 TA15 钛合金表面 Stellite SF12-B_4C-NbC-Sb 激光熔覆层的结合区形貌。可见熔覆层与基材产生了良好的冶金结合且无明显缺陷产生。大量棒状析出物在熔覆层底部产生。这是由于基材对熔覆层强烈的稀释作用，大量 Ti 由基材进入激光熔池底部，使该区域 Ti 含量密度极高，利于 TiB 棒状及 TiC 块状析出物生成。TiC 块状与 Ti-B 棒状析出物同时产生，对彼此生长起到相互抑制作用，利于熔覆层组织结构细化。

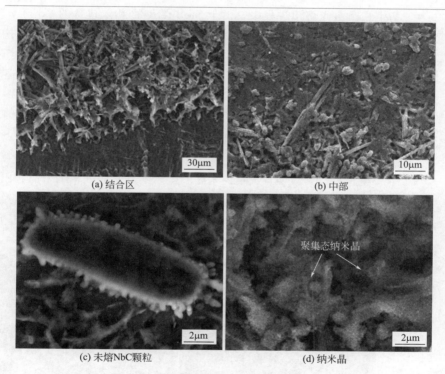

(a) 结合区　　(b) 中部　　(c) 未熔NbC颗粒　　(d) 纳米晶

聚集态纳米晶

图 5.24　激光熔覆层不同位置的微观 SEM

如图 5.24(b) 所示，熔覆层中部的组织结构发生了明显变化，中部往上的组织结构趋于向无组织结构的非晶态结构转变。激光熔覆过程中所形成的熔池上层获得较高能量，下层获得的能量则较小。因此，部分涂层下层 NbC 预置粉末因无法获得足够能量熔化，导致未熔 NbC 颗粒出现，见图 5.24(c)。在非晶合金中 Nb 与其他元素结合可使体系从能量较高的亚稳态降到能量较低的亚稳态，在晶化过程中合金需吸收更多的能量突破势垒发生晶化。因此，Nb 加入后可提高合金的晶化温度，稳定非晶母相，易于非晶相生成。据此推断，大量 NbC 粉末在预置涂层底部无法获得足够能量熔化，因此没有足够的 Nb 从 NbC 中释放，导致熔覆层下层非晶化程度减弱。图 5.24(d) 表明，大量超细纳米颗粒产生于熔覆层上层。激光熔池具有扩散和对流两种传质形式，熔池在急速凝固过程中亚稳定相得不到向稳定相转变的激活能而可能保存下来。随着凝固速率进一步提高，亚稳定相析出也可能被抑制，已成形的晶核来不及长大熔池就已凝固，从而形成纳米晶相。

图 5.25(a) 表明，熔覆层中部存在大量共晶组织，且含有部分块状初生相。激光熔覆过程中，由于 StelliteSF12 粉末包含的 Co 与 γ-Fe 同为面心立方晶格结构，可无限互溶，Co 先与 γ-Fe 形成固溶体晶核，晶核不断从处于熔融状态的熔池中吸收大量 Co 原子而长大，并使大量 Co 元素发生聚集。另外，在共晶区中，除含大量 Fe、Co 元素外，还有少量 Si、Mo、Cr、Mn 等元素。Ti-B 及 TiC 等陶瓷相可显著细化熔覆层晶界处网状共晶结构。由于熔覆过程中熔池各位置受热不均，诸多细小的陶瓷相因无法充分熔化而在熔池的冷却过程中成为晶体结晶成核点，对熔覆层起到显著的细化作用。

图 5.25(b) 表明，大量纳米晶产生于共晶基底处，纳米晶相不仅镶嵌于非晶相上，也分布于晶化相之中，整个熔覆层为非晶、纳米晶及其他晶化相共存，这种相组成有利于熔覆层组织结构致密性及耐磨性的提升。

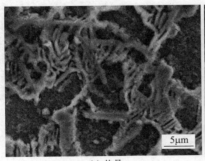 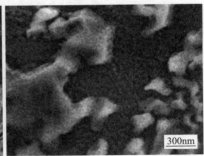

(a) 共晶   (b) 共晶旁分布的纳米晶

图 5.25 激光熔覆层的微观 SEM

用高分辨透射电镜对由熔覆层上层取出的薄膜样品进行微观结构分析，其 TEM 表明，由于激光加工具有加热及冷却速度快的特点，熔体成分在宏观上保持均匀的同时，在微观上却存在微区成分不均的现象，见图 5.26。对所选区域上层进行电子选区衍射，观察到一个漫散衍射晕环，确定为非晶相。电子选区衍射图谱呈表征非晶相的漫散晕环加纳米晶相的多晶衍射环。按透射电镜相机常数计算、标定，此晶化相为 CoSb 多晶体，该多晶体沿（101），（102），（110），（212）平面生长。

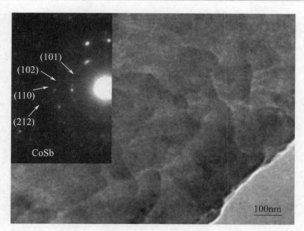

图 5.26　熔覆层上层 TEM 和对应的选区电子衍射图

激光熔覆层的显微硬度分布呈阶梯状，见图 5.27。在第一阶梯，显微硬度范围 1250~1400HV$_{0.2}$，表明此测试范围在熔覆层上层。在第二阶梯，显微硬度范围 950~1050HV$_{0.2}$，此测试范围在熔覆层下层。由于激光熔覆过程中基材对熔池具有强烈的稀释作用，显微硬度分布沿熔覆层深度呈下降趋势。熔覆层显微硬度较基材有显著提升，这主要归因于 TiC、Ti-B 等硬质相、细晶强化、固溶强化以及非晶-纳米晶综合作用。熔覆层上层较下层的显微硬度有所提升则归因于上层在更多 Nb 作用下更强的非晶化趋势。

当载荷 98N，经 60min 干滑动摩擦，磨损阶段前 40min，熔覆层的磨损体积约为基材的 1/12；后 20min 熔覆层的磨损体积约为基材的 1/8，见图 5.28。在干摩擦条件下，材料的耐磨性通常与其硬度有关，即材料的硬度越高，耐磨性越好。但本实验所制备的熔覆层包含大量颗粒增强相，增加颗粒含量有利于耐磨性的提高。因此，熔覆层的耐磨性还与颗粒增强相的形态与硬度有关。熔覆层含大量高硬度且形态极为细小的纳米颗粒增强相，磨损过程中，该类增强相阻碍熔覆层基底塑性形变，有利于提高熔覆层的耐磨性。另外，StelliteSF12 合金粉末中包含大量 Cr

和 Fe 元素，在熔池高速凝固过程中，部分元素固溶于 γ-Co/Ni 中，对熔覆层起到固溶强化作用，而致密的组织结构与低气孔率也是熔覆层耐磨性好的重要因素。从微观角度分析，非晶与纳米晶相均具有极高的强度与硬度，在与摩擦副对磨过程中发挥出强烈阻磨作用。上层较下层耐磨性显著改善也要归因于上层在大量 Nb 作用下更为显著的非晶化趋势。

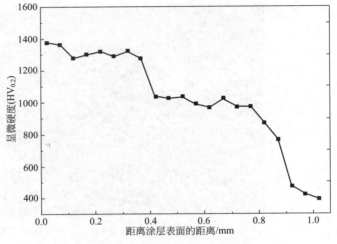

图 5.27   激光熔覆层的显微硬度分布

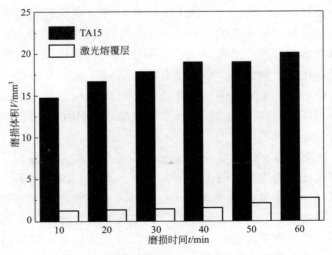

图 5.28   激光熔覆层与 TA15 磨损体积随时间变化

参考文献

[1] Balla W K, Bandyopadhyay A. Laser processing of Fe-based bulk amorphous alloy[J]. Surface & Coatings Technology, 2012, 205 (7): 2661-2667.

[2] Besozzi E, Dellasega D, Pezzoli A, et al. Amorphous, ultra-nano- and nanocrystalline tungsten-based coatings growth by pulsed laser deposition: mechanical characterization by surface brillouin spectroscopy [J]. Materials and Design, 2016, 106: 14-21.

[3] Watanabe L Y, Roberts S N, Baca N, et al. Fatigue and corrosion of a Pd-based bulk metallic glass in various environments [J]. Materials Science and Engineering: C, 2013, 33 (7): 4021-4025.

[4] Shu F Y, Liu S, Zhao H Y, et al. Structure and high-temperature property of amorphous composite coating synthesized by laser cladding FeCrCoNiSiB high-entropy alloy powder[J]. Journal of Alloys and Compounds, 2018, 731: 662-666.

[5] 张培磊, 闫华, 徐培全, 等. 激光熔覆和重熔制备 Fe-Ni-B-Si-Nb 系非晶纳米晶复合材料[J]. 中国有色金属学报, 2011, 21 (11): 2846-2851.

[6] Sahasrabudhe H, Bandyopadhyay A. Laser processing of Fe based bulk amorphous alloy coating on zirconium[J]. Surface and Coatings Technology, 2014, 240: 286-292.

[7] 李刚, 王彦芳, 王存山, 等. 激光熔覆 Zr 基涂层的组织性能研究[J]. 机械工程材料, 2003, 27 (5): 44-47.

[8] Matthews D T A, Ocelik V, Branagan D, et al. Laser engineered surfaces from glass forming alloy powder precursors: Microstructure and wear[J]. Surface and Coatings Technology, 2009, 203: 1833-1843.

[9] Li R F, Jin Y J, Li Z G, et al. M. F. Wu. Effect of the remelting scanning-speed on the amorphous forming ability of Ni-based alloy using laser cladding plus a laser remelting process[J]. Surface and Coatings Technology, 2014, 259: 725-731.

[10] Wang S L, Zhang Z Y, Gong Y B, et al. Microstructures and corrosion resistance of Fe-based amorphous/nanocrystalline coating fabricated by laser cladding[J]. Journal of Alloys and Compounds, 2017, 728: 1116-1123.

[11] Zhang L, Wang C S, Han L Y, et al. Influence of laser power on microstructure and properties of laser clad Co-based amorphous composite coatings [J]. Surfaces and Interfaces, 2017, 6: 18-23.

[12] Taghvaei A H, Stoica M, Khoshkhoo M S, et al. Microstructure and magnetic properties of amorphous/nanocrystalline $Co_{40}Fe_{22}Ta_8B_{30}$ alloy produced by mechanical alloying [J]. Materials Chemistry and Physics, 2012, 134: 1214.

[13] Katakam S, Kumar V, Santhanakrishnan S, et al. Laser assisted Fe-based

bulk amorphous coating: Thermal effects and corrosion[J]. Journal of Alloys and Compounds, 2014, 604: 266-272.

[14] 李嘉宁, 巩水利, 王西昌, 等. TA15-2合金表面激光熔覆 Ni 基层物理与表面性能[J]. 中国激光, 2013, 40（11）: 1103008.

[15] Li J N, Craeghs W, Jing C N, et al. Microstractare and physical performance of laser-induction nanocrystals modifled high-entropy alloy composites on titanium alloy. Materials and Design, 2017, 117: 363-370.

[16] Khan S A, Saravanan K, Tayyab M, et al. Au-C allotrope nano-composite film at extreme conditions generated by intense ultra-short laser[J]. Nuclear Instruments and Methods in Physics Research B, 2016, 379: 28-35.

[17] Li J N, Yu H J, Gong S L, et al. Influence of Al_2O_3-Y_2O_3 and Ce-Al-Ni amorphous alloy on physical properties of laser synthetic composite coatings on titanium alloys[J]. Surface and Coatings Technology, 2014, 247: 55-60.

[18] Li J N, Liu K G, Craeghs W, et al. Physical properties and formation mechanism of carbon nanotubes-Ultrafine nanocrystals reinforced laser 3D print microlaminates. Materials Letters, 2015, 145: 184-188.

[19] 李嘉宁, 巩水利, 李怀学, 等. TA15 钛合金表面激光熔覆非晶-纳米晶增强 Ni 基涂层的组织结构及耐磨性 [J]. 焊接学报. 2014, 35（10）: 57-60.

第6章

金属元素
激光改性
复合材料

不同金属元素的添加对激光增材制造技术所制备的复合材料的组织性能起到非常重要的影响。如在激光复合材料中添加某些金属元素将催生超细纳米粒子。而此类纳米粒子具有高扩散率，易引发晶格畸变，使涂层发生非晶化转变[1]。不同金属元素的添加还将使复合材料中产生新化合物，同样将对激光增材复合材料的组织性能起到重要影响。本章将对金属元素改性激光复合材料的组织性能进行详细介绍。

6.1 Cu 改性复合材料

Cu 具有良好的导热性和导电性，在 TC4 钛合金表面的 Ti-Al/陶瓷预置涂层中加入适量 Cu，经激光熔覆加工处理后，Cu-Ti 与 Al-Ti-Cu 金属间化合物在所制备的激光复合材料中产生，有利于提高熔覆层的显微硬度与耐磨性。但 Cu 合金与熔覆层之间的物理性能差别很大，含 Cu 熔覆层运行中的界面失效问题有待解决。如 Cu 含量过高，易造成熔覆层韧性不足，在复合材料中易产生热裂纹和残余应力等。因此，Cu 在预置涂层中的含量需严格控制。本节通过在 TC4 钛合金表面的 Ti-Al/陶瓷预置涂层中加入适量 Cu，研究 Cu 加入对其熔覆层组织结构与性能的影响，达到改善激光熔覆 Ti-Al/陶瓷复合涂层耐磨性的目的。

6.1.1 Cu 对复合材料晶体生长形态的影响

在 TC4 表面制备的 Al_3Ti-C-TiB_2-10Cu 复合材料中，TiB 作为非均质成核点，可细化复合材料的组织结构。图 6.1(a) 表明，TiB 棒状析出相产生在复合材料基底中，图 6.1(b) 为熔覆层中 TiB 的高分辨晶格像，图中条纹间距 0.254nm，对应于其（201）晶面。而 Al_3Ti-C-TiB_2-10Cu 熔池为非富 Ti 熔池，所以只有少部分 TiB 产生在该熔覆层中。激光熔覆是一个快速冷却过程，大部分 TiB 没有足够时间上浮到熔覆层顶部，所以只有较弱 TiB 衍射峰出现在 XRD 图谱中。图 6.1(c) 表明，$Ti(CuAl)_2$ 在该复合材料中呈颗粒状，$Ti(CuAl)_2$ 高分辨晶格图像表明其条纹间距 0.435nm，对应于其（100）晶面，见图 6.1(d)。

SEM 分析表明，TiC 析出相在 Al_3Ti-C-TiB_2 激光熔覆层结合区呈层状分布 [见图 6.2(a)]。激光熔覆过程中，TiC 因密度较大而像雨滴似地降落，形成游离晶体，部分 TiC 析出相在熔池底部已经长大，另一部分 TiC 才刚析出，导致层状析出情况发生。图 6.2(b) 表明，少部分 TiB_2

棒状析出相出现在 Al_3Ti-C-TiB_2 激光熔覆层结合区。因 TiB_2 密度大于 Al_3Ti，所以在熔覆开始阶段，TiB_2 有下沉趋势。

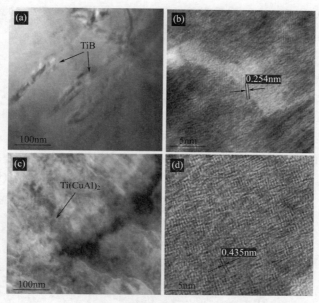

图 6.1　Al_3Ti-C-TiB_2-10Cu 激光熔覆层 TEM 形貌及高分辨晶格条纹相

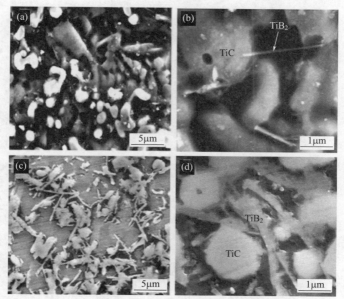

图 6.2　Al_3Ti-C-TiB_2 与 Al_3Ti-C-TiB_2-5Cu 激光熔覆层 SEM 组织形貌

TiC 与 TiB_2 析出相弥散分布于 Al_3Ti-C-TiB_2-5Cu 激光熔覆层中部，利于其显微硬度提高 [见图 6.2(c)]。图 6.2(d) 表明，在熔覆层中部，TiB_2 析出相呈粗长形貌。实际上，随着 Cu 加入，TiC 含量减少，TiB_2 生长受 TiC 抑制程度明显低于未加 Cu 的熔池，因此，TiB_2 可在含 Cu 熔池中充分生长，呈较长棒状形貌[2]。

图 6.3(a)、(b) 表明，Al_3Ti-C-TiB_2-10Cu 激光熔覆层结合区中析出相稀少。XRD 分析表明，Al_3Ti 与熔池中 Ti 发生化学反应，生成 Ti_3Al，Ti_3Al 密度高于 TiB_2。熔池形成一段时间后，TiB_2 具有上浮趋势。由于熔池存在时间极短，部分 TiB_2 没有足够时间上浮到顶部。另一方面，TiC 熔点（3420℃）明显高于 TiB_2 熔点（2980℃），所以 TiC 先于 TiB_2 析出。先析出的 TiC 也在一定程度上阻碍 TiB_2 上浮及长大。

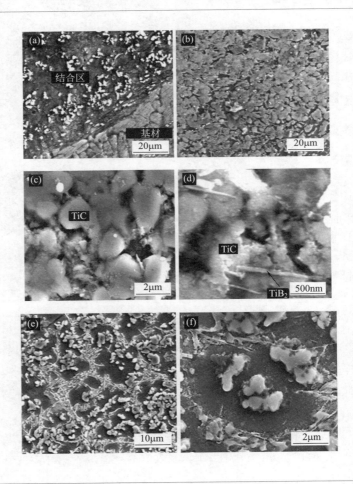

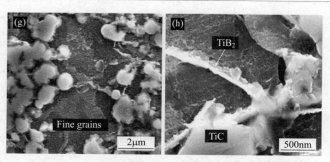

图 6.3 $Al_3Ti-C-TiB_2$-10Cu 激光熔覆层的 SEM 组织形貌

块状析出相在熔覆层顶部产生，这表明随着 Cu 含量增加，TiC 上浮趋势更为明显。另外，熔池顶部受空气冷却作用，易于硬质相析出。图 6.3(c) 表明，TiC 析出相在熔覆层为块状（3～6μm）。当碳化物与硼化物共同出现在激光熔覆层时，TiC 无法生长为树枝晶[3]。大量 TiC 析出相在熔池顶部产生，也在一定程度上阻碍 TiB_2 晶体生长。因此，TiB_2 在熔覆层顶部呈细小的针状形貌，见图 6.3(d)。

激光熔覆是一个快速冷却凝固的过程，部分 TiC 与 TiB_2 没有充足时间上浮到熔池顶部。在 $Al_3Ti-C-TiB_2$-10Cu 熔覆层中部，析出相分布不像其在顶部分布那样稠密 [见图 6.3(e)]。

TiB_2 对激光熔覆层起到细化的作用。在熔覆层中部，大量 TiB_2 棒状析出相出现在基底晶界上，成聚集状 [见图 6.3(f)]。由于 TiC 分布较为稀疏，TiB_2 晶体有足够空间沿 c 轴（＜0 0 0 1＞方向）生长。由 $Ti(CuAl)_2$ 小颗粒组成地毯形态膜分布在熔覆层基底处 [见图 6.3(g)]。图 6.3(h) 表明，TiB_2 与 TiC 析出相聚集在熔覆层某些区域对彼此生长起一定阻碍作用。

6.1.2 Cu 对复合材料相组成的影响

钛合金激光熔覆试验所用预置涂层材料与工艺参数见表 6.1。所有试样的激光功率与扫描速度都一致。激光熔覆过程中，用 0.4MPa 氩气侧吹法保护熔池。

三组典型试样的 X 射线衍射（XRD）分析表明，在激光熔覆过程中，C 与 Ti 发生化学反应生成 TiC。如图 6.4 所示，$Al_3Ti-C-TiB_2$ 激光熔覆层 XRD 结果表明，在 Cu 加入之前，Ti_3Al 为熔覆层基底主要组成相，因 TiC 密度（4.93g/cm³）明显高于 Al_3Ti（3.4g/cm³）、TiAl

（3.9g/cm³）及 Ti₃Al（4.7g/cm³）的密度，所以 TiC 在 Al₃Ti-C-TiB₂
熔池中有下沉趋势。

表 6.1   激光熔覆工艺参数与材料

激光熔覆层	熔覆粉末成分（质量分数）/%	激光功率/kW	扫描速度/(mm·s⁻¹)
Al₃Ti-C-TiB₂ Al₃Ti-C-TiB₂-5Cu Al₃Ti-C-TiB₂-10Cu	Al₃Ti-20C-15TiB₂ Al₃Ti-20C-15TiB₂-5Cu Al₃Ti-20C-15TiB₂-10Cu	0.8~1.2	5

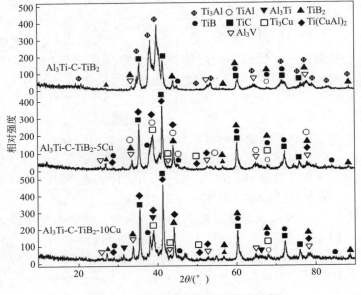

图 6.4   激光熔覆层的 X 射线衍射谱

X 射线衍射（XRD）分析表明，TiC 与 TiB₂ 的衍射峰值伴随 Cu 含
量增加而升高，且 Ti₃Cu 与 Ti(CuAl)₂ 衍射峰出现在含 Cu 熔覆层的 X
射线衍射图谱中。Ti₃Cu（6.42g/cm³）与 Ti(CuAl)₂（6.25g/cm³）的密
度远大于 TiC（4.93g/cm³）与 TiB₂（4.52g/cm³）的密度。据此推断，
Cu 加入提高了熔池密度，使大量 TiC 与 TiB₂ 在熔池中有上浮趋势，导
致 TiC 与 TiB₂ 衍射峰明显升高。

XRD 分析表明，TiAl 与 Al₃Ti 分别产生于 Al₃Ti-C-TiB₂-5Cu 与
Al₃Ti-C-TiB₂-10Cu 激光熔覆层中。实际上，Ti₃Cu 与 Ti(CuAl)₂ 的产生
消耗了熔池中大量的 Ti。随着 Cu 加入，熔池富 Ti 状态被破坏，Ti₃Al

衍射峰消失。Al_3Ti-C-TiB_2 激光熔覆层与基材之间形成了冶金结合，但一条明显分界线出现于熔覆层与基材之间，见图 6.5(a)。

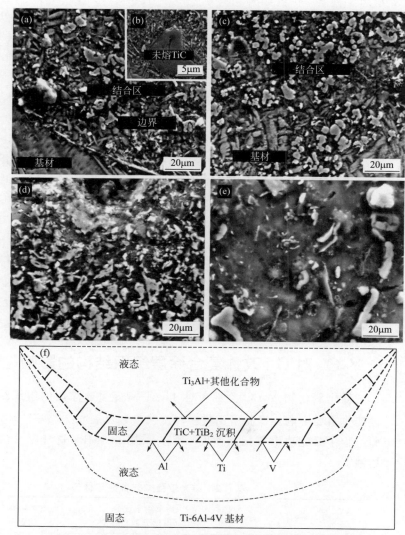

图 6.5 Al_3Ti-C-TiB_2 与 Al_3Ti-C-TiB_2-5Cu 熔覆层的 SEM 组织

熔池底部在基材冷却作用下具有极高的过冷度。大量 TiC 下沉到熔池底部产生聚集，部分 TiC 没有充足时间熔化，导致大量未熔 TiC 块状物在此区域产生 [见图 6.5(b)]。

当 Al_3Ti-C-TiB_2 熔池底部温度降到 3420℃ （TiC 熔点）时，部分

TiC 在此区域首先析出。实际上，熔池顶部从激光束中吸收的能量最大，熔池底部吸收的能量则最少。故可推断，当 TiC 在熔池底部开始析出时，熔池中部或顶部的温度要高于 3420℃。XRD 分析表明，Al_3Ti-C-TiB_2 熔覆层基底主要组成为 Ti_3Al，且常温下 Ti_3Al 熔点 1760℃，可知，当 TiC 在熔池底部开始析出时，熔池中部及上部为液态。TC4 熔点 1660℃，明显小于 3420℃，当 TiC 在熔池底部开始析出时，在其下方紧靠 TiC 析出相区域也为液态，如图 6.5(f) 所示，激光熔覆过后的极短时间内，TiC 析出相在熔池底部上下液体之间形成一个固体薄膜，在一定程度上阻碍基材对熔池的稀释。

Al_3Ti-C-TiB_2-5Cu 激光熔覆层与基材之间没有明显界限，且析出相在结合区内分布较为稀疏 [见图 6.5(c)]。这表明 Ti_3Cu 与 $Ti(CuAl)_2$ 的产生提高了熔池的密度，此时熔池密度高于 TiC 及 TiB_2 的密度，使 TiC 及 TiB_2 在熔池中有明显上浮趋势。大量析出相在 Al_3Ti-C-TiB_2-5Cu 熔覆层顶部产生，如图 6.5(d) 所示。而析出相在 Al_3Ti-C-TiB_2 熔覆层上层分布则较为稀疏 [图 6.5(e)]。随着 TiC 及 TiB_2 在熔池中上升，Al_3Ti-C-TiB_2-5Cu 熔覆层结合区无固体薄膜产生，提高了基材对熔池的稀释率；另一方面，随着 Cu 加入，Ti_3Cu 与 $Ti(CuAl)_2$ 化合物在熔池中产生，消耗了大量 Ti，一定程度上阻碍了 Ti 与 C 之间的化学反应，降低了熔池中的 TiC 含量。

6.1.3 Y_2O_3 对 Cu 改性复合涂层组织结构的影响

稀土氧化物 Y_2O_3 含量会对 Ti-Al/陶瓷复合涂层的组织结构及耐磨性产生重要影响。试验所用材料和工艺参数见表 6.2。两个典型样品在试验过程中激光功率与扫描速度一致，采用 0.4MPa 氩气侧吹法保护激光熔池。

表 6.2 激光熔覆工艺参数与材料

激光熔覆层	熔覆粉末成分 （质量分数）/%	激光功率 /kW	扫描速度 /(mm·s^{-1})
Al_3Ti-10C-TiB_2-5Cu-1Y_2O_3 Al_3Ti-10C-TiB_2-5Cu-3Y_2O_3	69Al_3Ti-5Cu-15TiB_2-10C-1Y_2O_3 67Al_3Ti-5Cu-15TiB_2-10C-3Y_2O_3	0.8～1.2	5

随着 1% Y_2O_3 在预置涂层中加入，激光熔覆层组织明显细化，见图 6.6(a)。

图 6.6(b) 表明，当预置涂层中 Y_2O_3 含量达到 3% 时，析出相在高含量稀土氧化物的作用下很难生长，熔覆层组织更为细化。另外，地毯

状小颗粒薄膜出现在 Al_3Ti-10C-TiB_2-5Cu-3Y_2O_3 激光熔覆层基底，该区域 EDS 能谱表明，主要有 B、Al、Ti 及 Cu 元素存在于该区域［见图 6.6(c)、(d)］。结合 XRD/EDS 分析结果表明，主要有 $Ti(CuAl)_2$、Ti_3Cu、Ti-Al 金属间化合物及少量 Ti-B 化合物存在于该区域。

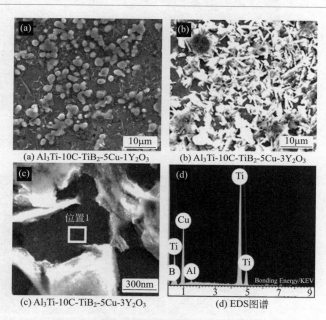

(a) Al_3Ti-10C-TiB_2-5Cu-1Y_2O_3

(b) Al_3Ti-10C-TiB_2-5Cu-3Y_2O_3

(c) Al_3Ti-10C-TiB_2-5Cu-3Y_2O_3

(d) EDS图谱

图 6.6 激光熔覆层 SEM 组织与能谱分析

激光熔覆过程中，部分 Y_2O_3 会分解为 Y 与氧气。稀土元素 Y 产生减小了液态金属的表面张力与临界形核半径，使同一时间内的形核点数目明显增加，有利于细化激光熔覆层组织，而未发生分解的 Y_2O_3 阻碍了晶体生长，可进一步细化熔覆层组织[4]。如图 6.7(a) 所示，聚集态 Y_2O_3 出现在 Al_3Ti-10C-TiB_2-5Cu-3Y_2O_3 激光熔覆层基底晶界处，且高含量 Y_2O_3 使熔覆层具有极大脆性，导致裂纹产生。图 6.7(b) 所示，TiB 棒状析出相也出现在该激光熔覆层中，且 TiB 与 Ti 之间存在如下位向关系：$(001)_{TiB}//(\bar{1}101)_{\alpha\text{-}Ti}$，$(1\bar{1}1)_{TiB}//(\bar{1}012)_{\alpha\text{-}Ti}$[113]。

在 Al_3Ti-10C-TiB_2-5Cu-3Y_2O_3 激光熔覆层中颗粒状物质为 Y_2O_3，见图 6.8(a)，这表明大量 Y_2O_3 在熔覆层局部区域产生聚集。图 6.8(b) 为 Ti_3Al [223] 晶带轴与 Y_2O_3 [210] 的复合电子衍射斑点，分析表明，基底 Ti_3Al 与 Y_2O_3 两相之间存在着如下取向关系：$(001)Y_2O_3//(110)Ti_3Al$。结合 TEM 分析综合结果，针状马氏体组织产生于激光熔覆层下部，见图 6.8(c)。图 6.8(d) 为针状马氏体组织晶带轴的选区电子衍射斑点图谱。

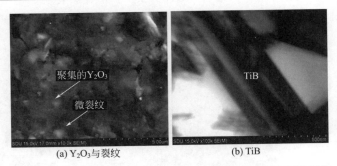

(a) Y_2O_3 与裂纹　　　　**(b) TiB**

图 6.7　Al_3Ti-10C-TiB_2-5Cu-3Y_2O_3 激光熔覆层的 SEM 组织

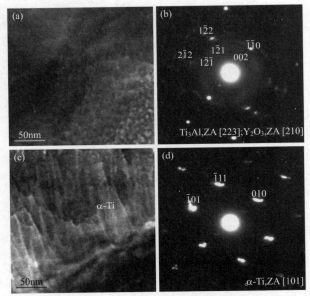

图 6.8　Al_3Ti-10C-TiB_2-5Cu-3Y_2O_3 熔覆层 TEM 形貌和选区电子衍射图

图 6.9(a) 所示为 Al_3Ti-10C-TiB_2-5Cu-3Y_2O_3 激光熔覆层中 Ti_3Al 基底的高分辨晶格图像，图中条纹间距 0.288nm，对应于其 (110) 晶面。图 6.9(b) 所示为该激光熔覆层中 TiC 的高分辨电镜晶格图像，图中条纹间距为 0.249nm，对应于 TiC(111) 晶面。

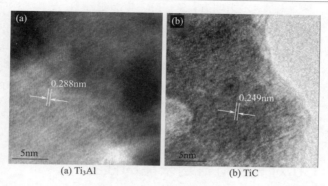

(a) Ti₃Al　　　　　　(b) TiC

图 6.9　Al₃Ti-10C-TiB₂-5Cu-3Y₂O₃ 激光熔覆层的高分辨电镜晶格图像

　　粗大的 TiC 及钛硼析出相出现在 Al₃Ti-10C-TiB₂-13Cu 激光熔覆层中，见图 6.10(a)、(b)。随着 Cu 含量大幅提高，大量 Ti₃Cu 与 Ti(CuAl)₂ 在该熔覆层中产生，消耗了熔池中许多 Ti，阻碍 Ti 与 C 之间发生化学反应生成 TiC。TiC 含量降低使熔池存在时间增长，因此，Ti-B 化合物在熔池中获得了更长的生长时间。另外，片状析出相出现在块状 TiC 析出相周围，而颗粒状 Ti(CuAl)₂ 则产生在 TiB 析出相之上，见图 6.10(c)。

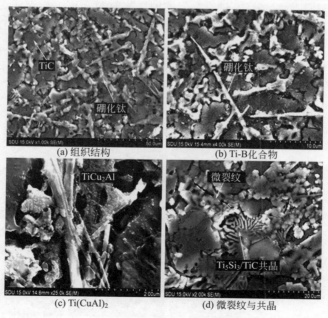

(a) 组织结构　　　　　　(b) Ti-B化合物

(c) Ti(CuAl)₂　　　　　　(d) 微裂纹与共晶

图 6.10　Al₃Ti-10C-TiB₂-13Cu 激光熔覆层 SEM 形貌

图 6.10(d) 表明 Ti_5Si_3-TiC 共晶组织在 Al_3Ti-10C-TiB_2-13Cu 熔覆层中得到充分生长，但微裂纹却出现在该熔覆层中。实际上，Ti-Cu 及 Ti-Cu-Al 化合物的热胀系数与 Ti-Al 金属间化合物及基材的差别很大。热应力是由温度梯度与熔覆层所包含化合物中巨大的热胀系数差相互作用而产生的。该热胀系数差与熔覆层中 $Ti(CuAl)_2$ 及 Ti_3Cu 的含量成正比。因此，随着 Cu 含量增加，熔覆层中热应力超过材料屈服强度，导致微裂纹产生。

6.1.4　Cu 对复合材料纳米晶的催生

基材：TA15-2 钛合金。合金化材料：Stellite 12、B_4C 及 Cu。合金化材料成分配比（质量分数）：85Stellite 12-15B_4C（样品 1）及 80Stellite 12-15B_4C-5Cu（样品 2）。合金化前把粉末烘干并充分混合。钛合金试样尺寸：10mm×10mm×10mm（微观组织结构分析）与 10mm×10mm×35mm（磨损测试）。

试验工艺参数：激光功率 1.1kW，光斑直径 4mm，扫描速度 2.5～7.5mm/s，送粉率 25g/min。为避免激光合金化过程中合金氧化，采用氩气作为保护气，经特制喷嘴直接吹向试样合金化表面，气流量 20L/min，多道搭接率 30%。进行激光同轴送粉时激光束、粉末输送及保护气供给同步进行，可有效提高涂层质量与粉末利用率。Stellite 12-B_4C 激光合金化涂层的组织形貌如图 6.11(a) 所示。大量块状与长条状析出物弥散分布于涂层熔合区中。激光合金化过程中，B_4C 在熔池中分解为 B 与 C，B 与 C 可分别与 Ti 发生化学反应生成 Ti-B（如 TiB_2 和 TiB）及 TiC 陶瓷相。TiB_2 和 TiB 等陶瓷相产生可显著细化涂层晶界处的网状共晶组织。

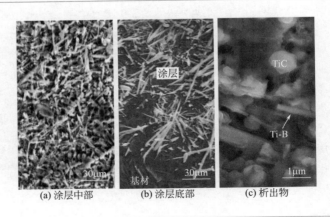

(a) 涂层中部　　(b) 涂层底部　　(c) 析出物

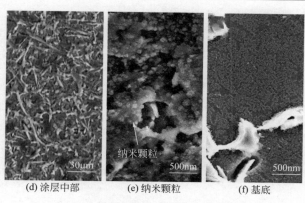

(d) 涂层中部　　　(e) 纳米颗粒　　　(f) 基底

图 6.11　激光复合涂层 SEM 形貌

由于合金化过程中熔池各部位受热不均匀，许多细小的陶瓷相无法充分熔化而成为晶体结晶的形核点，有利于细化涂层组织。观察发现大量棒状析出物在涂层底部产生［见图 6.11(b)］，由于基材对涂层强烈的稀释作用，大量 Ti 由基材进入熔池底部，有利于 TiB 棒状析出物的形成。涂层中部存在 TiC 块状与 Ti-B 长条状析出物［见图 6.11(c)］，彼此的生长相互抑制，有利于细化涂层组织结构。

Stellite12-B$_4$C-Cu 激光合金化涂层的组织结构见图 6.11(d)。Cu 加入后涂层组织结构变化不大。进一步观察发现，许多纳米颗粒出现于涂层析出相之上，见图 6.11(e)。图 6.11(f) 表明，大量超细纳米颗粒均匀地弥散分布于涂层基底处。在激光合金化过程中，由于基材对熔池的稀释作用，大量 Al、Ti、Mo、V、Zr 元素由基材进入熔池，可显著改善涂层的耐磨性。Mo、Zr、V 均属于强碳化物形成元素，合金化过程中所生成的碳化物稳定且不易长大，质点细小，可有效阻止晶界移动，细化涂层组织。Mo 可显著提高固溶原子间的结合力，增强涂层强度。Al 易与通过稀释作用而由基材进入熔池的 Ti 发生化学反应，生成具有密度低、比强度与弹性模量高、抗氧化及耐蚀性能优异的 Ti-Al 金属间化合物。因激光合金化层中 Ti 主要来源于基材，在高能激光束辐射下，大量 Ti 聚集于涂层底部。图 6.12 为样品 2 中涂层的 SEM 形貌及线扫描 EDS 图谱。分析表明，自基材到涂层表面 Ti 含量呈明显下降趋势。说明 Ti 在涂层中各区域含量不同，合金化后产生 Ti 的化合物种类及其对涂层的强化作用也不相同。

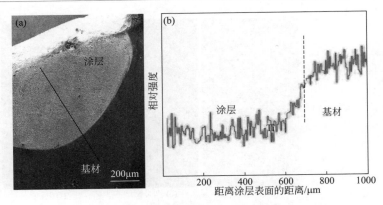

图 6.12　样品 2 中涂层宏观 SEM 形貌与 EDS 图谱

　　采用 TEM 对由样品 2 涂层中部取出的薄膜进行观察分析表明，由于激光合金化具有加热及冷却速率快的特点，熔体成分在宏观上保持均匀，在微观上却存在微区内成分不均匀现象（见图 6.13）。选区电子衍射（SAED）图包含非晶相的漫散晕环与纳米晶相多晶衍射环，表明该选区存在大量非晶及纳米晶相。经标定，此晶相为 $AlCu_2Ti$ 多晶体，沿（200），（220），（311）及（400）面生长。

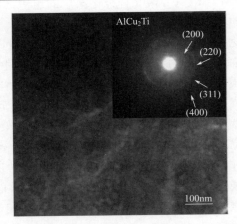

图 6.13　样品 2 中涂层的 TEM 及其对应的 SAED 谱像

6.1.5　Cu 改性复合材料的非晶化

　　图 6.14(a) 的 HRTEM 像所选区域晶界取向差 38.5°，表明涂层中

存在大角晶界。界面上存在狭长非晶区。非晶-纳米晶界面具有高结合能,可在一定程度上抑制纳米晶生长。严重晶格畸变在图 6.14(b) 箭头所示区域中产生。由于有限大小晶粒自由能状态会受到其边界的影响,当组织结构细化之后,晶粒总自由能增加。纳米晶自由能增加,促使基材中点缺陷浓度增加,成为点缺陷的过饱和状态,引起晶格畸变。

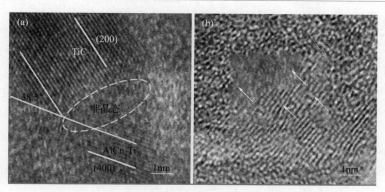

图 6.14　样品 2 中涂层的 TEM 及其对应的 HRTEM 像

大量纳米晶相产生使晶界自由能提高,导致涂层中点缺陷密度提高与晶格畸变发生。非晶区产生原因如下。

(1) 激光合金化是一个极快速的动态熔化与凝固过程,该工艺制备非晶合金就是以快速冷却来抑制晶化相形核及长大,形成接近氧化物玻璃的高黏度过冷熔体来抑制原子的长程扩散,从而将熔体"冻结"而形成非晶态。

(2) 钴基、镍基、铁基等非晶合金具有极强的玻璃形成能力,因此该类元素进入熔池有利于非晶相产生。

(3) 在高能激光辐射作用下,涂层所含晶体中产生大量缺陷而使其自由能升高,从而发生非晶化转变,即从原先的有序结构转变为无序结构。

(4) 激光合金化过程中,大量具有小原子半径的非金属元素,如 Si、B、C 等元素因合金化粉末熔化或基材的稀释作用而进入熔池,增加了原子堆垛密度,有利于增强过冷液相稳定性,促使非晶相在涂层中产生[5]。

Cu 的加入改变了 Stellite 12-B_4C 激光合金化涂层的微观组织结构与相组成,这主要归因于其加入促使 $AlCu_2Ti$ 相产生。其中 Al、Ti、Cu 原子尺寸差异较大,因小原子半径合金元素在涂层中产生压应力,大原子半径元素则产生拉应力,这两种应力场相互作用可有效降低合金体系应力，形成相对稳定的短程有序原子基团。该类原子基团具有极大的晶界聚集熔，有利于 $AlCu_2Ti$ 超细纳米晶相形成。由于 $AlCu_2Ti$ 超细纳米晶具有极小尺寸，只需等待极短时间就可从正常格点原子变为填隙原子[6]。同时，由于激光熔池的温度极高，$AlCu_2Ti$ 超细纳米粒子在此高温熔池中具有极高扩散率，易引发晶格畸变，即从有序结构转变为无序结构。这类转变归因于涂层所含晶体中产生的大量缺陷促使其自由能升高，使涂层发生非晶化转变。

6.1.6　Cu 改性复合材料的组织性能

激光合金化涂层显微硬度分布如图 6.15 所示，样品 1 中涂层显微硬度 $1150\sim1350HV_{0.2}$；样品 2 中涂层显微硬度 $1350\sim1450HV_{0.2}$，这 2 个样品中涂层的显微硬度都较 TA15-2 基材（约 $380HV_{0.2}$）提高了约 $3\sim4$ 倍，这主要归因于 W-C、Ti-B 及 TiC 等硬质相、细晶、固溶强化以及非晶-纳米晶综合作用的结果。样品 2 中涂层显微硬度较样品 1 略有提升，这是由于 Cu 的加入促使高硬度的非晶-纳米晶相生成。

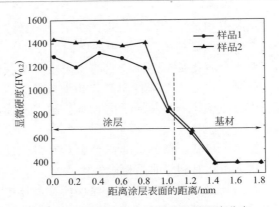

图 6.15　激光合金化涂层的显微硬度分布

经典摩擦理论表明，随摩擦表面硬度增加，摩擦系数减小，磨损量也随之减少，摩擦系数高低表征了激光合金化涂层的减摩性能，反映出涂层的摩擦学特性。图 6.16(a) 表明，样品 2 中涂层的摩擦系数明显低于样品 1 的，这是由于样品 2 中的涂层相比样品 1 具有较高的显微硬度。比较两样品中涂层的 COF 曲线可知，Cu 加入后涂层的 COF 曲线更为平稳。随着大量非晶-纳米晶在样品 2 涂层中产生，涂层的耐磨性更加稳定。伴随载荷的增加，两涂层的摩擦系数呈明显下降趋势，且样品 2 中涂层的 COF 曲线较样品 1 下降的幅度更大，见图 6.16(b)。此过程中，比较两涂层摩擦系数降低幅度表明，在不同载荷量作用下，样品 2 中的涂层较样品 1 表现出更好的耐磨性。

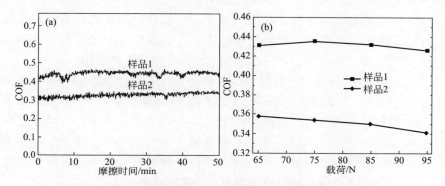

图 6.16　涂层的摩擦系数随时间变化曲线与随载荷量变化曲线

图 6.17 的磨损实验结果表明，当载荷 98N，经 40min 干滑动摩擦后，样品 1 中涂层的磨损体积约为 TA15-2 的 1/9。Cu 加入后，样品 2 中涂层表现出更好的耐磨性，其磨损体积约为样品 1 中涂层的 1/2，基材的 1/18。

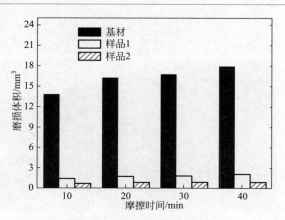

图 6.17　基材与涂层磨损体积随时间变化

在干摩擦条件下，材料的耐磨性通常与其硬度有关，即材料硬度越高，耐磨性越好。但本实验所制备的涂层中包含大量颗粒增强相，增加涂层中颗粒的含量有利于耐磨性的提高。因此，涂层的耐磨性还与颗粒增强相的形态与硬度有关。样品 2 中涂层含有大量高硬度且形态极为细小的纳米颗粒增强相，磨损过程中，该类增强相阻碍涂层基底的塑性形变，有利于提高涂层耐磨性[7]。另外，Stellite 12 合金粉末中包含大量 Cr 和 Fe 等元素，在熔池高速凝固过程中，部分元素固溶于 γ-Co/Ni 中，对涂层起到固溶强化作用。致密的组织结构与低气孔率也是涂层耐磨性提高的重要因素。从微观角度分析，非晶与纳米晶相均具有极高的强度与硬度，在与摩擦副对磨过程中发挥出强烈阻磨作用[8]。

图 6.18(a) 为载荷 98N，经 40min 干滑动摩擦后 TA15-2 的 SEM 磨损形貌。TA15-2 的磨损过程存在显微切削与黏着损失，表面呈典型的黏着磨损形貌。磨轮表面的部分硬质点边缘比较圆钝，磨损过程中把基材金属推到犁沟两侧而形成微观犁皱。由于磨轮反复碾压摩擦使犁皱发生硬化脱落，形成磨屑。同时，磨轮表面磨粒由于磨损过程中反复碾压和摩擦产生脱落，基材表面形成黏着磨损形貌。

图 6.18　TA15-2 合金与涂层的磨损形貌

样品 1 中涂层的磨损形貌则较为光滑平整，见图 6.18(b)。其磨损表面的犁沟尽管存在，但已不明显，摩擦痕迹细而浅，但方向紊乱。这主要是由于该涂层显微硬度较高，磨轮表面微凸起对涂层的犁削作用减弱。

样品 2 中涂层的磨损形貌较样品 1 更为光滑平整，见图 6.18(c)，归因为纳米颗粒在与摩擦副对磨过程中发挥出强烈的阻磨作用。另外，由于非晶-纳米晶的反复塑性变形量小，加之高硬度纳米晶的存在使裂纹扩展困难，因此涂层表现出良好的耐磨性，磨损表面形貌较为平整。图 6.18(d)为样品 2 中涂层磨损表面经溶液腐蚀后的 SEM 形貌，表明大量纳米颗粒存在于涂层的磨损表面，可使涂层磨损表面光滑，有利于摩擦系数与磨损量的降低。另外，由于纳米颗粒形态细小，摩擦过程中脱落的纳米晶对基材显微切削作用减弱，使磨损表面犁沟变得更加窄而浅。

6.2　Zn 改性复合材料

锌（Zn）是一种浅灰色的过渡金属，是第四"常见"的金属，仅次于铁、铝及铜，其外观呈现银白色，为一相当重要的金属。Zn 在高温熔池中可与其他元素发生化学反应，生成具有纳米结构的析出物。

TC4 钛合金上激光熔覆 $Co-Ti-B_4C-Zn-Y_2O_3$ 混合粉末，可形成纳米晶增强复合材料，用透射电镜对由涂层中部取出的薄膜样品进行观察分析。如图 6.19(a) 所示，Co_5Zn_{21} 纳米粒子被发现产生于该复合材料中，条纹间距 0.109nm，对应其 (733) 晶面；Y_2O_3 的加入有利于非晶相在复合材料中产生，观察到 Co_5Zn_{21} 纳米颗粒附近存在大量的非晶区域。如图 6.19(b) 所示，大量纳米级颗粒在薄膜样品中被观测到，根据 TEM 衍射斑点可知，此晶相为 TiB_2 多晶，该多晶沿 (010)，(111)，(024)平面生长，证明 TiB_2 纳米颗粒在涂层中存在。实际上，在激光熔池中，

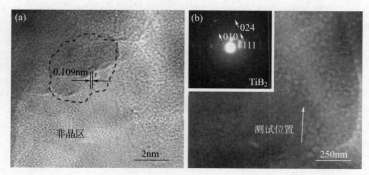

图 6.19　Co_5Zn_{21} 相与其周围的非晶区 TiB_2 纳米晶及其对应的 SAED 图谱

部分 Co_5Zn_{21} 纳米粒子与 Y_2O_3 在激光束照射边缘无法充分熔化，可保持其原有形貌。因激光熔池具有高温及熔液超强对流特性，Co_5Zn_{21} 与 Y_2O_3 在熔池中具有高扩散性，这些粒子可快速扩散到熔池各个方位，对 TiB_2 生长起明显抑制作用，有利于纳米级 TiB_2 的产生。该类纳米级 TiB_2 在激光熔池中可作为异相形核点存在，进一步提高复合材料的细化程度[9]。

如图 6.20(a) 所示，大量共晶组织产生于复合材料基底，利于非晶相产生。大量纳米粒子也产生，这些纳米粒子的产生利于改善复合材料的耐磨、耐蚀及抗高温性能。当这些纳米粒子在晶界上产生时，利于阻碍位错之间运动。由于激光熔池具有急速冷却特性，诸多元素如 Si、B、Zn 没有足够的时间从液相中析出，而固溶于 γ-Co 中，对复合材料起固溶强化作用，而致密的组织结构与低气孔率也是复合材料具有较好组织性能的重要因素。

如图 6.20(b) 所示，点成分 EDS 测试结果表明，C、Al、Si、Ti、V、Co、Zn 元素存在于测试点上，Si 在 Ti-Al 金属间化合物中的溶解度较低，利于形成 Ti-Si 化合物。而 Si 基合金元素的存在也利于非晶相产生。C、Al、Si、Ti、V、Co 及 Zn 元素也存在于测试点上。可以推测，测试区中块状析出物为 TiC，而测试电子探头所发出的电磁波完全可以打穿块状析出物，部分基底中所包含的 Al、Ti 元素也包含在测试结果中。Zn、Co 元素的存在则因该测试区中包含 Co_5Zn_{21} 纳米颗粒。

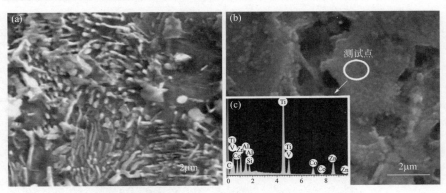

图 6.20　共晶 SEM、纳米晶 SEM 及其对应的 EDS 图谱

如图 6.21(a) 所示，Co-Ti-B_4C-Zn-Y_2O_3 激光熔覆复合材料的组织具有较高的致密性，且存在大量纳米晶颗粒，见图 6.21(b)。可见复合材料层与基材产生了良好的冶金结合且无明显缺陷产生。图 6.21(c) 表明，

大量棒状析出物在熔覆层底部产生。这是由于基材对熔覆层强烈的稀释作用，大量 Ti 由基材进入激光熔池底部，使该区域 Ti 含量密度极高，利于 TiB 棒状及 TiC 块状析出物生成。TiC 块状与 Ti-B 棒状析出物同时产生，对彼此生长起到相互抑制作用，利于熔覆层组织结构细化。图 6.21(d) 表明，块状 TiB$_2$ 析出相在复合材料中产生，由于 TiB$_2$ 具有较高熔点，在激光熔池冷却过程中，TiB$_2$ 可首先析出，为其他晶相的析出提供形核点，利于细化复合材料的组织结构。

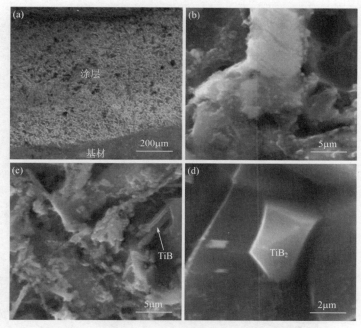

图 6.21　Co-Ti-B$_4$C-Zn-Y$_2$O$_3$ 激光熔覆复合材料 SEM

6.3 Sb 改性复合材料

锑（Sb）是一种有毒的化学元素，它是一种有金属光泽的类金属，在自然界中主要存在于辉锑矿（Sb$_2$S$_3$）中。自 20 世纪末以来，中国已成为世界上最大的 Sb 及其化合物生产国。Sb 的工业制法是先焙烧，再用碳在高温下还原，或者是直接用金属铁还原 Sb 矿。Sb 对于激光加工所制备的复合材料组织性能改性也同样起到非常明显的作用。

6.3.1 Sb 改性纯 Co 基复合材料

Sb 对 Co 基激光合金化涂层的纳米化过程，是利用 Sb 在激光熔池中原位生成的诸如 CoSb 及 CoCr 等纳米颗粒来抑制其他晶相长大的过程，也是大量纳米晶生成的过程。当在 TA15 钛合金表面激光熔覆 Co-Ti-B_4C-Sb 混合粉末时，可在钛合金表面生成组织结构致密的非晶-纳米化增强复合材料，见图 6.22(a)。

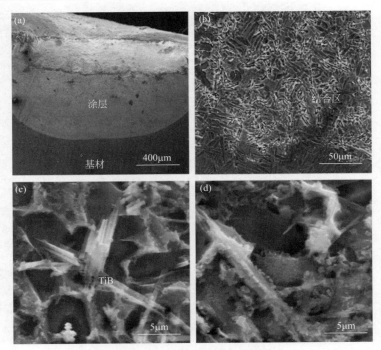

图 6.22 Co-Ti-B_4C-Sb 激光熔覆层 SEM

图 6.22(b) 为 TA15 基材中热影响区的 SEM 形貌，可见热影响区的微观组织类型均为等轴组织，由初生等轴 α 相、较小次生等轴 α 相、被拉长的初生等轴 α 与 β 转变基材构成，且各组形态与大小基本相当。TA15 钛合金热影响区中 $\alpha+\beta$ 两相区存在 α 稳定元素 Al 与 Zr，又存在 β 稳定元素 Mo 与 V，可使 α 和 β 相同时得到强化。

Mo 是 Zr 的强化元素，在富 Zr 成分中，$\alpha+Mo_2Zr$（六方密排晶格）存在于温度较低的区域中，而 $\beta+Mo_2Zr$（体心立方）则出现在高温区域。由于 TA15 基材对激光熔池强烈的稀释作用，大量 Ti 元素由基材进入熔池中，利于 TiB 棒状析出物的产生，见图 6.22(c)。如图 6.22(d)所示，大量纳米粒子紧贴块状析出物产生，呈纳米薄膜状，这将明显改善复合材料的力学性能[10]。

图 6.23(a) 的 X 射线衍射图谱表明，该复合材料表面主要包含 Ti-Al、Co-Ti、Co-Sb 金属间化合物与 TiC、TiB_2、TiB 相。这些化合物的产生可归因于激光熔池原位生成化学反应。宽漫散峰出现于 $2\theta = 15°\sim 25°$ 与 $33°\sim 43°$，证明有大量非晶相生成。实际上，在激光熔覆过程中，大量 Zr、Fe 及 Si 元素由于稀释作用由基材进入到熔池中，这些化学元素都具备很强的玻璃形核能力，利于非晶的产生。许多不规则的非晶斑点出现在图 6.23(b) 的高分辨图谱中。实际上，激光熔覆由于其极高的加热与冷却速率可有效抑制晶相形核及长大，形成接近氧化物玻璃的高黏度过冷熔体来抑制原子的长程扩散，从而将熔体"冻结"而形成非晶态。实际上，合金熔点一般是低于纯金属熔点的，而一般的液态合金接近深共晶成分时熔点最低。部分专家在研究过冷熔体的晶相形核时认为，一旦非晶合金约化玻璃转变温度 $T_{rg} \geqslant 2/3$ 时，则晶体的最大均匀形核率就会很小以至于在试验条件下检测不到。下式为表征非晶态合金玻璃形成

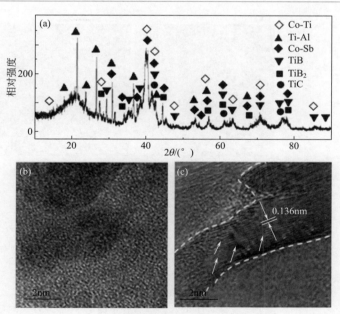

图 6.23 Co-Ti-B_4C-Sb 激光熔覆层表层 XRD 图谱与非晶区 TiB 的 HRTEM

能力的约化玻璃转变温度

$$T_{rg} = T_g / T_1$$

式中，T_{rg} 为约化玻璃转变温度，T_g 为玻璃转变温度，T_1 为液相线温度。

从中可以看出，T_1 越小，则非晶合金的玻璃形成能力越大，越容易获得非晶态合金。在多组元的非晶合金中，T_g 主要与结合强度有关，并随着合金成分的变化缓慢变化，因此 T_1 在玻璃形成能力中成为主要的影响因素。更具体地说，就是通过合金元素的添加来寻找具有最低的液相线温度的那个成分。根据公式可知，液相线温度最低则意味着此合金成分的 T_{rg} 最大，即此成分合金的玻璃形成能力最大。

图 6.23(c) 表明，TiB 高分辨条纹相被观测到，对应着其（312）晶面。图中箭头则标出了其晶格畸变点。实际上，纳米晶的产生使晶界自由能升高，这也使点缺陷密度极大提升，利于形成一种过饱和点缺陷状态，导致晶格畸变的产生。

如图 6.24(a) 所示，对由试样涂层中取出的经过离子减薄的样品进行 TEM 测试，结果表明有大量 TiB_2 纳米晶相沿（001），（100）和（101）面生长。实际上，由于六方晶系 TiB_2 和斜方六面体 Sb 相互作用，

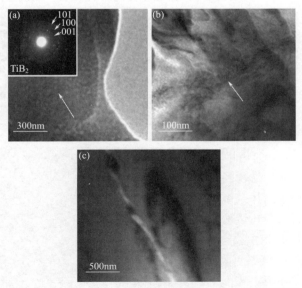

图 6.24　Co-Ti-B_4C-Sb 激光熔覆层中 TiB_2 及其对应的
SAED 图谱和应力条纹穿晶裂纹

利于 TiB$_2$ 纳米晶的形成。由于晶化系统不匹配以及化学元素间的不相容性，Sb 无法与 TiB$_2$ 结合，所以在激光熔池中形成一些孤立原子核。因此，TiB$_2$ 生长将在一定程度上受 Sb 原子核阻碍，利于纳米晶生成。另外，激光熔覆过程中，大量具有小原子半径的非金属元素，因合金化粉末熔化或基材稀释作用而进入熔池，增加了原子堆垛密度，有利于增强过冷液相的稳定性，促使非晶相在涂层中产生。图 6.24(b) 表明，有明显的应力条纹在涂层中产生，实际上，由于激光的激波加热和冷却原因，导致大量应力在涂层中产生。另外，在高应力作用下大量位错和堆垛层错在涂层的陶瓷相中产生，且滑移运动在位错和堆垛层错中进行，在涂层中产生了位错塞积状态，在一定程度上增加了涂层的显微硬度与脆性，将产生穿晶裂纹，见图 6.24(c)。

图 6.25(a) 显示，有诸多块/片状析出物产生，还有许多纳米粒子紧贴涂层基底处产生。图 6.25(b) 显示，在涂层边界处有许多共晶结构的组织产生。实际上，Co-Sb 可作为 Co-Ti 合金异质形核的形核点，Sb 包含相可作为 Co-Ti 共晶形成的基点。由铸造原理可知，共晶成分附近的合金具有最好的流动性，有利于降低液态合金的液相线温度，促进非晶相生成。且 CoSb 纳米晶在高温熔池中具有极高的扩散率，易引发晶格畸变，使涂层发生非晶化转变。

纳米金属粒子在晶界处的产生可以在一定程度上阻碍位错的运动。由于熔池极高的冷却速率，有部分元素，如 Si、B 及 Mo 没有充足的时间从液相中析出，而固溶在 γ-Co 中，形成了超级固溶。由于基材的稀释作用，许多 Mo 从基材进入熔池，Al 和 Si 原子可以运动到富 Mo 区域，围绕 Mo 核心形成环状物。还有一部分 Mo 可以与 Si、Al、C 及 Ti 在熔池中发生化学反应，生成化合物。图 6.25(c)(d) 测试区域 EDS 图谱表明，该区域主要包含 C、Al、Ti、Sb 和 Zr。由于基材的稀释作用，大量的化学元素（包括 Zr 和 Mo）由基材进入熔池。根据 EDS 的测试结构可推测，Co-Zr 细化粒子已产生。另外，C、Ti 及 Sb 元素包含在该测试点中。具有立方体结构的 TiC 和斜方六面体结构的 Sb 相互作用，可形成纳米晶相。由于晶体系统的不匹配和元素之间的不融合，Sb 不会与 TiC 发生反应，而只会在熔池中阻碍其生长，这也在一定程度上有利于纳米晶的形成。Ti-B 相主要聚集在晶界处，因此 B 的衍射峰出现在 EDS 衍射图谱中。图 6.25(e) 表明，3 个 CoZr 相出现在了测试区域，CoZr 相主要被非晶做环绕。实际上，非晶和纳米晶界包含有高的结合能，可以在很大程度上阻碍纳米晶的生长，非晶在向晶体的形核与生长过程中受到纳米晶的很大阻碍。SAED 图谱表明，CoZr 纳米晶主要沿 (110)，(111)，

（200）面生长，见图 6.25(f)。

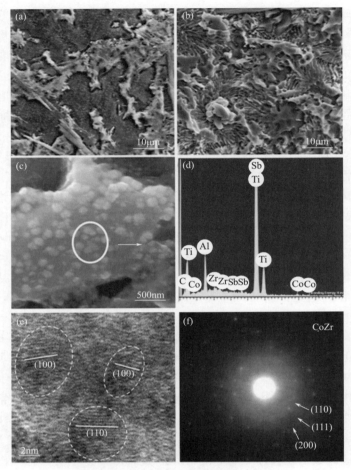

图 6.25　Co-Ti-B₄C-Sb 激光熔覆层分析

　　另外，在复合材料中存在的 B、Si 元素是多种非晶合金中都含有的元素，对非晶合金的玻璃形成能力和热稳定性都有极大的影响。适量加入可以极大促进非晶相与纳米晶相的形成。同时，B 和 Si 也是大多数自熔合金中不可缺少的元素，在高温下 B 和 Si 能使焊接熔池中的氧化物还原，从而起到清理熔池的作用，还原反应所生成的氧化硅和氧化硼又可复合成低熔点的良好溶剂——硅酸硼，这有利于液态金属在基材表面上的润湿。由于熔渣的密度小，流动性好，覆盖在液态合金表面可以隔绝空气，避免液态合金的进一步氧化。B 和 Si 元素还有助于形成固溶强化和弥散强化，它们可以与其他化学元素生成化合物以硬质相的形式弥散分布于激光熔覆层中，从而提高熔覆层的硬度与耐磨性。在液态合金的冷却过程中，多种晶相之间的相互竞争也有利于阻碍原子团移动，促进纳米晶相、非晶相形成。但 B 含量过高就会形成高脆性相，引发涂层的脆化。此外，Si 的加入也可以增强 B 的作用。

在一定的工艺条件下，激光熔覆制备的非晶-纳米化复合材料中非晶-纳米晶相的含量在很大程度上取决于所选非晶合金系的玻璃形成能力，也就是提高非晶合金玻璃形成能力可以相对提高复合材料中的非晶-纳米晶相含量。

非晶合金的形成实际上是在熔体快速冷却过程中非晶相和晶相竞争的结果。由于熔体凝固过程中不同类型的晶相在析出、长大时相互制约，因此晶相析出的种类越大，抑制原子扩散的能力也就越强，也就越难达到晶相析出所需的化学浓度，从而在熔体高速冷却时促进非晶相、纳米晶相的形成。非晶合金作为一种多元、复杂、混乱的合金体系，是在多种效应的共同作用下形成的。就固溶效应来说，固溶原子在基底中一般有两种存在方式，即替换晶格点阵上的基材原子或存在于晶格间隙中，形成置换固溶体或间隙固溶体。当固溶原子半径与基底原子半径相差比较大时，将导致晶格畸变而产生较大的内应力；当间隙固溶原子半径大于基底原子半径时产生拉应力；间隙固溶原子半径小于基底原子半径时产生压应力。随着固溶原子浓度增加，晶格内部应力达到一定的临界水平之后，造成晶体结构的失稳，可促进非晶相生成。在多元非晶合金系统中，一般至少含有一种大原子半径和一种小原子半径的元素，这有利于获得稳定的非晶态结构。因为小原子半径元素在基材中产生压应力，大原子半径合金元素在基材中产生拉应力，这两种应力场相互作用能够有效降低合金系的内应力，形成相对稳定的短程有序的原子基团，而这种短程有序的原子基团内部结构很难与固溶原子基团内部结构相同，这将进一步促进非晶与纳米晶相的形成。

非晶合金中组元的数量、性能以及其纯度等都对非晶合金的玻璃形成能力有极大影响。由于微合金可以影响液态合金的形核，因此微合金化可以影响许多材料的制备、性能和构成。随着非晶合金研究的逐步深入，微合金化技术已经被应用到开发和研究新型合金系，特别是提高非晶合金的玻璃形成能力方面。例如，在 PdNiP 非晶合金中使用 Cu 进行微合金化后，所形成的 PdNiCuP 非晶合金具有极大的玻璃形成能力，其最大临界直径可达 $7 \sim 8 \mathrm{cm}$，临界冷却速度可以降低到 $0.02 \mathrm{K/s}$。微合金化元素可以分为两类：一是非金属元素 C、Si、B 等，这类元素一方面极易与主要金属组元形成高熔点化合物，引起非晶合金的玻璃形成能力降低，另一方面，由于其原子半径小，微量的加入非晶合金系可以增加原子堆垛密度进而增强过冷液相的稳定性，可以提高非晶合金的玻璃形成能力；另一类就是金属元素，如 Fe、Co、Ni、Al、Cu、Mo Nb、Y 等。不同微合金化元素对相同的合金系具有不同的影响。相同的微合金化元素对不同合金系所起的作用也不相同。微合金元素具体含量也对合金系的玻璃形成能力有很大影响。

6.3.2 Sb 改性 Co 基冰化复合材料

激光加工可针对钛合金不同服役条件，利用激光束加热温度高及冷却速度快的特点在钛合金表面制备纳米晶增强复合涂层，将纳米材料优异的耐磨性与金属材料的高塑性及韧性有机结合，可大幅度提高钛合金的使用寿命。将适量 Co 加入激光熔覆涂层中，涂层将具有高硬度、耐蚀、耐磨及耐热等特点。Sb 对 Co 基激光熔覆涂层的纳米化过程，是利用 Sb 在激光熔池中原位生成诸如 CoSb 等纳米颗粒来抑制晶化相长大过程，也是大量纳米晶生成过程。且 CoSb 纳米晶在高温熔池中具有极高的扩散率，易引发晶格畸变，使激光熔覆层发生非晶化转变。

基于上述原因，本小节提出一种能够增强钛合金表面硬度的材料超细纳米化处理的方法。将一定比例 Co-Sb-TiB$_2$ 混合粉末在冰环境下激光熔覆于钛合金表面，将试样放置于塑料容器中，塑料容器中水刚好没过试样，而后将小塑料容器放置到冰箱冷冻室中直至其中的溶液完全凝固，凝固后待熔试样的横截面见图 6.26。该试样经激光处理后定义为冰化试样。

图 6.27(a) 表明，激光熔覆处理后诸多纳米棒在冰化试样涂层中产生。根据 Ti-B 二元相图可知，当 B 含量小于 50%、温度低于 2200℃时，利于产生具有纳米棒状结构的 TiB 相。实际上，由于基材对激光熔池强烈的稀释作用，大量 Ti 由基材进入熔池，导致 B 在熔池中的含量小于50%。根据图 6.27(a) 可知，大量棒状 TiB 在涂层中产生，可推知，熔池温度实际上低于 2200℃。图 6.27(b) 表明，未经冰化处理的试样激光熔覆涂层的组织结构较为粗化，由此推断，该试样的激光熔池温度高于2200℃。如图 6.27(c) 所示，大量聚集态纳米粒子在冰化试样涂层中产生且位于纳米棒附近，可在一定程度上阻碍纳米棒生长。图 6.27(d) 表明，有共晶组织在涂层基底处产生，实际上非晶态的合金成分与共晶非常相似，且都具有较低熔点，共晶的产生也将伴随着大量非晶合金的产

生[11]。随着冰加入，激光辐射下熔池存在时间将极大缩短，当熔池冷却速率达到熔体均匀化和临界冷却速度的要求时，熔池在结晶过程中就会在极高冷却速率作用下保持液态结构而被"冻结"形成大量非晶-纳米晶相。高激光功率也会引起熔池过热和基材过度熔化，造成液态熔体被熔化的基材所稀释而偏离共晶成分，使非晶合金玻璃形成能力下降。

图 6.26 实验待熔试样的横截面

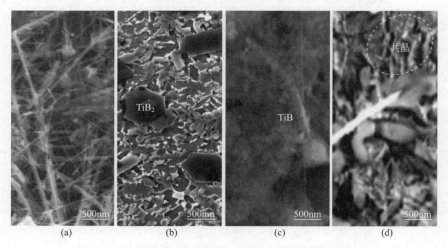

图 6.27 冰化试样激光熔覆涂层与普通试样 SEM

图 6.28(a) 表明，有孪晶在由冰化试样涂层中部取出的金属片中产生，表明部分原子可以获得足够的能量穿越势垒，形成堆垛层错。该图

还表明，CoSb 与 TiB 两相区域存在紧密接触，且有一个大角晶界，晶界取向差 75°。此两区域间的界面中还存在一个狭长的非晶区。实际上，在纳米晶与非晶的界面上存在较高的结合能，将在一定程度上阻碍纳米晶生长。图 6.28(b) 高分辨照片表明，纳米晶体被非晶包覆，不完整的多晶衍射环和非晶散漫晕环出现在图 6.28(c) 的电子衍射图谱中，表明许多非晶相刚开始发生晶相转化，激光熔池就已完成其结晶过程，有利于纳米晶的形成。该图谱也表明，CoSb 多晶体是沿（101），（102），（201）及（211）面生长的。图 6.28(d) 的 X 射线衍射图表明，涂层表层主要包含 Co-Ti、Co-Sb 及 Ti-B 化合物，这些化合物经由高温激光熔池中原位合成而形成。宽漫散衍射峰出现于 $2\theta = 10° \sim 30°$，证明大量非晶相存在于该区域。

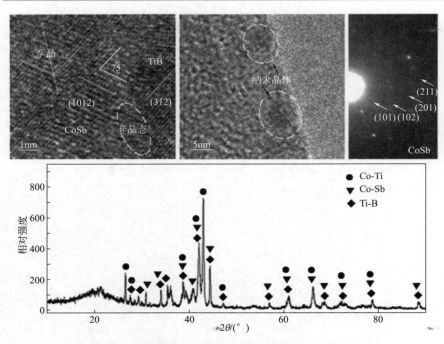

图 6.28　冰化试样激光熔覆涂层的 HRTEM 及 XRD 图谱

冰化与非冰化试样涂层中的显微硬度分布如图 6.29(a) 所示。冰化试样涂层的显微硬度分布在 $1000 \sim 1100 HV_{0.2}$，明显高于非冰化试样涂层的显微硬度，这主要归因于其更为细化的组织结构及所产生的更多纳米晶体。

图 6.29(b) 中该复合材料的 DTA 曲线表明三个放热衍射峰存在，

在 200℃附近存在一个宽化峰，如图中峰 1 所示，这是对应结构弛豫的放热峰。基于激光熔池所具有的极高冷却速率，熔池快速冷却后所形成的熔覆层中具有很高的非晶-纳米晶相含量，非晶-纳米晶具有能量高、内应力大的特点，所以在低于玻璃转化温度和晶化温度的较低温度退火时，涂层内部原子相对位置会发生较小变化，从而增加密度、减小应力并降低能量，向稳定的、内能较低的状态转变。这将引起原子分布、电子组态、化学键配位等的变化，也会导致原子扩散、缺陷运动及相变等。观察证实，在 500～600℃出现了放热峰 2 与峰 3，对应着非晶相的晶化峰。非晶相的晶化过程与凝固结晶过程类似，也是一个形核和长大的过程。

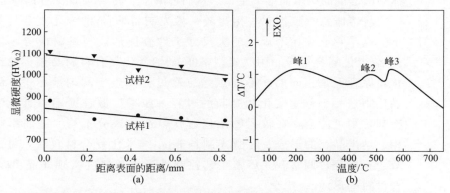

图 6.29　冰化试样激光熔覆涂层与普通试样涂层的显微硬度分布及 DTA 曲线

但非晶相的晶化是一个固态反应过程，受到原子在固相中的扩散速度支配，所以晶化速度没有凝固结晶那么快。另一方面，非晶相比金属熔体在结构上更接近于晶化相结构，所以晶化形核时形核势垒中作为主要阻力相的界面能要比凝固结晶时的固/液界面能小，因而一般形核率高，这也是非晶相晶化后晶粒十分细小的一个原因。与标准的单个尖锐晶化峰相比，呈现出宽化及两段晶化特征。这两个放热峰峰值较弱且宽化，因此非晶相的含量比较低，并且其晶化过程受到纳米晶相的影响。引起放热峰宽化的原因是纳米晶相与非晶相混合分布，非晶相在晶化成晶体的过程中，其形核与长大受到已存在的纳米晶阻碍，即纳米晶相对于非晶来说是稳定的，非晶相在晶化长大过程中遇到纳米晶相抑制不能自由长大，必须绕开这些类似钉扎作用的纳米晶相，因此需要更多能量，宏观上使晶化峰表现为宽化特征。

另外，从图 6.29 中还可以看出，与普通的单纯非晶不同，放热峰不但较为宽化，而且呈现出两个晶化峰特征，造成这种现象的一个重要原因是所形成的非晶不是均匀单一的非晶。分析可知，非晶相不仅在色泽上有所不同，且在成分上也存有差异，在晶化过程中易引发晶化温度偏移，故呈两段晶化特征，这也是成分偏差引起晶化温度的变化。从热力学角度来看，只有过冷熔体的温度低于晶化温度时，非晶态的自由能值最低。此时，原子扩散能力几乎为零，形成非晶的可能性也最大。但如果冷却速度过低，原子的扩散能力依然很大，而实际的结晶温度远远大于晶化温度，其结果就是结晶占据优势，形成稳定的晶体。在冷却速度较高时，凝固是在晶化温度附近发生的，此时在熔体的局部微区内会形成纳米晶相，但在冷却速度较高的条件下，非晶相的形成阻止了过冷熔体中已形成的纳米晶继续生长，从而形成了非晶-纳米晶共存的状态。

与熔体急冷制备方式相比较，激光制备非晶-纳米化复合材料的突出优点是它能够在不规则的大尺寸工件表面形成与基材成分不同的非晶-纳米化复合材料。用激光制备非晶-纳米化复合材料与熔体急冷非晶化在原理上是相同的，不同点是急冷过程发生于均匀熔体中，激光非晶化则是一个急速熔化和凝固的过程，如果扩散程度不够且无法均匀冷却，则可能会存在较大的浓度起伏，造成成分不均，进而影响非晶相、纳米晶相的形成。在激光制备非晶-纳米化复合材料时，可通过调节合金成分，调整激光熔覆工艺控制外延生长速度实现非晶-纳米晶复合材料的形成。

6.3.3　含 Ta 陶瓷改性复合材料

TaC 陶瓷相也会对激光熔覆层的组织性能产生极大影响。当在 TC4 钛合金表面采用 3kW 功率激光，激光光斑直径 6mm，扫描速度 5mm/s，激光熔覆 NiCrBSi 时，可形成如图 6.30 所示涂层。该涂层组织结构较为致密，且无明显裂纹及气孔产生。采用同样的工艺参数在 TC4 钛合金表面激光熔覆 NiCrBSi-5%TaC 混合粉末也可生成复合涂层。TC4 钛合金表面 NiCrBSi 复合涂层与 NiCrBSi-TaC 复合涂层相组成见图 6.31。XRD 图谱表明，由于激光辐射导致基材的部分熔化，大量 Ti 由基材进入激光熔池形成富 Ti 熔池；高温条件下，Ti 可与熔池中的 Ni、C、B 等元素发生化学反应，因此 NiCrBSi 激光熔覆层主要由 TiNi、Ti_2Ni、TiC、TiB_2 及 TiB 组成。伴随 5%TaC 加入，衍射峰形态并未与之前发生太大变化，但有新峰出现在 $2\theta = 40.4788°$、$73.4492°$、$87.4208°$，依据 JCDPS 卡，这些峰值都对应 TaC。

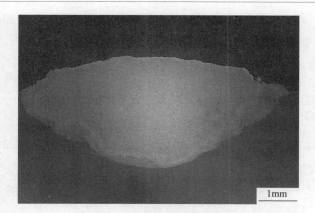

图 6.30　NiCrBSi 激光熔覆层组织

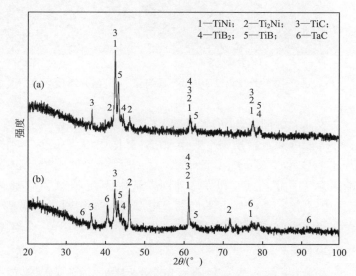

图 6.31　NiCrBSi 与 NiCrBSi-5%TaC 激光熔覆涂层相组成

　　激光熔覆 NiCrBSi 和不同含量 TaC，可形成 TiNi/Ti$_2$Ni 基复合材料，该材料具有极强的耐高温氧化特性。不同 TaC 含量将对复合材料的组织结构产生重要影响。图 6.32(a) 表明有大量灰色的树枝晶与黑色的块状晶作为强化相弥散分布在涂层中。图 6.32(b)～(d) 表明，随着 TaC 含量增加，黑色块状晶的含量逐渐减少，取而代之的是一些白色针状和灰色的枝状晶。

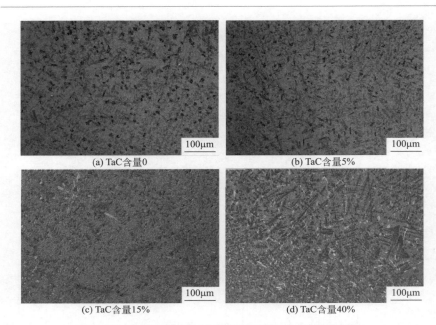

图 6.32　NiCrBSi 不同含量 TaC 激光熔覆层组织形态

　　表 6.3 为图 6.33 中各点的 EDS 分析结果，据表可知点 1 和点 2 处富含 Ti 与 Ni 元素，推测主要为 Ti-Ni 基底固溶体；点 3 树枝晶处则主要包含 Ti、C 元素，可知为 TiC 相；点 4 和点 5 处则主要包含 Ti、B 元素，推为 TiB 相；点 6 和点 7 处同样富含 Ti、Ni 元素，推测主要为 Ti-Ni 基底固溶体；点 8 处主要包含 Ti、C 和小部分 Ta，推知为 TiC 固溶体；点 9 和点 10 处则包含大量 Ti、B、C 和小部分 Ta，可知点 9 和点 10 处主要包含 Ti-B 和 TaC 相。

表 6.3　各点 EDS 分析结果（原子百分数）　　　　单位：%

位置	Ti	B	C	Ni	Al	Si	V	Cr	Ta
1	44.24	—	1.62	43.91	4.15	0.51	0.34	5.23	—
2	48.41	—	3.84	28.46	5.59	4.74	1.37	7.59	—
3	69.42	—	30.58						
4	15.47	84.53	—	—	—	—	—	—	—
5	18.18	69.96	11.86						
6	39.66	—	2.56	43.06	8.98		0.56	5.18	

续表

位置	Ti	B	C	Ni	Al	Si	V	Cr	Ta
7	41.06	—	4.87	28.43	6.26	—	2.73	16.65	—
8	56.02	—	42.84	—	—	—	—	—	1.14
9	16.94	78.21	3.53	—	—	—	—	—	1.32
10	18.19	62.92	17.35	—	—	—	—	—	1.54

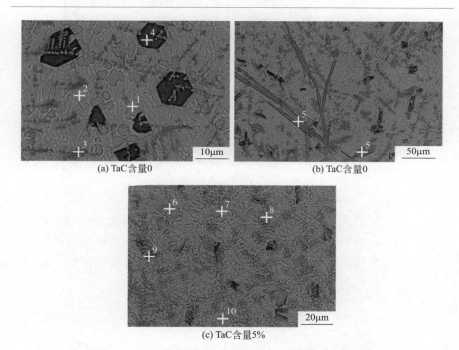

(a) TaC含量0　　10μm

(b) TaC含量0　　50μm

(c) TaC含量5%　　20μm

图 6.33　NiCrBSi 不同含量 TaC 激光熔覆层组织形态

　　图 6.34 为待熔 TaC 粉末的 SEM，平均尺寸 0.5μm，而相同尺寸的析出物却未在涂层中被观察到，故推测 TaC 已在高温激光熔池中完全熔化，由于 TaC 具有极高的熔点（约 3880℃），因此 TaC 在熔池的高速冷却过程中首先形核；之后，如 TiC、TiB、TiB_2 等就会在 TaC 表面析出并生长，从而形成 TiC、TiB、TiB_2 固溶体；TaC 并未随着其加入而在涂层中被观察到，推测为基材熔化的原因。由于基材对熔池强烈的稀释作用，极大降低了 Ta 在熔池中的聚集程度。在熔池的冷却凝固过程中，TaC 将会首先在熔池中的富 Ta、C 处形核，而它的生长形态则主要取决

于 Ta 和 C 处的原子扩散情况。TaC 生长速率将因 Ta 集中程度下降而被显著抑制；伴随熔池温度下降，TiC、TiB、TiB$_2$ 将在 TaC 表面析出[12]。由于熔池中存在大量 Ti，最初形成的 TaC 将具有非常小的形态，而后则成为析出相核心。由于 TiC、TiB、TiB$_2$ 等相包覆，在涂层中很难直接观察到 TaC 存在。TaC 更多是作为一个细质形核点存在，利于涂层组织结构细化。

图 6.34 TaC 粉末 SEM

800℃时，不同 TaC 含量 TC4 表面涂层的氧化增重曲线见图 6.35。分析可知，伴随氧化时间增加，所有试样的曲线都呈上涨趋势；而激光熔覆处理试样的氧化增重明显低于单纯基材的氧化增重，这表明激光熔

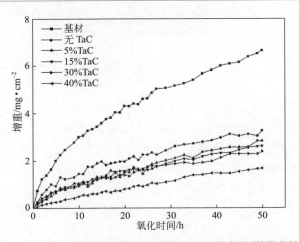

图 6.35 TC4 基材及其表面激光熔化涂层的氧化增重曲线

覆涂层可有效改善基材的抗高温氧化性。另外，TaC 含量也将在很大程度上影响高温氧化增重。对于没有添加 TaC 的试样，其氧化增重明显高于 TaC 含量介于 5%～30% 的试样；TaC 含量 5%～30% 试样的高温氧化增重则无特别明显差异；当 TaC 含量达到 40% 时，试样的增重则明显下降。可见，TaC 可有效改善钛合金基材激光熔覆涂层的高温氧化功能。据图 6.35 数据分析可知，试样的高温氧化过程均可明显地分为两个阶段，一是急速的氧化阶段，二是缓慢的高温氧化阶段。在第一阶段，因整个试样都暴露在空气中，试样有一个急速的高温氧化阶段；当第一阶段完成，开始第二个缓慢氧化阶段后，由于此时试样表面已经产生致密的氧化膜，所以此阶段的氧化过程就会相对缓慢。

我们可以发现，试样的氧化增重在第一阶段呈线性增长趋势，而在第二个阶段就开始遵循各自的抛物线法则，两个阶段的氧化增重曲线可以表述为如下两个公式

$$\Delta W_1 = k_1 t$$
$$(\Delta W_2)^2 = k_2 t$$

式中，t 为氧化时间，k_1 和 k_2 是在两个不同阶段的恒定增重速率，其对应的曲线如图 6.36 所示，据图可知，这些试样的增重在氧化的第一阶段是非常不同的，伴随 TaC 含量增加，其氧化增重呈现一个明显的下降趋势。为了揭示这些试样的氧化机制，XRD 被用来判定这些试样表面的相组成。结果表明，氧化试验结束后，这些氧化膜的相组成都非常接近。据 JCPDS 卡判定，这些氧化膜主要由 TiO_2 组成，由于 TaC 加入，TiO_2 峰值（$2\theta = 40.4788°$）呈增长趋势。

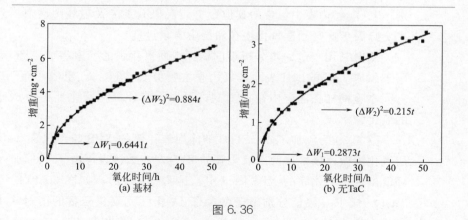

图 6.36

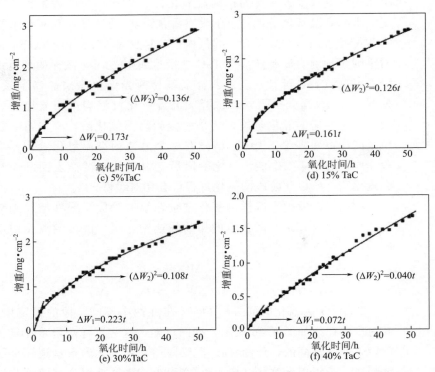

图 6.36　TC4 基材及其表面 NiCrBSi-TaC 激光熔覆涂层的氧化增重曲线

图 6.37 的 X 射线衍射图还表明，TaC 加入可以增加 Ta_2O_5 在氧化膜中的含量。氧化膜中的相组成与基材及未经氧化处理的涂层有很大区别；TiO_2 氧化膜中包含的其他合金元素却不能在 X 射线图谱中找到，这主要归因于这些元素氧化物在涂层中含量过低。

XPS 被用来进一步分析不同试样表面氧化膜的元素组成。图 6.38 表明未添加 TaC 的试样表面其氧化膜主要由 O、Ti、Al 组成，而 Ni、Cr、Si 元素也同样在涂层中被检测到，可以推断，氧化膜主要是由这些元素的氧化物组成。

图 6.39 为添加了 40％TaC 的涂层氧化膜的 XPS 与不包含 TaC 的涂层氧化膜做比较，这两个氧化膜的 XPS 图非常接近。由于 TaC 加入，Ta 峰值出现在氧化膜的 XPS 图谱中，见图 6.39（a）；如图 6.39（b）所示，Ta_2O_5 与 TaC 峰值分别出现在含有 Ta 化学元素化合物的衍射峰中，该类化合物主要包含 Ta_2O_5 与 TaC。Ta_2O_5 的产生是由于 TaC 在激光熔池中发生分解后，Ta 在高温中被氧化而形成的；而有部分 TaC 在熔池中

未发生分解，凝固后就保留于激光熔覆涂层中，导致 TaC 衍射峰出现。

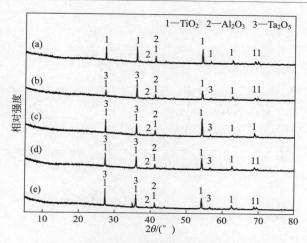

图 6.37　TC4 表面激光熔化涂层氧化物 XRD

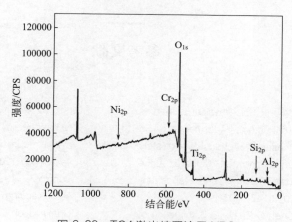

图 6.38　TC4 激光熔覆涂层 XPS

可见，在 TC4 钛合金上激光熔覆 NiCrBSi 或 NiCrBSi 与不同质量比例 TaC，可形成 TiN/Ti_2Ni 基复合涂层。该类复合涂层在高温环境下会发生氧化，氧化过程包含急速与缓慢两个氧化过程，TaC 增强 NiCrBSi 激光复合涂层的被氧化速率明显低于基材的，随着 TaC 含量增加，氧化速率越来越慢。当氧化试验完成后，包含 TaC 涂层主要由 TiO_2 组成，且包含少量 Al_2O_3、NiO、Cr_2O_3、SiO_2；随着 TaC 加入，TaC 与 Ta_2O_5 相也产生于涂层中；由于 TaC 与 Ta_2O_5 作用，涂层氧化性进一步提升。

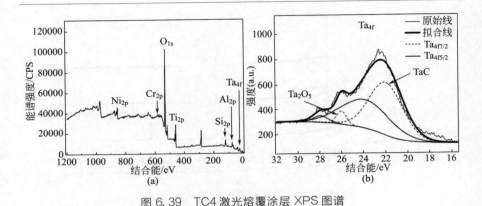

图 6.39　TC4 激光熔覆涂层 XPS 图谱

参考文献

[1]　Li J N, Gong S L. Physical properties and microstructural performance of Sn modified laser amorphous-nanocrystals reinforced coating[J]. Physica E: Low-dimensional Systems and Nanostructures, 2013, 47: 193-196.

[2]　Li J N, Chen C Z, He Q S. Influence of Cu on microstructure and wear resistance of TiC/TiB/TiN reinforced composite coating fabricated by laser cladding [J]. Materials Chemistry and Physics, 2012, 133 (2-3): 741-745.

[3]　Weng F, Yu H J, Chen C Z, et al. Microstructures and wear properties of laser cladding Co-based composite coatings on Ti-6Al-4V[J]. Materials and Design, 2015, 80: 174-181.

[4]　Xu P Q, Tang X H, Yao S, et al. Effect of Y_2O_3 addition on microstructure of Ni-based alloy + Y_2O_3/substrate laser clad[J]. Journal of Materials Processing Technology, 2008, 208 (1-3): 549-555.

[5]　Wang Y F, Lu Q L, Xiao L J, et al. Laser Cladding Fe-Cr-Si-P Amorphous Coatings on 304L Stainless [J]. Rare Metal Materials and Engineering, 2014, 43 (2): 274-277.

[6]　李嘉宁, 巩水利, 王娟, 等. Cu 对 TA15-2 钛合金表面 Stellite12 基激光合金化涂层组织结构及耐磨性的影响[J]. 金属学报, 2014, 50 (5): 547-554.

[7]　Gu D D, Hagedorn Y, Meiners W, et al. Nanocrystalline TiC reinforced Ti matrix bulk-form nanocomposites by Selective Laser Melting (SLM): Densification, growth mechanism and wear behavior[J].

Composites Science and Technology, 2011, 71（13）: 1612-1620.

[8] Wang J, Li J L, Li H, et al. Friction and wear properties of amorphous and nanocrystalline Ta-Ag films at elevated temperatures as function of working pressure [J]. Surface and Coatings Technology, 2018, 353: 135-147.

[9] Li J N, Gong S L, Shi Y N, et al. Microstructure and physical properties of laser Zn modified amorphous-nanocrystalline coating on a titanium alloy[J]. Physica E: Low-dimensional Systems and Nanostructures, 2014, 56: 296-300.

[10] Li J N, Gong S L, Sun M, et al. Effect of Sb on physical properties and micro-structures of laser nano/amorphous-composite film [J]. Physica B: Condensed Matter, 2013, 428: 73-77.

[11] Li J N, Liu K G, Gong S L, et al. Physical properties and microstructures of nanocrystals reinforced ice laser 3D print layer[J]. Physica E: Low-dimensional Systems and Nanostructures, 2015, 66: 317-320.

[12] Lyu Y H, Li J, Tao Y F, et al. Oxidation behaviors of the TiNi/Ti$_2$Ni matrix composite coatings with different contents of TaC addition fabricated on Ti6Al4V by laser cladding[J]. Journal of Alloys and Compounds, 2016, 679: 202-212.

第6章　金属元素激光改性复合材料

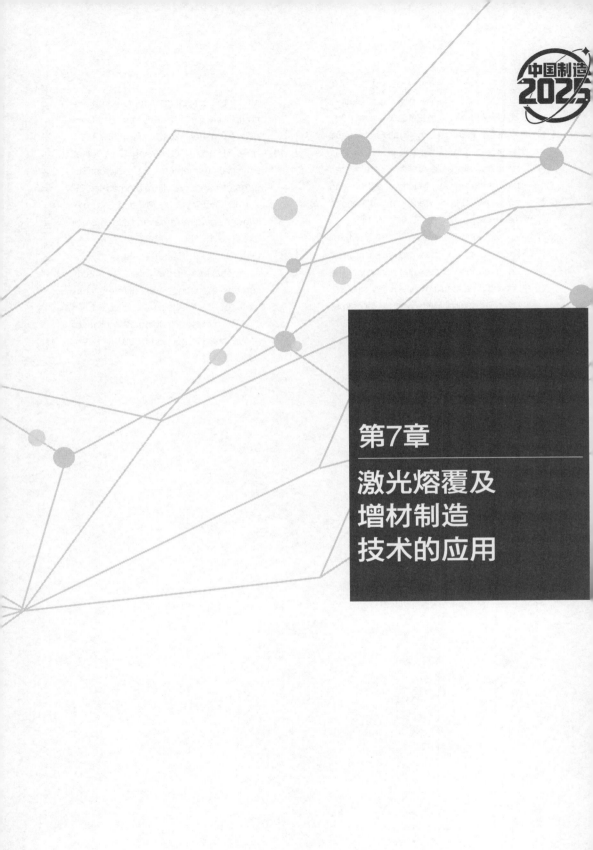

第7章

激光熔覆及
增材制造
技术的应用

7.1　模具激光熔覆增材

　　模具是工业生产的基础工艺装备，在电子、汽车、电机、电器、仪表、家电和通信等产品中，60%～80%的零部件都要依靠模具成形。模具的种类很多，按照用途的不同，大致可分为四大类：冷作模具、热作模具、注塑模具、其他模具。模具零件在服役过程中产生了过量变形、断裂破坏和表面损伤等现象后，将丧失原有的功能，达不到预期的要求，或者变得不安全可靠，以致不能继续正常工作，这些现象统称为模具失效。模具的基本失效形式主要有断裂及开裂、磨损、疲劳、变形、腐蚀。

　　随着模具工业的发展，对其性能要求越来越苛刻，模具寿命问题日益突出。常规热处理使模具基体获得良好的强韧性之后，采用表面强化技术，再赋予模具表面高强度、高硬度、耐磨、耐蚀、耐热和抗咬合等超强性能，可延长模具寿命数倍至数十倍。利用激光熔覆技术可以在低成本的金属基体上制成高性能的表面，从而代替大量的高级合金，以节约贵重、稀有的金属材料，提高基材的性能，降低能源消耗，非常适于局部易受磨损、冲击、腐蚀及氧化的模具再制造中，具有广阔的发展空间和应用前景。

　　在模具上应用激光熔覆处理可以改善模具的表面硬度、耐磨性、耐硬性、高温硬度、抗热疲劳等性能，从而不同程度上提高了模具的使用寿命。如在轧钢机导向板上激光熔覆高温耐磨涂层，与普通碳钢导向板相比其寿命提高了 4 倍以上；与整体 4Cr5MoV1Si 导向板相比轧钢能力提高 1 倍以上，减少了停机时间，提高了产品的产量和质量，降低了生产成本等。模具激光熔覆前后状态如图 7.1 所示。

模具型面拉伤严重　　　　　　　　　　　制件拉毛开裂

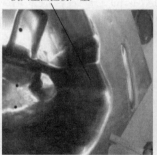

(a) 激光熔覆前模具型面状态　　　　　(b) 激光熔覆前制件开裂状态

图 7.1

(c) 激光熔覆后研配前凹模状态　　(d) 激光熔覆后研配前凸模状态

图 7.1　模具激光熔覆前后状态

(1) 冷作模具的激光熔覆

冷作模具零件一旦被磨损，耐用度降低。表 7.1 所列是某厂在生产中所积累的经验数据，即冷冲模在正常情况下的平均耐用度情况。

表 7.1　冷冲模的平均耐用度　　　　单位：件/每刃磨一次

工件材料	模具材料	工件材料厚度/mm	
		3～6	<3
35、45 （硬钢）	T10A	4000～6000	6000～8000
	Cr12MoV	8000～10000	10000～12000
20、Q345(16Mn) （中硬钢）	T10A	8000～12000	12000～16000
	Cr12MoV	18000～22000	22000～26000
08、10 （软钢）	T10A	12000～18000	18000～22000
	Cr12MoV	22000～24000	24000～30000

冷冲模在经过表 7.1 所列数据的生产后，应及时对冲模零件进行修磨。若超过表列数据，其结果是磨损量越来越大，从而降低了模具使用寿命，这样做是极不经济的。

① Cr12 冷作模具钢的激光熔覆　　Cr12 是应用广泛的冷作模具钢，具有高强度、较好的淬透性和良好的耐磨性，但冲击韧性差，主要用作承受冲击负荷较小、要求高耐磨的冷冲模及冲头、冷切剪刀、钻套、量规、拉丝模、压印模、搓丝板、拉延模和螺纹滚模等。

Cr12 原始材料（热轧退火）硬度约为 HRC20。首先对试验用基材 Cr12 模具钢进行热处理，980℃淬火，400℃回火 6h，硬度为 HRC58，达到一般模具使用要求。然后对基体用砂纸除锈，用丙酮清洗干净，对熔覆面进行喷砂处理。如果对基体试样材料表面进行预处理不严格，将极易导致预置层或熔覆层产生裂纹、起泡或剥落等。进行喷砂处理还可以明显提高预置涂层和熔覆层与基体的结合，提高熔覆质量。熔覆材料选用合金粉末 Ni45、Fe310 和 Fe901，粒度为 140～320 目，使用黏结剂 5%的乙酸纤维素和丙酮，将合金粉末涂覆在基体待熔覆表面。Cr12 基材与熔覆材料化学成分见表 7.2。

表 7.2　Cr12 基体与熔覆材料的化学成分　单位:%（质量分数）

材料	化学元素						
	Cr	C	B	Si	Ni	Fe	Mn
Ni45 粉末	15	0.7	3	3.5	余量	11	—
Fe901 粉末	13	—	16	1.2	—	余量	—
Fe310 粉末	15	0.2	1	1	—	余量	—
Cr12 基体	11.5～13.0	2.00～2.30	—	≤0.40	—	≤0.40	

试验使用 5kW 级 CO_2 激光器、多维数控操作台，氩气保护。经过多次试验，确定单层熔覆层厚度不超过 1.5mm，光斑 3.5mm×5mm，搭接率 40%。镍基合金粉末熔覆层采用功率 1800W、扫描速度 240mm/min，铁基合金粉末熔覆层采用功率 2000W、扫描速度 200mm/min。必须待有黏结剂的预置涂层完全干燥后方可进行熔覆，否则会出现气孔等缺陷，影响熔覆质量。由于大功率一次性熔覆会使熔覆层各道熔池所含合金含量有较明显差异，造成凝固后熔覆层表面粗糙度较大（尤其是预置涂层较厚时），为进一步改善熔覆层表面质量，在正式熔覆前可进行预热扫描。

熔覆层材料与基体的磨损量如图 7.2 所示，熔覆层与基体的硬度对比见表 7.3。Ni45 熔覆层与 Cr12 淬火基体的硬度较接近，但耐磨性提高 1 倍多，两种铁基熔覆层硬度均为 HRC54，低于淬火基体，但是磨损量差别非常明显。

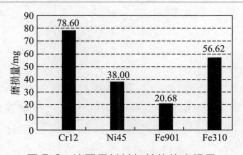

图 7.2　熔覆层材料与基体的磨损量

表 7.3　熔覆层与基体的硬度对比

材料	平均硬度（HRC）
铁基 Fe901 熔覆层	54
铁基 Fe310 熔覆层	54
镍基 Ni45 熔覆层	57
Cr12 钢基体	58

② Cr12MoV 冷作模具钢的激光熔覆　Cr12MoV 冷作模具钢具有淬透性好、热淬火变形小及耐磨性好等优点。少量的 Mo、V 合金元素的加入，使材料具有良好的热加工性能和高冲击韧性，因此 Cr12MoV 钢多用于制造高耐磨性及形状复杂的冷作模具等工具，如冷切剪刀、切边模、量规、拉丝模、螺纹滚模以及要求高耐磨的冷冲模及冲头等模具。在模具使用过程中，除了受到力与热的冲击外，模具表面还与坯料间存在剧烈的摩擦作用，因此 Cr12MoV 模具钢在使用过程中存在失效快、耐磨性低等情况，下面为 Cr12MoV 冷作模具钢激光熔覆实例。

基体材料为经过锻造加工的 Cr12MoV，调质态，硬度为 $35\sim$ 40HRC，熔覆前对基体材料进行磨光，并用酒精清洗。选用自熔性合金粉末 PHNi-60A，粉末尺寸为 $40\sim60\mu m$，采用预置方式将粉末涂覆在基体表面，熔覆前在电阻炉内进行烘干，120℃烘干 2h 待用。Cr12MoV 钢基体及熔覆材料的化学成分见表 7.4。

表 7.4　Cr12MoV 钢基体、PHNi-60A 粉末的化学成分

单位:%（质量分数）

材料	化学成分								
	Ni	Cr	B	Si	Fe	C	Mn	V	Mo
Cr12MoV	≤0.25	11.0～12.5	—	≤0.40	—	1.45～1.70	≤0.40	0.15～0.30	0.40～0.60
PHNi-60A	余量	15～20	3.0～5.0	3.5～5.5	<5	0.5～1.1	—	—	—

用 5kW 横流连续 CO_2 激光器及配套的数控导光系统进行激光熔覆，额定输出功率为 2kW，离焦量为 40mm，扫描速度为 6mm/s，光斑直径为 4mm，熔覆过程加氩气保护以防止样品氧化，熔覆后可进行保温缓冷。不同熔覆工艺条件下熔覆层的耐磨性见表 7.5。

表 7.5 不同熔覆工艺条件下熔覆层的耐磨性

工艺	绝对磨损量/mg	相对耐磨性
400W 两次预热,1100W 熔覆	11.2	3.52
400W 两次预热,1100W 熔覆+200℃×2h,空冷回火	13.6	2.90
700W 两次预热,1100W 熔覆	13.1	3.01
700W 两次预热,1100 熔覆+200℃×2h,空冷回火	11.9	3.31
1100W 熔覆	11.4	3.46
1100W 熔覆 200℃×2h,空冷回火	9.8	4.02

(2) 热作模具激光熔覆

热作模具钢包括锤锻模、热挤压模和压铸模 3 类,对硬度要求适当,侧重于红硬性,导热性,耐磨性。热作模具工作条件的主要特点是与热态金属相接触,这是与冷作模具工作条件的主要区别。因此会带来以下两方面的问题。

一是模腔表层金属受热。锤锻模工作时模腔表面温度可达 300～400℃,热挤压模可达 500～800℃,压铸模模腔温度与压铸材料种类及浇注温度有关。如压铸黑色金属时模腔温度可达 1000℃以上。这样高的使用温度会使模腔表面硬度和强度显著降低,在使用中易发生打垛。为此,对热作模具钢的基本使用性能要求是热塑变抗力高,包括高温硬度和高温强度、高的热塑变抗力,实际上反映了钢的高回火稳定性。由此便可找到热作模具钢合金化的第一种途径,即加入 Cr、W、Si 等合金元素可提高钢的回火稳定性。

二是模腔表层金属产生热疲劳 (龟裂)。热作模具的工作特点是具有间歇性,每次热态金属成形后都要用水、油、空气等介质冷却模腔的表面。因此,热作模具的工作状态是反复受热和冷却,从而使模腔表层金属产生反复的热胀冷缩,即反复承受拉压应力作用。其结果引起模腔表面出现龟裂,称为热疲劳现象,由此,对热作模具钢提出了第二个基本使用性能要求,即具有高的热疲劳抗力。

① H13 钢激光熔覆 Co 基合金 在诸多种类的热作模具钢中,H13 钢是目前世界范围内应用较为广泛的热作模具钢。H13 钢主要含 Cr、Mo、V 等合金元素,具有良好的热强性、红硬性、较高的韧性和抗热疲劳性能,故被用于铝合金的热挤压模和压铸模。H13 钢主要的失效形式为热磨损 (熔损) 和热疲劳,因此要求表面具有高硬度、耐蚀、抗黏结等性能[1]。

基体材料 H13 钢经淬火及回火处理,组织为回火索氏体,试样尺寸为 30mm×50mm×10mm。激光熔覆用 Stellite X-40 钴基合金粉末为工业纯度，平均粒度为 43~104μm，H13 钢及 Stellite X-40 钴基合金粉末化学成分见表 7.6。

表 7.6　H13 钢及 Stellite X-40 钴基合金粉末的化学成分

单位：%（质量分数）

材料	C	Si	Mn	Cr	Mo	V	Fe	Ni	Co
H13 钢	0.32~0.45	0.80~1.20	0.20~0.50	4.75~5.50	1.10~1.75	0.80~1.20	余量	—	—
Stellite X-40	0.85	0.30	0.30	25.0	—	—	1.0	10.0	余量

H13 基体表面经 600 号 SiC 金相砂纸研磨、喷砂、脱脂及清洗干燥后，用黏结剂将 Stellite X-40 钴基合金粉末调制成糊状，均匀地涂于待处理试样的表面，预置合金粉末层厚度为 0.5mm，经 120℃烘干 2h。采用 TJ-HL-2000 横流 CO_2 连续激光器进行激光熔覆处理，工艺参数为输出功率 1500W，光斑直径 2.5mm，焦距 300mm，扫描速度 2.5~10mm/s。依据生产实际情况，熔覆过程中无气体保护。

表 7.7 为 H13 基体及激光熔覆样品的磨损率，Stellite X-40 钴基合金激光熔覆层与 H13 钢基材相比，由于硬质碳化物 Co_6W_6C、CoC_x 及金属间化合物 σ-CrCo 等第二相强化和激光熔覆的细晶强化、固溶强化，使得熔覆层的相对耐磨性提高约 2.6 倍。

表 7.7　H13 钢及熔覆层的磨损率

材料	磨损率 $G/(10^{-6} \text{g} \cdot \text{N}^{-1} \cdot \text{m}^{-1})$
H13 钢	9.04
Stellite X-40 熔覆层	3.42

图 7.3 为 H13 钢基材及激光熔覆样品在脱模剂介质中 23℃时的电化学阳极极化曲线，可以看出，与基材 H13 钢相比，激光熔覆 Stellite X-40 钴基合金的耐蚀性能明显提高，在同一电位条件下，Stellite X-40 钴基合金激光熔覆样品的腐蚀电流比基材 H13 钢减小 4 个数量级。这是由于熔覆层中富含大量的 Co、Cr 及 Ni 等合金元素，使腐蚀的动力学阻力因素增大，从而有利于提高涂层的抗腐蚀性能。

②H13 钢激光熔覆 Ni 基合金　所选模具为轧钢机导向板，材料为 H13 钢（4Cr5MoV1Si），承受温度达 800~1000℃的扁钢坯的挤压和磨损，失效方式为工作部位的磨损造成扁钢尺寸偏差。熔覆材料选用高温耐磨粉末，由 Ni 基高温合金和 WC＋W_2C 粒子组成，粉末粒度 200~

300 目，成分：Cr 为 4%～6%，Co 为 7%～10%，Fe＋Mo＋Ti＋Al＜12%，WC＋W$_2$C 为 30%，余量 Ni。

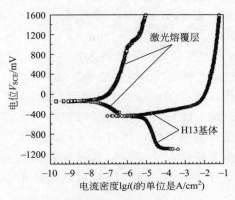

图 7.3　电化学阳极极化曲线

激光光路系统：使用 2kW 横流 CO$_2$ 激光器，激光经砷化镓透镜（$f=$300mm）聚焦，熔池位于离焦量 500mm 处，光束直径 5mm。

送粉系统：包括 1 个鼓轮式送粉器和内径 3mm 输粉铜管，粉末由载粉气体（氩气）从铜管直接送到熔池。在试验装置中，有 3 个惰性气体输出口，1 个在载粉气体阀门口处，1 个在送粉管口处，其作用是保护熔池减少氧化，还有 1 个在激光器的镜筒处，它不但有保护熔池作用，还保护镜片在熔覆时免受烟雾污染。

在激光工艺参数 $P=$1500W，送粉量 10g/min，送粉管端部距离熔池距离为 15mm，试件运行速度 3mm/s 条件下，试件熔覆一道后，横向移动 2mm 再进行第二道熔覆，依次熔覆后最终得到多道搭接的熔覆层，厚度平均 0.9mm。

分别测定熔覆层在 600℃、800℃、950℃ 和 1050℃ 下的高温维氏硬度，在 600℃ 时硬度最高。这是由于固溶在 γ 相中的 W、Cr、Mo、Al 等元素以碳化物形式析出造成二次硬化。在 800℃ 时，熔覆层硬度仍达到 HV400 以上，在 950℃ 时，硬度值 HV100～200。可见，在高温下熔覆层仍有很高的强硬性，是较理想的高温模具耐磨涂层。

③ 航空发动机制件热作锻模具的激光熔覆　基材系贵航集团某厂提供的报废高温锻压模具，牌号 4Cr5W2SiV，化学成分（质量分数，%）为 C0.32～0.42、Si0.80～1.20、Mn≤0.04、Cr4.50～5.50、W1.60～2.40、V0.60～1.00、P≤0.30、S≤0.30、余量 Fe。熔覆层粉末为铁基

合金粉末，粒度 $36\sim74\mu m$。

试样采用钼丝线切割，试样尺寸 $70mm\times20mm\times25mm$，使用前用 400 号金相砂纸打磨表面，再用丙酮清洗备用。宽带激光熔覆试验采用 TJ-HL-T5000 型 5kW 的 CO_2 激光器，激光输出光束为多阶模，输出功率 $P=3500W$，扫描速度 $v=2mm/s$，光斑尺寸 $D=15mm\times2mm$，焦距 $f=315mm$，在基材表面预置粉末，厚度约 1.5mm，激光在预置粉末上进行单道扫描，所形成的熔覆层厚度约为 1mm。

结合界面的扫描电镜（SEM）形貌如图 7.4 所示，可见从结合区到熔覆层组织过渡良好，这样的组织也表明熔覆粉末材料与基体材料之间有着良好的相容性，可使激光熔覆修复后的模具在重新投入服役时，不会因为在结合界面局部区域存在裂纹而过早造成应力集中，进而引起模具再次报废，这种结果可以保证熔覆层与基体之间不会出现开裂现象。

图 7.4　结合界面 SEM 形貌

（3）注塑模具激光熔覆

注塑模具在使用过程中由于长时间受到高温、高压、应力等复杂因素的影响，模具往往会出现形状变化、尺寸超差等问题，基本失效形式表现为：表面磨损和腐蚀、断裂、变形和模具的意外损坏。

随着我国塑料制品产量的增加，注塑模具的使用量也不断增加，对模具寿命和质量的要求也不断提高。运用激光熔覆再制造技术对失效注塑模具进行修复，能提高模具的寿命周期、节约资源、降低成本。

P20 注塑模具钢的热处理状态为调质，化学成分见表 7.8。试验前对表面进行磨抛去锈、丙酮去油，采用一定的配比和黏结剂预置非晶的纳米 Al_2O_3、WC、TiC 等陶瓷硬质颗粒熔覆涂料，成分见表 7.9。然后进行激光熔覆，试验采用 7kW CO_2 横流激光器，光斑面积为 4mm×6mm，光斑区域中激光能量均匀分布，激光功率 1.6～2kW，扫描速度 16～25mm/s。

表 7.8　P20 钢的化学成分　　单位：%（质量分数）

C	Si	Mn	Cr	Mo	Fe
0.28～0.40	0.20～0.80	0.60～1.00	1.40～2.00	0.30～0.55	余量

表 7.9　熔覆材料成分　　单位：%（质量分数）

C	O	Al	Ti	Co	Cu	W
79.36	11.32	0.15	1.08	2.42	0.65	5.02

激光熔覆冷却速度较快，故存在较大的温度梯度，形成的组织形态也有很大的差异。一般熔覆层的横截面分为 4 层：熔覆层、过渡区、热影响区和基体，如图 7.5 所示。熔覆层上部由于散热快，生长的树枝（胞）晶是沿散热方向垂直生长，厚度约为 40μm，过渡区由于散热方向已不明显，故为尺寸较大的胞状晶[2]；热影响区主要为 P20 淬火组织，为板条和针片状马氏体。采用 HDX-1000 数字式显微硬度仪测量了熔覆层面的硬度，如图 7.6 所示。熔覆层平均硬度为 620HV$_{0.2}$，比基体高 2 倍以上，整个熔覆层的厚度在 1.5mm 左右，并随着深度的增加，熔覆层硬度较为均匀地递减。

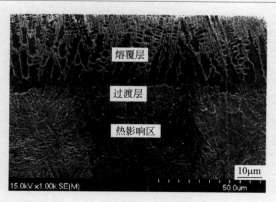

图 7.5　熔覆层界面显微组织图

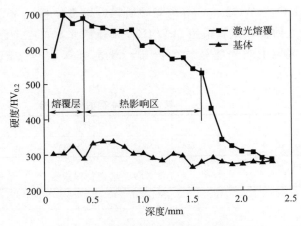

图 7.6 熔覆层与基体的显微硬度分布

7.2 航空结构件激光增材制造

结合目前已有的技术成果以及航空发动机零部件的特点，增材制造技术在航空发动机中的应用主要有以下几方面：①成形传统工艺制造难度大的零件；②制备长生产准备周期零件，通过减少工装，缩短制造周期，降低制造成本；③制备高成本材料零件，提高材料利用率以降低原材料成本；④高成本发动机零件维修；⑤结合拓扑优化实现减重以及提高性能（冷却性能等）；⑥整体设计零件，增加产品可靠性；⑦异种材料增材制造；⑧发动机研制过程中的快速试制响应；⑨打印树脂模型进行发动机模拟装配等。对于航空发动机研制过程，增材制造技术的优势在于能够实现更为复杂结构零件的制造。例如，采用增材制造技术制备的发动机涡轮叶片，能够实现十分复杂的内腔结构，这是传统制造工艺很难实现的。对于发动机实际零件的制作主要是金属零件的制备，包括零件铸造和金属零件直接打印以及构件修复。

（1）金属零件直接成形

国外的航空发动机公司在金属零件的直接增材制造技术应用方面做了大量研究与尝试。其中以 SLM 成形的燃油喷嘴进展最为显著，目前已应用于 CFM 国际公司开发的 LAEP-X 发动机并实现了首飞[3]。相较于采用传统锻造＋机加工＋焊接工艺生产的燃油喷嘴，采用增材制造技术

259

制备的燃油喷嘴减少了大量零件的焊接组装工作，同时设计了更为复杂的内部结构提高零部件性能。该项技术被评为 2013 年全球十大突破技术之一，技术成熟度 TRL＞8，已经通过 FAA 适航认证。

　　TiAl 基金属间化合物具有低密度、高比强度、高熔点和高温条件下优异的抗蠕变性和抗氧化性，被认为是可替代镍基高温合金的新型轻质高温结构材料。TiAl 基合金传统采用铸锭冶金技术、精密铸造、热等静压等成形技术，但是制备过程中会出现粗大枝晶组织或成形率低等问题。采用电子束选区熔融（EBM）工艺制备 TiAl 基合金构件可以一次烧结形状复杂的零件，而且能够避免铸造及热等静压成形等方法存在的问题。美国 NASA、Boeing、欧洲 Airbus 等机构早在 2006 年起就投入了大量的精力开展复杂曲面 TiAl 基合金构件的电子束快速成形技术研究。意大利航空工业的 Avio 公司采用瑞典增材制造领域的 Arcam 公司所生产的电子束熔化装备生产了 GEnx 发动机的 TiAl 低压涡轮叶片，如图 7.7 所示。与激光相比较，电子束的能量更为集中，成形控制系统更灵敏，能量利用率更高，并具有更高的成形效率，尤其在高熔点金属的快速成形方面可以填补激光技术的空白。

图 7.7　低压涡轮叶片采用 TiAl 材料替代镍基高温合金[3]

　　MTU 航空发动机公司采用激光选区熔化（SLM）技术直接制备 PW1100G-JM 齿轮传动涡扇航空发动机的管道镜内窥镜套筒（图 7.8），除可降低该零件的制造成本，增材制造技术还使得设计师在设计和制造零部件时拥有更多的选择空间。

图 7.8　MTU 航空发动机公司采用 SLM 技术制造管道镜内窥镜套筒[3]

（2）大型复杂构件修复

在整体叶盘修复技术方面，德国弗朗恩霍夫协会与 MTU 公司合作利用激光修复技术修复钛合金整体叶盘，经测试修复部位的高周疲劳性能优于原始材料，图 7.9 为 MTU 公司制定的整体叶盘修复流程图。通过大量基础技术研究工作，国外初步建立起整体叶盘的激光修复装备、技术流程和相应数据库，推动了整体叶盘激光修复技术的工程化应用。国内西北工业大学、中航工业北京航空制造工程研究所、北京航空航天大学、中科院金属所均开展了整体叶盘的激光修复技术研究工作，并取得了一定的成果。北京航空制造工程研究所采用激光修复技术修复了某钛合金整体叶轮的加工超差，并成功通过了试车考核。

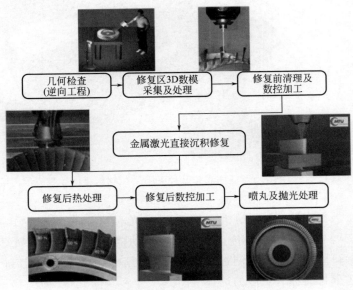

图 7.9　MTU 公司整体叶盘激光修复流程

（3）航空发动机零件增材制造技术的关键问题

要实现增材制造技术在航空发动机中的工程化应用，亟需解决原材料制备、成形工艺过程管控、成形零件质量控制、评估以及工程化标准等若干问题。

① 金属材料　粉末材料是目前最常用的金属类增材制造用材料。对于金属增材制造技术来说，金属粉末的质量显著地影响着最终产品质量。研究表明，并非所有的金属粉末都适用于增材制造成形。在相应的热力学和动力学规律作用下，有些粉末的成形易伴随球化、空隙、裂纹等缺陷。因此，需要通过分析试验来确定航空发动机零件材料与各种增材制造技术的匹配性。由于航空发动机零部件的特殊工作环境及性能要求，一般进行增材制造所选用的粉末材料需要专门制备，价格昂贵，导致增材制造零件的材料成本较高，在一定程度上阻碍了增材制造技术在航空发动机中的应用。目前，国内增材制造所选用的粉末材料大多依赖于进口渠道，如何制备出能够满足发动机应用要求的低成本粉末材料，已经得到国内材料行业及增材制造领域的重视。

另外，目前国内还没有形成成熟的评价方法或标准来判定粉末材料与增材制造工艺的适用性，增材制造用粉末的相关评价方法及指标需要进一步深入的研究与思考。国内的金属粉末材料通常用于粉末冶金工业，针对粉末冶金工艺的技术特点，已经发展出了一套比较完善的粉末评价方法及标准，有相对比较完善的指标可用来衡量粉体材料的性能，如粒径、比表面积、粒度分布、粉体密度、流速、松装密度、孔隙率等。其中，粉末的流动性、振实密度等指标是衡量粉末冶金用粉末材料的重要指标。而增材制造工艺与粉末冶金工艺有明显的区别，粉末材料在热源作用下的冶金变化是极速的，成形过程中粉体材料与热源直接作用，粉体材料没有模具的约束以及外部持久压力的作用。需要综合考虑粉末制备技术、增材制造工艺以及航空发动机零件的性能要求，制定适用于航空发动机零部件增材制造的粉末材料评判准则。

② 质量控制　金属材料增材制造技术的难点在于：金属的熔点高，成形过程涉到固液相变、表面扩散及热传导等问题；激光或电子束的快速加热和冷却过程容易引起零件内部较大的残余应力。而发动机零件对制造精度及性能等方面的要求往往高于常规零件，如尺寸精度、表面粗糙度及机械性能等。目前，增材制造技术在很多指标方面还不能完全满足发动机零件的精度及性能需求，需要进行成形后处理或后加工，这在一定程度上阻碍了增材制造技术的推广。要实现增材制造零件在发动机中的应用，还需要解决很多关键工艺技术问题，实现对增材制造制件冶

金质量及力学性能的有效控制。

业界对增材制造过程中的常见缺陷类型及其影响因素和控制方法已做了一定研究。增材制造成形过程中，材料的熔化、凝固和冷却都是在极快的条件下进行的，金属本身较高的熔点以及在熔融状态下的高化学活性，以致在成形过程中若工艺（功率波动、粉末状态、形状及尺寸和工艺不匹配等）或环境控制不当，容易产生各种各样的冶金缺陷，如裂纹、气孔、熔合不良、成分偏析、变形等。其中裂纹是最常见、破坏性最大的一种缺陷，可通过优化激光增材制造工艺参数、成形之前预热、成形后缓慢冷却或热处理、合理设计粉末成分等措施来控制裂纹的形成。当惰性气氛加工室中的氧含量得到控制时，激光快速成形一般不会出现裂纹，但可能会出现气孔和熔合不良等冶金缺陷。气孔多为规则的球形或类球形，内壁光滑，是空心粉末所包裹的气体在熔池凝固过程中未能及时溢出所致，通过调节激光增材制造工艺参数，延长熔池存在的时间，使气泡从熔池中溢出的时间增加，可以有效减少气孔的数量。熔合不良缺陷一般呈不规则状，主要分布在各熔覆层的层间和道间，合理匹配激光光斑大小、搭接率、Z 轴单层行程等关键参数能有效减少熔合不良缺陷的形成。增材制造层存在热应力、相变应力和拘束应力，在上述应力的综合作用下可能会导致工件变形甚至开裂，合理控制层厚并在成形前对基板进行预热、成形后进行后热处理，能有效减小基板热变形和增材制造层的内应力，从而减小工件的变形。由于增材制造过程影响因素众多，而且发动机中选用增材制造技术的零件大多结构复杂，对于特定零件特定材料的成形过程中的工艺控制方法仍需进行大量模拟及试验工作，以确保最终零件的质量。

③ 热处理/热等静压工艺　对增材制造零件进行热处理、热等静压等后处理是当前金属增材制造技术实现组织结构优化和性能提高的主要工艺手段。增材制造的成形材料呈粉末状，通过激光的逐行逐层扫描、烧结后，成形零件中会形成大量的孔隙，孔隙的存在将使零件的整体力学性能下降，严重影响增材制造零件的实际应用。通过热等静压（HIP）处理，成形件中的大尺寸闭合气孔、裂纹得以愈合，小尺寸闭合气孔、裂纹得到有效的消除，同时晶粒发生再结晶现象，使得晶粒得到细化，组织致密。内部裂纹修复愈合和再结晶使得成形件强度和塑性得到恢复和提升，力学性能的稳定性和可靠性也会得到提高。而通过对制件进行适当的热处理，可以改善不同材料制件的显微组织、力学性能和残余应力等。结合材料组织和力学性能表征，针对不同的增材制造工艺制备的制件，获取合理的热处理/热等静压制度，对航空发动机零件增材制造技

术具有十分重要的意义。

7.3 镁合金的激光熔覆

镁的资源丰富，加之镁材可以回收利用，因此镁可谓为"用之不竭"的金属。镁在工程金属中最显著的特点是质量轻，镁的密度为 $1.738g/cm^3$，约为钢的 2/9，铝的 2/3。同时镁合金具有比强度、比刚度高，吸振性能好，良好的铸造性能，尺寸稳定性高，优良的切削加工性能及良好的电磁屏蔽性等诸多优点，广泛用于汽车、3C 产品及航空航天等领域，成为 21 世纪很有发展潜能的环保节能型材料。但镁合金的某些性能缺陷使其应用受到很大限制。由于镁元素是实用金属中极活泼的金属，标准电极电位为 2.36V，在空气中易氧化，在表面生成疏松状氧化膜，导致镁合金的抗接触电化学腐蚀性能较差。因此，对镁合金进行适当的表面处理以增强其抗蚀能力，已受到国内外对镁及镁合金研究开发的业界人士的普遍重视。目前镁合金所采用的表面处理措施主要有化学转化处理、阳极氧化处理、微弧氧化、表面充填密封、物理气相沉积、离子注入、化学镀、电镀、激光表面改性等。其中激光表面改性技术具有激光功率密度大、加热速度快、基体自冷速度高、输入热量少、工件热变形小、可以局部加热和加工不受外界磁场影响以及易于实现自动化操作等特点。笔者主要综述几种镁合金激光表面改性技术，根据激光与材料表面作用时的功率密度、作用时间及方式不同，激光表面改性技术分为激光表面重熔、激光表面合金化及激光表面熔覆等。

（1）激光表面重熔

镁合金激光表面重熔技术是 20 世纪 80 年代发展起来的表面快速凝固技术，它主要是采用激光大能量输入使镁合金表面迅速熔化，然后由于金属基底的传热使其迅速凝固，表面获得很薄的一层快速凝固组织，从而对镁合金起到表面改性的作用。这种处理可以使表面组织晶粒细化、显微偏析减少、生成非平衡相，进而引起表面强化包括表面及亚表层显微硬度提高，使合金表面耐磨性和减摩性增加。J. D. Majumdar 等[4] 在保护气环境中分别对 MEZ 和 AZ31 镁合金材料进行了激光表面重熔处理，证实当激光功率为 1.5kW～3kW、扫描速度为 100～300mm/min 条件下，激光重熔层与 MEZ 镁合金基材实现了良好结合，无明显气孔和裂纹等缺陷，组织结构也较为细化致密，基材表面的耐腐蚀及抗磨损性能均有显著改善；激光处理后在 AZ31 镁合金表面获得约 1mm 厚且组织结构也较为细化致密的重熔层，极大改善了 AZ31 镁合金基材表面的耐腐蚀性能。

不过也有激光表面重熔处理后镁合金表面的耐蚀性未见改善的报道，如高亚丽等使用 10kW 横流 CO_2 激光器在真空条件下重熔处理 AZ91HP 镁合金表面，改性层产生细晶强化，硬度提高，耐磨性和减摩性均增加，但经激光重熔后镁合金的表面耐蚀性有所降低，且改性层耐蚀性随扫描速度的降低而降低，其原因为在处理过程中镁的蒸发使熔凝层中 β-Mg17A112 第二相增多，增加了可形成微电流的阴阳极对数，从而导致熔凝层的耐蚀性下降。采用 Nd：YAG 激光器对 AZ91D 和 AM60B 两种 Mg-Al-Zn 系合金进行激光表面重熔处理，使改性层的晶粒得到细化，而耐蚀性能没有显著提高。以上的研究结果在一定程度上反映了镁合金表面经过激光重熔处理后，其改性层的晶粒得到了细化，硬度与耐磨性均得到提高，但耐蚀性的变化存在较大差异。因此激光表面重熔对耐蚀性的影响机理还有待于进一步研究。

（2）激光表面合金化

激光表面合金化是在激光束辐照熔化金属表面的同时，加入经过设计确定的合金元素，加入方式有预先涂覆合金元素膜层或者在表面熔化的同时注入合金粉末两种。通过激光快速加热凝固后在表面形成一层合金表面层，以提高基体性能。与传统的固相渗合金元素相比，激光表面合金化具有加热区域小、零件变形小、可选区合金化、便于调整零件表面的成分及组织结构的优点。20 世纪 90 年代 Galun R 等对 4 种镁合金（cp Mg，A180，AZ61，WE54）采用铝、铜、镍和硅元素进行激光表面合金化，表面硬度可达 $250HV_{0.1}$，改性层深度为 $700\mu m\sim1200\mu m$，合金元素含量达 15％～55％。4 种合金元素表面改性层相比较，铜合金层的耐磨性最好，而铝合金层的耐蚀性最好。

为了进一步提高 MEZ 镁合金的表面性能，分别采用 Al＋Mn、SiC 和 Al＋Al_2O_3 合金粉末对其进行表面合金化处理。结果表明，合理选择激光功率、扫描速度和送粉速率可获得无裂纹、气孔等缺陷且与基体呈良好冶金结合的表面改性层。对于 SiC 和 Al＋Al_2O_3 合金改性层，SiC 和 Al_2O_3 粒子既未溶解和熔化，也未和基体元素发生反应，两种粒子在改性层中的平均面积分数随激光功率和扫描速度增大而降低；Al＋Mn 合金改性层中，Al 和 Mn 反应生成了 $AlMn_6$ 和 Al_8Mn_5 相，Al 和 Mg 反应生成了 Al_3Mg_2 相。从性能上看，3 种合金粉末改性层显微硬度均大幅度提高，Al＋Mn 和 Al＋Al_2O_3 合金表面改性层的显微硬度均由基体的 35VHN 提高到改性层的 350VHN，而 SiC 合金表面改性层显微硬度提高到 270VHN，三者最大硬度均在改性层的表面处，随距表面距离增加硬度逐渐降低，耐磨性则显著提高。

可以看出镁合金激光表面合金化后，其表面性能得到了较大程度的改善，不过不同合金粉末对耐磨性和耐蚀性的改善作用不同，故在实际应用中可根据使用要求选择合适的粉末进行表面处理。此外，SiC 和 Al_2O_3 等陶瓷材料具有高抗氧化性、高硬度、耐磨性好、高抗压强度等特性，因此，使用激光技术成功地将镁合金与陶瓷材料的优异特性有机地结合起来，得到致密无缺陷的金属/陶瓷复合改性层，将成为提高镁合金表面性能的又一有效措施。

(3) 激光表面熔覆

激光表面熔覆和激光表面合金化均具有改变基材表面组织和基材表面成分的能力。这两种方法没有严格的定义和区别，一般认为母材表面成分改变相对较少的方法称激光合金化，而对母材表面成分改变较大或熔覆一层与母材成分完全不同的表面层的方法称激光熔覆。熔覆层与基体材料呈冶金结合，主要用来提高材料的耐磨性和耐蚀性。

我国研究者在 ZMS 镁合金表面激光熔覆稀土合金粉末 Al＋Y，得到与基体呈冶金结合、无裂纹气孔等缺陷且显微结构细化、并生成了纳米级新相的熔覆层，熔覆层为富铝基体上分布有 $Mg_{17}Al_{12}$ 和 Al_4MgY 第二相，其显微硬度比基体提高 2～3 倍，最高硬度出现在熔覆层和基体交界区域，硬度值最高达 224HV。为了提高 AZ91D 镁合金的表面耐磨性，采用 Al-Ti-C 纳米粉末为原料对其表面激光熔覆，可得到无缺陷、结构均匀的表面熔覆层。熔覆层的显微结构包含分散的 TiC 颗粒和 $TiAl_3$＋ $Mg_{17}Al_{12}$ 共晶相。粉末中铝含量为 40％时，熔覆层中存在大量的强化相 TiC 颗粒及少量的 $TiAl_3$ 和 $Mg_{17}Al_{12}$，耐磨性显著提高。利用宽带进行激光熔覆处理也受到了重视，可采用宽带激光熔覆技术在 AZ91HP 镁合金表面制备 Cu-Zr-Al 合金涂层。合金涂层与基体呈良好的冶金结合，无气孔、裂纹等缺陷。合金涂层由 ZrCu、Cu_8Zr_3、$Cu_{10}Zr_7$ 和 $Cu_{51}Zr_{14}$ 金属间化合物和 α-Mg 所构成。熔覆区和热影响区间的界面结合特征为犬牙交错型。热影响区是由细小的 α-Mg＋β-$Mg_{17}Al_{12}$ 共晶组织构成。合金涂层具有高的硬度、弹性模量、耐磨性和耐蚀性。

近些年，国外相关人士在镁合金的激光熔覆方面也做了较多的研究，并且采用的熔覆材料大多是以 Al 为主的合金粉末。可采用 Al-Cu、Al-Si 和 AlSi30 合金粉末对 AZ91E 和 NEZ210 镁合金进行激光熔覆试验。从显微结构特征上看，Al-Cu 熔覆层为富镁基体上镶嵌 $(Al,Cu)_2Mg$ 颗粒，其颗粒尺寸和形状与输入功率和扫描速度有密切关系，熔覆层基体中 Mg

的含量随激光功率增加、扫描速度降低而增大；Al-Si 熔覆层为富铝基体上分布初相 Si 粒子和 Mg_2Si 树枝晶，Mg_2Si 的含量随激光功率降低而减少，熔覆层的基体主要是 Al 及少量的 Mg，Mg 含量随扫描速度降低而减少；Al-Si30 熔覆层中均匀分布着尺寸为 $1\sim5\mu m$ 的 Si 粒子；3 种合金粉末熔覆层的耐蚀性相比较，Al-Si 熔覆层的耐蚀性好于 Al-Cu 熔覆层的耐蚀性，Al-Si30 熔覆层的耐蚀性最好。在碳纤维强化的 AS41 镁合金复合材料表面上激光熔覆 Al-12Si 粉末，得到与基体有良好交界区且无明显气孔的熔覆层，熔覆层的耐蚀性提高，但激光输入功率增大，耐蚀性相对降低。单纯使用 Al 粉及使用少量 Al-Si 粉混和多量 WC 粉末（40% Al/Si+60%WC）的镁合金激光表面熔覆也得到了研究，均获得与基体结合良好、无气孔和裂纹的表面熔覆层。

从以上国内外的研究报道中不难看出，含铝的熔覆材料对镁合金的表面耐蚀性大多起到了改善作用，并且在激光处理过程中反应生成强化相或者以硬质颗粒的形式分布于熔覆层中，从而提高了镁合金的表面耐磨性。基体与熔覆材料的相互作用对改性层的显微结构和性能尤其是耐蚀性影响较大。熔覆材料中合金元素的合适配比对镁合金表面性能的提高有着重要的影响。

（4）激光表面多层熔覆

激光表面多层熔覆是指在原熔覆层上再熔覆一层或多层熔覆层的工艺。其作用一是增加熔覆层的厚度，二是当涂层与基体之间性能差别大时解决界面失效问题。陈长军等采用激光多层熔覆的方法对镁合金成品件进行了本体涂覆。结果表明激光涂覆层与基体材料为冶金结合，具有良好的结合力；熔覆区晶粒细化，无裂纹、气孔等缺陷，氧化和蒸发得到一定程度的抑制。此外，为使涂层的组织和性能沿厚度方向呈梯度变化，近来已出现功能梯度涂层的设计思想。采用氧乙炔火焰喷涂法在 AZ91D 镁合金表面制备 $Al-Al_2O_3/TiO_2$ 梯度涂层取得了较好的效果，但是，用激光表面多层熔覆方法在镁合金表面获得梯度涂层的研究笔者还未见到相关报道。

我国是镁的资源大国、生产大国和出口大国，但镁合金研究开发方面还很薄弱。在能源紧张的当下，更加迫切需要从技术、资源角度进行全面考虑，扩大镁合金应用及开发，以适应 21 世纪高新技术产业发展的需求，增强我国在国际上的竞争力。

总之，镁合金激光表面改性技术已受到国内外材料科学工作者的重视并已取得了一定的进展。但目前的研究报道中，实际应用并取得良好经济效益的较少，大多属于理论研究，在国内更是处于起步阶段。目前的文献研究表明：第一，在激光处理的几种方法中，各有优缺点。激光表面重熔相对来说工艺简单，便于操作，但处理后表面性能提高有限，激光表面合金化及熔覆能形成与基体呈冶金结合的高性能表面改性层，但工艺较复杂，不易控制；第二，窄带处理较多，宽带处理较少，实现大面积激光处理研究和直接面向产品的工艺研究较少；第三，由于实验条件及工艺参数的不同而使激光表面处理所得到的结果也不尽相同，尤其是对表面耐蚀性的影响，而镁合金表面耐蚀性差是影响其广泛应用的主要原因。由此可以看出，还需加大镁合金激光表面改性研究的力度，以提高镁合金表面性能，将激光表面处理推广到实际生产中，使镁合金得到更加广泛的应用及取得显著经济效益。

7.4 镍基高温合金的激光熔覆

在工业生产中，重载零件在服役过程中易发生磨损或腐蚀失效，约有 80% 的机械零件是因磨损而失效报废的。激光熔覆技术被广泛用于重要零件的再制造及表面改性。该技术以高能激光束作为热源，采用同步或预置的方法添加填充材料，最终在金属表面获得具有优异耐磨或耐蚀性能的熔覆层。激光束的能量密度大，能束稳定，可使零部件表面很薄的一层金属与填充材料快速熔化，而后再快速凝固，可在基本不损伤金属零部件的基础上获得达到冶金结合且组织致密的熔覆层，从而达到表面改性及修复失效零部件的目的。激光熔覆技术基本上可对所有的金属材料零件进行表面处理，或在零件表面熔覆一层具有特殊性能的强化层。GH4169 镍基高温合金（美国牌号 IN718）在 650～700℃ 之间具有优异的高温力学性能和表面耐蚀性能，是航空航天与电力等行业高温涡轮叶片的主要材料。叶片等零件在高温重载条件下易出现磨损和裂纹等，可采用激光熔覆技术对其进行修复再制造，以降低成本。赵卫卫和卞宏友等的研究表明，热处理 GH4169 合金的力学性能高于锻造合金的，且其力学性能与激光束的行走方向相关；分析不同的热处理工艺对激光熔覆 GH4169 合金元素偏聚的影响，发现熔覆层不同区域中的 Laves 相含量及铌元素的偏聚程度与热处理相关；热等静压和热处理均能减小激光熔覆 IN718 合金的晶粒尺寸，消除组织的方向性，促进己相和强化相析出，从而显著提高熔覆层的力学性能；热处理对激光熔覆 IN718 合金组织和力学性能将会产生明显的影响，标准热处理能显著改善熔覆层中的元素偏聚行为，并可提升合金的力学性能。

目前有关热处理对熔覆层性能影响的研究并不全面，为此笔者采用激光熔覆技术在 GH4169 合金表面制备了熔覆层，分析了不同热处理对激光熔覆层组织和力学性能的影响，为激光熔覆技术应用于 GH4169 合金高温涡轮叶片的再制造提供参考。熔覆材料为采用旋转电极法制备的 GH4169 镍基高温合金粉体，化学成分（质量分数，%）：Ni52.84，Cr19.20，Fe18.1，Nb4.92，Mo3.19，Ti0.97，Al0.54，Si0.20，Mn0.04。激光熔覆基板采用尺寸为 70mm×50mm×10mm 的 GH4169 高温合金板，采用机加工去除板材表面的氧化膜，再用丙酮擦拭表面以去除表面的油污。先将合金粉在 150℃下烘干 1.5h，然后采用 WF300 型 Nd：YAG 激光喷焊机在 GH4169 合金板表面制备熔覆层，激光功率为 1200W，激光能量密度为 90J，熔覆扫描速度为 10mm·s^{-1}，送粉速率为 8g·min^{-1}，保护气流量为 15L·min^{-1}，激光喷嘴与基板表面的距离为 15mm，采用同轴送粉机构将合金粉体同步输送到熔池中。采用多道多层堆积的方式制备熔覆层，熔覆层搭接率为 50%，熔覆层沿堆积方向的偏移距离为 0.3mm，熔覆层堆积高度约为 1.8mm。

将熔覆层试样按照 3 种热处理工艺分别进行热处理。采用 LMT 5105 型微机控制电子万能拉伸试验机进行拉伸试验，拉伸速度为 1mm·min^{-1}。采用 JSM-6460 型扫描电子显微镜观察拉伸断口的形貌。从图 7.10 可看出，熔覆层的顶部组织由大量的细等轴晶组成，中部和底部为等轴晶和树枝晶的混合区，树枝晶的生长方向基本垂直于基体表面。由于基体的传热速度较快，熔池底部的过冷度很大，晶粒在熔池与基体的界面处形核后易于沿着热量流失速率最大的反方向外延生长。熔池内部的传热速率慢，晶粒会沿着优先生长的方向长大，而其他方向生长的

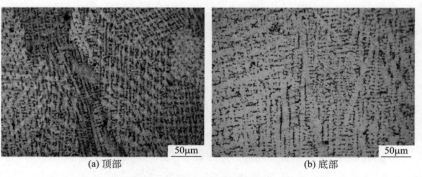

(a) 顶部　　　　　　　　　　　　　(b) 底部

图 7.10　热处理前熔覆层不同位置处横截面的显微组织[5]

晶粒会因周围晶粒的生长而受到限制，故而形成了尺寸较大且具有方向性的树枝晶。熔池中最大温度梯度的方向从熔池底部和中部的垂直于基板方向转变为趋于平行于激光束行走方向，使得顶部组织主要呈现等轴晶形态。

对熔覆层的 SEM 形貌进行观察后发现，熔覆层中的析出相呈现较强的方向性，如图 7.11 所示。对熔覆层中的白色析出相进行 EDS 分析，结果发现析出相中铌元素的质量分数超过了 28%，可以判断该白色析出物为 Laves 相。

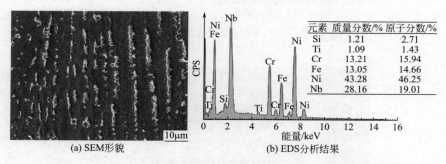

（a）SEM形貌　　　　　　　（b）EDS分析结果

图 7.11　热处理前熔覆层中析出相的 SEM 形貌及 EDS 分析结果[5]

从图 7.12(a) 可看出，熔覆层在 1150℃下均匀化热处理 1h 后出现了完全再结晶，激光熔覆的快热快冷使熔覆层中的成分和内应力分布极不均匀，在高温固溶过程中各区域的回复程度不同，导致各区域的晶粒大小不同，熔覆层中高熔点的 δ 相在晶界附近保留下来。由图 7.12(b) 可以看出，经完全热处理后，熔覆层的组织为细小的等轴晶，这是因为在 1150℃保温 1h 后的均匀化处理过程中，熔覆层中的 Laves 相完全固溶到奥氏体基体中，在后续的热处理过程中，奥氏体中过饱和的铌元素的溶解度降低，再次以较细小的 Laves 相析出。

从图 7.13 中可看出，由于 980STA 热处理和双时效热处理的温度较低，故而热处理后熔覆层组织的细化程度不大（与热处理前相比）。熔覆层中树枝晶状（Laves+γ）共晶的熔点根据成分不同在 650～1150℃之间变化。980STA 热处理和双时效热处理的温度都处于 Laves 相的溶解温度范围内，说明在这两种热处理过程中都有一定量的 Laves 相溶解。根据两种热处理熔覆层的组织形态与热处理工艺可知，与热处理时间相比，热处理温度对 Laves 相的细化作用更大。980STA 态熔覆层的组织更为均匀细小，熔覆层中具有方向性的树枝晶基本被破坏，双时效态熔覆层中的树枝晶仍然被保留。

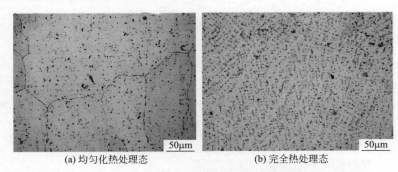

(a) 均匀化热处理态 (b) 完全热处理态

图 7.12 均匀化热处理态和完全热处理态熔覆层的显微组织[5]

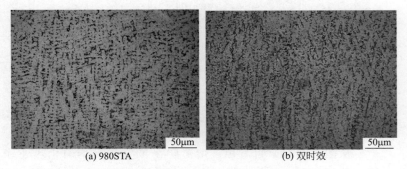

(a) 980STA (b) 双时效

图 7.13 980STA 和双时效热处理后熔覆层的显微组织[5]

由图 7.14 可见，热处理前熔覆层的硬度为 230～280HV，且硬度随熔覆层深度的增加而逐渐增大。脆硬 Laves 相的形态及分布使熔覆层的硬度呈现逐渐增大的趋势。熔覆层横截面顶部的晶粒尺寸较大，底部的晶粒尺寸较小，故熔覆层横截面硬度随着熔覆层深度的增加而增大。双时效态熔覆层的硬度为 420～465HV，其硬度的分布规律与热处理前的相似，主要是因为在双时效热处理过程中大量强化相析出，从而使熔覆层的硬度显著增加。但由于双时效热处理的温度相对较低，对 Laves 相形态与分布的影响程度有限，故其硬度分布规律与热处理前的基本相同。经完全热处理及 980STA 热处理后，熔覆层的峰值硬度分别达到了515HV 和 490HV，这是因为在高温固溶处理和低温固溶处理过程中，有更多的 Laves 相被回溶到奥氏体中，而它们在后续的双时效热处理过程中再次以强化相的形式析出，从而表现出更高的显微硬度。同时，较高的热处理温度消除了熔覆层中的残余应力，使横截面上硬度的分布较双时效态及热处理前的更为平缓。

由图 7.14 可见，热处理前熔覆层试样的抗拉强度为 876MPa，双时效态、980STA 态和完全热处理态熔覆层试样的抗拉强度分别为 1106MPa，1257MPa，1319MPa。这是因为，热处理后的熔覆层中析出了大量强化相，阻碍位错运动，且熔覆层的再结晶在一定程度上消除了组织缺陷和残余应力。双时效态熔覆层试样的伸长率较低，这主要是因为双时效热处理不能消除熔覆层中的残余应力，且强化相析出产生相变应力促进了裂纹的形成与扩展。

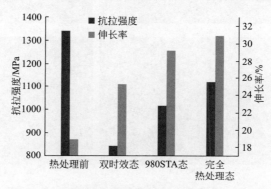

图 7.14　热处理前后熔覆层试样的拉伸性能

从图 7.15 可以看出，热处理前熔覆层试样的拉伸断口由呈方向性生长的纤维区和剪切阶梯区组成，纤维区呈韧窝形貌，阶梯状的韧窝表明该熔覆层为沿晶断裂。完全热处理态熔覆层的拉伸断口完全由韧窝组成，这是因为完全热处理态熔覆层中析出的大量强化相能有效阻碍位错运动，从而使得晶内的强度高于晶界的强度，故其断裂形式为韧性断裂。980STA 态和双时效态熔覆层的断口均由韧窝和少量解理面组成，且断裂面上的凹陷区或凸起区整体上比完全热处理熔覆层断口上的多且深，说明它们的断裂过程也受脆性断裂机制的影响，即这两种热处理熔覆层断裂为韧性断裂和脆性断裂混合的断裂。

热处理前，熔覆层的顶部组织为等轴晶，中部和底部组织为等轴晶和树枝晶混合区。热处理后，粗大的树枝晶组织有不同程度的细化，完全热处理态熔覆层内发生完全再结晶，组织为细小的等轴晶，过饱和的铌元素在后续的热处理过程中析出，形成较为细小的 Laves 相。热处理后，熔覆层的显微硬度和抗拉强度显著提高，但伸长率均有不同程度的降低。这主要归因于热处理在不同程度上消除和细化了 Laves 相，且有大量强化相析出。完全热处理态熔覆层主要为韧性断裂，980STA 态和双时效态熔覆层为韧性断裂和脆性断裂共存的混合型断裂。

(a) 热处理前　　　　　　　　(b) 完全热处理态

(c) 980STA态　　　　　　　　(d) 双时效态

图 7.15　热处理前后熔覆层试样的拉伸断口形貌

7.5　钢轧辊的激光熔覆增材

轧辊是轧材企业生产设备中的一个主要装备，是轧材企业生产质量的重要保证，同时也是轧材企业生产的主要备件消耗。

轧辊按工艺用途可以分为冷轧辊和热轧辊。一般轧辊工作时的温度在 700~800℃，有时轧辊温度高至 1200℃，在高温条件下，辊材表面要承受非常大的压力，并且由于工件高速移动，辊件表面受到非常大的摩擦，生产工艺又要求辊材不断加热和冷水降温，温度大幅地波动易造成辊材的热疲劳。因此，生产工艺要求辊材必须具备较高的表面硬度、韧性以及抗磨性。热轧辊材主要有以下几种：锻造钢、无限冷硬铸铁、普通冷硬铸铁、NiCrMo 铸铁、铸钢、球墨复合铸铁、半钢和高硬度特殊半钢、高铬铸铁、半高速钢和高速钢等。

从生产环境和轧机轧制力来看，热轧辊材须满足以下几个性能要求。

① 良好的抗磨性。抗磨性是辊件的主要技术指标，直接制约着生产效率和产品的表面质量。热轧辊的表面损伤既与辊材的负荷大小、工作环境及温度波动有关，又与辊材的性质、表面机理及性能有关。

② 辊材的质地均匀，辊面结构紧密，硬度分布均匀。

③ 具有较低的热胀系数，以具备较低热应力积累。

④ 具有较高的散热能力。辊件能及时将热量传导出去，减少热应力积累。

⑤ 具有较高的高温屈服强度。可以减少辊件表面网裂情况的发生。

⑥ 具有较高的抗氧化性和高温蠕变强度。

热轧辊主要失效形式有热疲劳引起的热龟裂和剥落、轧辊表面磨损、轧辊断裂、过回火和蠕变、缠辊、失效面几乎覆盖整个工作面。其中轧辊表面剥落和磨损是热轧辊失效的主要方式，如图 7.16 所示。

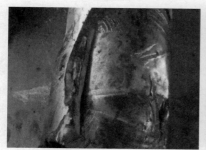 

(a) 轧辊表面的大面积剥落　　　　(b) 轧辊表面的磨损

图 7.16　钢制热轧辊的常见失效

轧辊质量的好坏直接影响轧机作业率和轧件的质量。因此，如何提高轧辊的使用寿命及对报废轧辊进行修复再制造、提高轧材单位的生产效率和经济效益，成为降低轧制产品成本的一个重要途径，具有非常大的研究价值和应用价值。利用激光熔覆技术对轧辊表面进行改性和修复已成为国内外普遍关注的实际问题。

（1）高速钢轧辊的激光熔覆

试验材料为某精密薄带轧制用高速钢轧辊用材（W6Mo5Cr4V2），化学成分（质量分数，%）为：C 0.83，Si 0.25，Mn 0.30，S 0.013，P 0.022，W 6.14，Mo 4.84，Cr 3.98，V 1.92。脉冲 Nd：YAG 激光器的主要参数如下：波长 $1.064\mu m$，平均输出功率 500W，采用的激光熔覆工艺参数见表 7.10，焦距 150mm，采用侧吹的高纯氩气对熔池进行保护。由此得到不同激光熔覆工艺参数条件下的熔覆层。激光熔覆粉末是由 WC 粉末＋Ni 基粉末混制而成。

表 7.10　激光熔覆工艺参数

编号	1	2	3	4	5
电流/A	250	350	300	200	150
频率/Hz	4.0	4.0	4.0	4.0	4.0
脉冲/ms	3.0	3.0	3.0	3.0	3.0

熔覆层与基材实现良好的冶金结合，熔覆层组织细小致密，显微硬度达到 900HV，较基材提高约 1 倍，起到了表面强化效果，表面硬度的提高能够显著延长轧辊的使用寿命[6]。

（2）铸造半钢轧辊的激光熔覆

铸造合金半钢 ZUB160CrNiMo 含有多种微量合金元素，力学性能处于钢和铁之间。由于组织中含有 5%～15% 的碳化物，其耐磨性很好。实际中常应用于型钢轧机粗轧和中轧机架、热轧带钢连轧机粗轧和精轧前段工作辊。

试验所用铸造合金半钢 ZUB160CrNiMo 的化学成分和力学性能分别见表 7.11 和表 7.12。铸造半钢轧辊试块尺寸为 60mm×30mm×20mm，表面经机械磨削加工，除去表面氧化物，经无水酒精清洗干净。采用重量比 40% 的 TiN 和石墨粉末，与重量比为 60% 铁基自熔合金粉末混合后作为熔覆层材料，铁基合金粉末 Fe-Cr-B-Si-Mo 的平均尺寸为 120～150μm。TiN 颗粒纯度 99.0%，平均尺寸 40μm。用自制的黏结剂预先涂覆在铸造合金轧辊半钢试块表面上，预涂层厚度 0.8～1.2mm。

表 7.11　铸造合金半钢 ZUB160CrNiMo 的化学成分

C	Si	Mn	P	S	Cr	Ni	Mo
1.5～ 1.7	0.3～ 0.6	0.7～ 1.1	≤0.035	≤0.030	0.8～ 1.2	0.2～ 1.0	0.2～ 0.6

表 7.12　铸造合金半钢 ZUB160CrNiMo 的力学性能

辊身肖式硬度 HSD	抗拉强度 R_m/MPa	伸长率 A/%	冲击韧性 A_k/J
38～45	≥540	≥1.0	≥4.0

试验采用国产 DL5000 型 CO_2 激光器，光斑直径 2.8～3.2mm，采用的激光功率 3400～3500W，激光扫描速度 5.0mm/s，为了保证熔覆层的质量及均匀程度，采用多道扫描，每道激光扫描线间的搭接率为 30%。激光熔覆过程中用纯度 99.9% 氩气侧向保护，流量 25～30L/min。

在熔覆层和基材之间有两个明显的分界区域，如图 7.17 所示，分别为扩散层和热影响区，热影响区、扩散层与熔覆层之间已形成良好的冶金结合。

图 7.18 为铁基复合熔覆层的显微硬度分布曲线，可知热影响区的显微硬度在 $530 \sim 650HV_{0.2}$ 之间，稍高于半钢基体的显微硬度 $400 \sim 450HV_{0.2}$，这是由于在激光熔覆过程中，靠近熔覆层的基体组织发生奥氏体化，碳化物溶解或部分溶解，由于加热时间较短和冷却速度极快，碳来不及进行均匀扩散就形成淬硬组织细小的高碳马氏体和少量的残余奥氏体。因此造成了该区域硬化现象的发生。含有 $Ti(C，N)$ 的铁基合金熔覆层显微硬度在 $800 \sim 900HV_{0.2}$ 之间。显然，熔覆层的强度和硬度得到了较大幅度地提高，这主要是由于硬质相的析出有效地钉扎晶粒的晶界，阻止了晶粒的长大，细化了熔覆层中基材的晶粒[7]。

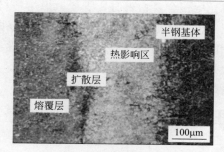

图 7.17 基体与熔覆层结合界面的金相组织

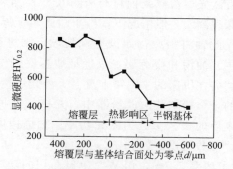

图 7.18 铁基复合熔覆层显微硬度分布曲线

(3) 高速线材轧辊的激光熔覆

轧辊基体材料为 34CrNiMo 钢，形状如图 7.19 所示，最大直径 ϕ178mm，总长度 789mm。轧辊工作的环境较恶劣，转速高且承受频繁地冲击和较大的扭矩，尤其是安装在辊轴上的锥套的锥面，在轧钢过程中处于微振磨损状态，是轧辊磨损最快、最大的部位。辊轴需要修复的主要部位是左端锥面，其次是左端螺纹和右端轴颈。锥面磨损一般为 0.3～0.8mm，螺纹和轴颈磨损一般为 0.5～1.0mm，最深可达 2.5mm。

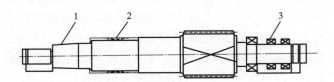

图 7.19　轧辊轴

1—锥套安装位（锥面）；　2—油膜轴承位；　3—承载轴承位

选用激光熔覆合金粉末时，既要考虑熔覆材料与基材线性膨胀系数、熔点的匹配，也要考虑熔覆材料对基材的润湿性，还应考虑熔覆材料自身的使用性能。根据辊轴的使用要求和机械性能，决定选用 HUST-324 激光熔覆金属粉末。该材料韧性好、强度高、熔点高、不易产生气孔，熔覆层硬度为 HRC25～30，其化学成分见表 7.13。

表 7.13　HUST-324 激光熔覆粉末的化学成分　　　单位：%（质量分数）

成分	Ni	Cr	Si	Pb	Fe
含量	11～14	15～20	0～1.0	0.01～0.05	余量

在进行激光熔覆修复前进行外形尺寸检测和无损探伤检测，检查锥面是否有深裂纹，一般情况下，由于激光熔覆厚度只能达到 2mm，超过这一厚度，此轴将报废；如没有深裂纹，则进行机械清理，去除镀层、表面氧化层、油污和疲劳层，以保证熔覆时的结合力。将表面已经处理过的辊轴装夹在机床的主轴箱卡盘上。激光熔覆过程采用同步送粉工艺，将干燥后的合金粉末装入送粉器中，并接好保护气体和输送气体。激光熔覆过程主要的工艺参数为激光功率、扫描速度、扫描宽度、光斑直径和焦距等，参数值设定如下。

① 激光功率 2.7～3.0kW　单位面积的功率大小称为功率密度。由于不同功率密度的光束作用在基体材料表面会引起不同变化，从而影响熔覆层的稀释率（随着功率密度的增大而增大）。当功率密度较低时，稀释率小，可得到细密的熔覆层组织，使设计的熔覆层元素充分发挥作用，提高了熔覆层的硬度和耐磨性。当功率密度较大时，稀释率大，基体对熔覆层的稀释作用损害了熔覆层固有的性能，加大了熔覆层开裂变形的

倾向。在比较合适的功率下，微粒熔化比较充分，熔覆层结合良好，零件耐磨性才能明显提高，产生裂纹的可能性减小。

② 扫描速度 7~8mm/s 扫描速度是指零件与激光束相对运动的速度，它在很大程度上代表光束能量效应。在激光功率和光斑尺寸一定的情况下，随着扫描速度的增大，温度梯度增大，相应的内应力增加。当扫描速度增大到某一值时，熔覆层中内应力引起的应变刚好超过熔覆层合金粉末在该温度下的最低塑性，从而产生开裂以至形成宏观裂纹。同时由于扫描速度过快，光束照射时间太短，输入的能量将不能达到淬火温度，而使表面硬度降低。通常的扫描速度为 3~10mm/s，考虑质量与效率的关系，本次设定为 7~8mm/s。

③ 扫描宽度 4mm 在激光功率和光斑尺寸一定的情况下，扫描宽度越小，热应力越集中，熔池温度高，气孔、夹渣少，但晶粒粗大，组织性能下降，并且生产效率低，扫描宽度过大，熔覆层搭接少，不利于后续加工，熔覆功率密度小，熔池聚集效果差，易产生气孔、夹渣，甚至熔化不透。通常的扫描宽度为 3~6mm，本次设为 4mm。

④ 光斑直径 2.5mm 在激光功率一定的情况下，光斑大小反映激光能量的集中程度。光斑小，能量密度大，熔化好，但生产效率低；光斑大，能量分散，可导致熔化不够，光斑形状变化，出现椭圆形光斑，不利于激光熔覆。

⑤ 焦距 380mm 激光熔覆是一种光加工方式，光加工时光的聚焦点必须落在需加工的零件表面，这样才能使激光能量的应用最大化，不合适的焦距都会使激光效率降低。

激光熔覆后用保温材料对熔覆部位适当保温，防止产生裂纹。辊轴修复面一般都能满足装配要求和使用要求，且使用寿命较长，可达 8 个月左右，达到了新轴的使用寿命，国产精轧辊轴的修复面的光洁度和耐磨性能明显好于新轴，且修复周期短，价格约为新轴的三分之一。

7.6 汽车覆盖件的激光熔覆

在汽车覆盖件制造中，拉毛问题受到越来越多的关注。汽车覆盖件表面拉毛涉及的因素很多，大体可分为以下 3 个方面。

① 模具 包括模具材料，模具压料面、拉深筋、拉深凸、凹模圆角等工作面的表面粗糙度，模具关键成形参数的设计等。

② 板料 包括材料成形工艺性、板料厚度、表面微观形貌、纤维分

布状态等。

③ 模具零件与板料的接触界面状态　包括润滑条件、接触压力、摩擦状态、热传导特性等。

一般认为汽车覆盖件表面拉毛是由于板料与模具零件之间的摩擦状态恶化，二者在突出接触点的瞬间摩擦高温产生冷焊效果，形成积屑瘤，造成黏着磨损，使得在板料表面形成划痕，在模具零件表面产生磨损。造成这一现象的原因很多，模具零件方面的因素被认为是最主要的，有研究表明模具零件的工作表面材料硬度越高、与基体结合越牢固，抗拉毛效果越好[8]。

以下基于某车型覆盖件拉深模，针对覆盖件易拉毛相应的模具型腔部位，运用机器人激光熔覆技术进行修复的应用研究。

模具本体材料为 MoCr 铸铁，材料成分见表 7.14。激光熔覆合金粉为 Co 基合金粉 XY-27F-X40、Fe40 合金粉和镍铬稀土自熔合金粉 GXN-65A。3 种粉末材料粒度均为 140～325 目，成分见表 7.14。

表 7.14　实验材料化学成分

材料	元素(质量分数)/%												
	C	Si	Mn	Cr	Mo	Cu	Ni	S	P	Fe	Co	B	Nb	Y
MoCr	3.2~2.9	1.8~2.0	0.5~0.7	0.2	0.4	0.6	—	≤0.12	≤0.15	余量	—	—	—
XY-27F-X40	0.75~0.95	0.2~0.4	≤0.10	24.0~26.0			9.3~11.3	—	—	≤2.0	余量	—	—
Fe40	0.15~0.25	2.0~3.5	0.5~1.5	17.0~20.0	0.5~1.0		10.0~12.0			余量		1.5~2.5	
GXN-65A	1.02	3.99	—	17.53	2.32	2.2	余量	—	—	4.94	—	3.06	0.61	0.01~0.5

所用激光熔覆系统中，激光器为 Lasedine 公司的 LDF3000-60 半导体激光器，熔覆头是 Fraunhofer 公司的 Coax8 _ lang。光斑直径为 1.5mm，运动系统是 ABB IRB4600 45/2.05 型机器人。

出光模式为连续，采用正离焦 2mm 进行扫描，以增大熔池面积、提高粉末利用率和熔覆效率。熔覆 3 种合金涂层时均采用功率 650W，扫描速度 30mm/s，送粉参数 0.6r/min。

实施的熔覆策略如图 7.20 所示，激光熔覆工艺参数除已确定的功率、扫描速度、送粉参数、离焦量等以外，还需确定单道熔覆路径宽度搭接率及净增平均层厚。先探索并确定形成具有较好单道截面形貌的具体参数，高度则需分别测量 3 种不同金属粉末对应熔覆层的净增厚度。上述路径宽度、搭接率及净增平均层厚是熔覆路径编程的主要工艺依据。其中 Fe40 作为打底熔覆层，该合金粉标称硬度与模具基体材料相当，且成本较低可大量用于打底层。GXN-65A 和 XY-27F-X40 合金粉分别用于强化部位的上、下部分，因为不同部位的硬度要求不同。在原模具 CAD 三维模型的基础上，结合模具实际要求设计出坡口轮廓，以备机器人扫描路径编程之需。再根据不同部位的性能和熔覆工艺进行分区编程、熔覆。

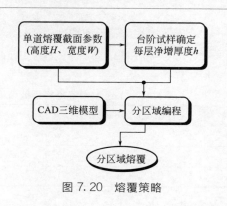

图 7.20　熔覆策略

（1）工艺参数

将设备参数设定为：功率 650W，扫描速度 30mm/s，送粉参数 0.6 r/min；按不同合金粉末，分别熔覆 3 条单道路径，如图 7.21 所示。用线切割将单道路径横向切割，镶嵌金相试样，抛光后用 4% 的硝酸酒精腐蚀，在体视显微镜下观察测量，其截面如图 7.22 所示，测得的数据如表 7.15 所示。

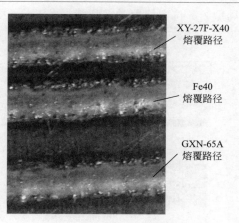

图 7.21　单道激光熔覆路径

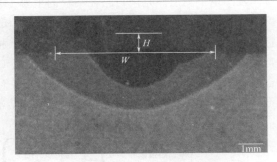

图 7.22　单道激光熔覆路径截面

表 7.15　单道激光熔覆路径截面形貌参数　　单位：mm

熔覆层材料	单道熔覆路径宽度 W	单道熔覆路径高度 H
XY-27F-X40	6.5	0.77
Fe40	4.9	0.67
GXN-65A	4.9	0.56

　　用获得的单道参数来熔覆台阶试样，设计的台阶试样 CAD 模型如图 7.23(a) 所示，根据 CAD 模型用专用机器人离线编程软件生成扫描路径。参照单道熔覆路径截面轮廓，搭接率均设为 60%。考虑到熔覆层微观组织的外延生长特性，扫描路径在相邻两层之间方向偏转 45°［见图 7.23(b)］，以减轻组织的各向异性，使组织更均匀。在熔覆模具型腔部位时，也采用同样路径，制备的实际台阶试样如图 7.23(c) 所示。绘制相应的折线图，表 7.15 数据作为不同熔覆层厚的编程依据，也将作为在实际模具型腔部位上熔覆的编程依据。

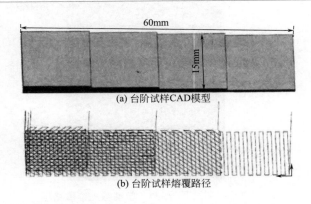

(a) 台阶试样CAD模型

(b) 台阶试样熔覆路径

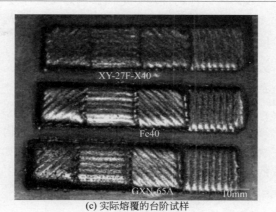

(c) 实际熔覆的台阶试样

图 7.23 台阶熔覆试样

从图 7.24 及表 7.15 数据可看出，在相同工艺参数下（功率、扫描速度、送粉转速相同，同一层数），不同合金粉末熔覆层厚度有明显差别：XY-27F-X40 熔覆层厚度最小，GXN-65A 最大，Fe40 处于两者之间。引起这一差别的诱因很复杂，大致归纳如下。

① 粉末粒度分布以及松装密度不同引起的实际送粉速率不同，造成单道以及多道搭接的熔覆层厚度不同。

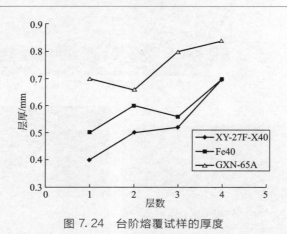

图 7.24 台阶熔覆试样的厚度

② 合金粉末成分不同，熔池的铺展程度就不同，引起合金粉末的实际捕捉率有所差异，造成熔覆层厚度的不同。

③ 单道路径截面形状、搭接率不同引起的熔覆层表面纹理状态不

同，进一步影响熔池的铺展，进而影响熔覆层厚度。

④ 熔池铺展、粉末捕捉、表面纹理状态之间交互影响，造成最终熔覆层厚度的较大差异。

（2）CAD 模型的建立

汽车覆盖件拉深模实物如图 7.25（a）所示，需熔覆强化部位在图中已指出。对应的模具 CAD 模型如图 7.25（b）所示，其中 A、B 两处即为熔覆位置。根据图 7.25（a）实际加工出的坡口形状，在 CAD 模型上修改为与实物一致的轮廓，以保证编程路径的精度，如图 7.25（c）所示。在已修改的 CAD 模型上提取熔覆区域边界如图 7.25（d）所示，以备机器人离线编程所需。

(a) 汽车覆盖件拉深模

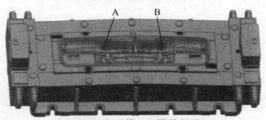

(b) 汽车覆盖件拉深模CAD模型(标记A、B)

(c) 熔覆区域放大

(d) 提取的熔覆区域边界

图 7.25　汽车覆盖件拉深模实物及 CAD 模型

（3）机器人熔覆策略

先用 Fe40 合金粉末熔覆打底层，搭接率为 60％，连续熔覆 3 层，按每层厚度 0.55mm 编程，编程路径如图 7.26 所示。

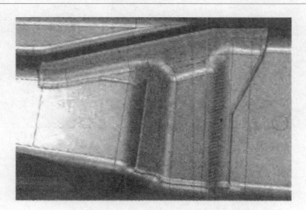

图 7.26　Fe40 打底层熔覆路径

在实际操作中按图 7.26 所示路径一次性熔覆整个区域存在的弊端是：由于曲率变化较大，熔覆过程中机器人姿态也频繁变换，造成熔覆头作业时产生震颤，从而影响熔覆精度，同时也不利于设备的保养维修。在熔覆 XY-27F-X40 和 GXN-65A 涂层时，分 3 个区域编程，如图 7.27 所示。

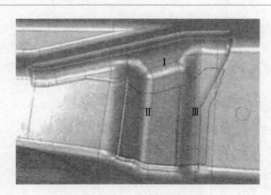

图 7.27　分区域编程

首先熔覆Ⅱ、Ⅲ区域，再熔覆Ⅰ区域。Ⅱ、Ⅲ区域熔覆 2 层，Ⅰ区域熔覆 3 层，搭接率均为 60％。最终熔覆效果如图 7.28(a) 所示，机加工后效果如图 7.28(b) 所示。机加工后，用便携式硬度仪进行测量，测得 XY-27F-X40 涂层硬度为 63HRC，GXN-65A 涂层硬度为 42HRC。

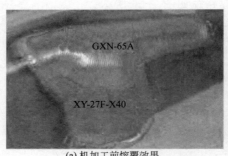

(a) 机加工前熔覆效果　　　　　　　　(b) 机加工后效果

图 7.28　最终熔覆效果

利用机器人激光熔覆技术对覆盖件拉深模进行局部熔覆强化，取得了较好效果。工艺实施过程首先应确定不同合金粉末单道熔覆路径的高度和宽度以及台阶试样中的不同层厚，再以所得相应参数为依据进行机器人扫描路径离线编程，分区熔覆可有效克服由机器人姿态变换频繁引起的熔覆头震颤，从而提高熔覆精度。

7.7　数控刀具的激光熔覆

金属陶瓷是由一种或几种陶瓷相与金属相或合金所组成的非均质的复合材料，是陶瓷和金属的机械混合物。陶瓷主要是氧化铝、氧化锆等耐高温氧化物或它们的固熔体，黏接金属主要是铬、钼、钨、钛等高熔点金属。将陶瓷和黏接金属研磨混合均匀，成型后在不活泼气氛中烧结，就可制得金属陶瓷。

通过激光熔覆技术使刀具表面形成致密的金属陶瓷层，这样既可以节省贵、稀金属的使用量，又可以拥有耐热、耐磨、耐蚀、抗高温氧化及较高红硬性等优越性能，这样可以在不改变刀具基体材料的基础上改善刀具性能。由于提高了刀具表面性能，减少了刀具磨损，进而可减少重复更换刀具和对刀次数，提高加工生产效率。同时用金属陶瓷激光熔覆可以减少生产刀具时对贵重金属的消耗，从而降低同品质刀具生产成本。由于金属陶瓷的硬度和红硬性高，其横向断裂强度较大，化学稳定性和抗氧化性好，耐剥离磨损，耐氧化和扩散，具有较低的黏结倾向和较高的刀刃强度，金属陶瓷刀具的切削效率和工作寿命高。由于金属陶瓷与钢的黏结性较低，因此用金属陶瓷刀具取代涂层硬质合金刀具加工钢制工件时，切屑形成较稳定，在自动化加工中不易发生长切屑缠绕现象，零件棱边基本无毛刺[9]。

将激光熔覆技术与金属陶瓷结合起来用于刀具的实际生产，将会成为未来刀具的一个重要发展方向。

由于激光聚焦直径很小，功率密度极高，所以熔覆质量高，效率也高。熔覆层消耗的贵金属少，投资也少，同时激光加工是非常洁净的加工方式，在整个激光熔覆过程中产生的污染物非常少，对环境保护、可持续发展有着深远的意义。刀具基体就是普通机床刀具，获取容易且价格便宜。而改性材料则利用金属陶瓷矿物资源，球磨成粉末，然后通过激光熔覆技术改善刀具表面硬度、强度、耐磨性、耐蚀性和耐高温性。

激光熔覆技术可有效降低刀具生产成本并提升其性能。由于改性后的刀具具有很好的耐热、耐磨、耐蚀、抗高温氧化及较高红硬性等性能，在生产过程中可以减少更换刀具的数量，进而降低机床加工产品的生产成本；同时，由于采用激光加工技术，污染量非常少，是一种环保的加工方式。生产工艺方面，所使用的刀具表面激光改性技术也比传统得到了简化，应用性更好。例如，传统一般将硬质合金粉末烧结获得硬质合金块，然后在气焊条件下，添加钎剂（如硼砂），将合金块粘在刀架上，分两个步骤来完成，污染大，粉末使用量大。激光方式却是将硬质合金配方粉末通过水玻璃粘在刀架上，使用激光直接熔覆获得，一步同时完成硬质合金固化并与刀架冶金结合，污染小，粉末使用量小。

由于激光熔覆是一个复杂的物理、化学冶金过程，所以熔覆过程中的参数对熔覆件的质量有很大影响。其中激光熔覆中的主要影响参数有激光功率、光斑直径、离焦量、送粉速度、扫描速度、熔池温度等，它们同时相互作用并影响熔覆层的稀释率、裂纹、表面粗糙度以及熔覆零件的致密性。同时，熔覆配方粉末的成分也直接影响着熔覆层的性能。因此，研究的复杂程度也变得更加困难。如，陶瓷与自熔金属配比的表面设计和激光参数的优化选择；耐磨材料磨损率极小，通过称重等方法获得试验前后的重量差比较困难；再有合金化表面的平整性的要求较高，在摩擦磨损实验的前处理时，可能因磨削使合金化层受损较大。

在整个研究的过程中重点从以下几个方面着手，并对合金化表面尽可能采用小面积试样，可减小平整表面的加工量；利用窄环状接触的试样，通过测长法获取磨损量等措施解决。

① 初步选取熔覆陶瓷粉末配方材料进行实验，研究不同激光工艺参数、运动方式、扫描图案及激光焦距对刀具的影响。

② 考虑数控机床的特点，如：依靠数控系统误差补偿，结合高精度机械零件共同提高加工精度，合理选择优化熔覆参数。

③ 根据试验结果的机械性能进行比对分析，提出反馈意见，修改调整实验参数。

④ 在优化的激光熔覆参数条件下，选取不同陶瓷粉体进行试验，研究出激光熔覆数控刀具陶瓷粉体的合理配方。

参考文献

[1] Tran V N, Yang S, Phung T A. Microstructure and properties of Cu/TiB2 wear resistance composite coating on H13 steel prepared by in-situ laser cladding [J]. Optics and Laser Technology, 2018, 108: 480-486.

[2] Chen J Y, Conlon K, Xue L, et al. Experimental study of residual stresses in laser clad AISI P20 tool steel on prehardened wrought P20 substrate[J]. Materials Science and Engineering: A, 2010, 527: 7265-7273.

[3] 闫雪, 阮雪茜. 增材制造技术在航空发动机中的应用与发展[J]. 航空制造技术, 2016, 21: 70-75.

[4] Dutta Majumdar J, Galun R, Mordike B L, et al. Effect of laser surface melting on corrosion and wear resistance of a commercial magnesium alloy[J]. Materials Science and Engineering: A, 2003, 361 (1-2): 119-129.

[5] 张尧成, 黄希望, 杨莉, 等. 热处理前后镍基高温合金激光熔覆层的组织和力学性能[J]. 机械工程材料, 2016, 11: 22-26.

[6] 陆伟, 郝南海, 陈恺, 等. 采用激光熔覆技术生产高速线材轧辊的工艺研究[J]. 航空制造技术, 2004, z1: 86-88.

[7] 齐勇田, 邹增大, 王新洪, 等. 激光熔覆原位生成 Ti (CN) 颗粒强化半钢轧辊熔覆层[J]. 焊接学报, 2008, 29 (8): 69-72.

[8] 刘建永, 杨伟, 李行志, 等. 机器人激光熔覆局部强化汽车覆盖件拉深模的应用研究[J]. 模具工业, 2015: 41 (7): 25-29.

[9] 刘宇刚, 游明琳, 李安书. 激光熔覆技术在数控刀具表面改性中的应用[J]. 工程与试验, 2010, 1: 58-60.

索　引

CO_2 气体激光器　42
YAG 固体激光器　48

B

泵浦　34
表面涂层　180
表面自纳米化　180

C

超位错　157

D

搭接率　144
单色亮度　31
等效光束质量因子　36
电子束选区熔化技术　17

F

发散角　31
非晶合金　171
非晶化材料　170
粉末流速　21
复合材料粉末　129
复合丝材　135

G

工作物质　39
功率密度　276
光放大　33
光辐射宽度　31
光束参数乘积　35
光束聚焦特征参数　35
光束衍射极限倍数因子　37
光束质量因子　36
光纤激光器　51

光学谐振腔　34

H

后热处理　66
环围能量比　37

J

激光比能量　144
激光表面多层熔覆　266
激光表面合金化　9，264
激光表面强化　9
激光表面熔覆　265
激光表面重熔　263
激光淬火　7
激光存储技术　9
激光打标技术　8
激光打孔技术　8
激光带宽　32
激光功率　143
激光功率密度　2
激光光束质量　35
激光焊接技术　5
激光划线技术　9
激光近净成形技术　16
激光快速成形技术　8
激光纳米表面工程技术　185
激光纳米化　181
激光能量密度　86
激光器　39
激光强化电镀技术　9
激光切割技术　6
激光清洗技术　9
激光热处理　7
激光熔覆技术　6，267

激光熔覆用丝材　131
激光上釉技术　10
激光蚀刻技术　9
激光束亮度　36
激光束直径　143
激光退火　7
激光微调技术　9
激光相变硬化　7
激光选区熔化技术　18
激光增材再制造技术　7
激励　34
激励源　39
金属玻璃　171
晶格畸变　189

K

孔隙　64

L

粒子数反转　33

M

模具失效　249

N

纳米材料　200
纳米晶　182, 218
纳米晶化材料　179
能量密度　75

P

旁轴送粉　23
喷涂　20

Q

气动传送粉末技术　21
球化　70

R

热等静压　67

S

扫描策略　66
扫描间距　75
扫描速度　144
受激辐射　33
受激吸收　33
斯特列尔比　37
送粉器　24
送粉系统　22

T

碳化物粉末　125
碳纳米管（CNTs）　196
陶瓷粉末　125
同步送粉　21
同轴送粉　23

W

微合金化元素　173

X

稀释率　144
稀土及其氧化物粉末　131
相干长度　32
相干时间　32

Y

亚稳定相　182
衍射极限倍数因子　35
氧化物粉末　127
冶金结合　94
预置送粉　20
远场发散角　36

Z

增材制造技术　10, 16
致密度　75
自发辐射　33
自熔性合金粉末　120